普通高等教育系列教材

单片机原理及应用系统设计

胡景春　主编

叶水生　石　卉　卞秀运　刘登邦　参编

机 械 工 业 出 版 社

本书以 STC89 系列单片机为主线，结合 STC 系列单片机的新特点、新功能，详细介绍了 51 内核单片机的结构原理、汇编指令系统、C51 程序设计、STC 系列单片机应用系统的开发环境、单片机的人机接口电路、单片机的中断系统、定时/计数器、串行通信接口，在此基础上，介绍了基本的、常用的单片机应用系统扩展技术，包括并行扩展、串行扩展、D/A 和 A/D 转换器的接口、功率控制接口等。全书结合应用实际，采用汇编语言编程、PROTEUS 虚拟仿真、Keil C51 编程，突出了硬件和软件相融合的应用型教学特点，给出了大量的习题，可以在虚拟仿真环境下实现，也可以直接在市场上流行的"口袋型""掌上型"等单片机实验装置进行学习。在单片机应用系统设计中介绍了多个较新颖的实际项目设计的案例，为单片机技术的综合应用及设计提供借鉴。

本书可作为自动控制、电力电子、智能仪器仪表、计算机、电力工程、电子信息、物联网工程等相关专业本、专科生的教材，也可供有关工程技术人员参考。

图书在版编目（CIP）数据

单片机原理及应用系统设计/胡景春主编 . —北京：机械工业出版社，2020.1
（2024.2 重印）

普通高等教育系列教材

ISBN 978-7-111-64449-1

Ⅰ . ①单… Ⅱ . ①胡… Ⅲ . ①微控制器-理论-高等学校-教材 ②微控制器-系统设计-高等学校-教材 Ⅳ . ①TP368.1

中国版本图书馆 CIP 数据核字（2019）第 291504 号

机械工业出版社（北京市百万庄大街 22 号 邮政编码 100037）
策划编辑：李馨馨 责任编辑：李馨馨
责任校对：张艳霞 责任印制：郜 敏

北京富资园科技发展有限公司印刷

2024 年 2 月第 1 版・第 4 次印刷
184mm×260mm・19.75 印张・484 千字
标准书号：ISBN 978-7-111-64449-1
定价：59.00 元

电话服务 网络服务
客服电话：010-88361066 机 工 官 网：www.cmpbook.com
 010-88379833 机 工 官 博：weibo.com/cmp1952
 010-68326294 金 书 网：www.golden-book.com
封底无防伪标均为盗版 机工教育服务网：www.cmpedu.com

前　言

单片机技术被广泛地应用于人类生活与工作的众多领域，已经逐渐成为计算机、电子及通信相关专业的大学生以及从事电子开发研究的工程技术人员必须掌握的技术之一，也成为各类工科专业优选的教学内容。

熟悉基本原理，掌握开发方法，突出实际应用，这是本书编写的基本思想，书中融合了作者多年对单片机应用系统研究开发和教学的经验，能够较好地适应单片机原理及应用教学改革的规律和工程应用开发的需要。

由于单片机技术发展迅猛，目前全球单片机厂商众多，单片机系列及品种也非常之多，其中以8051为内核的单片机在世界上应用最广泛。80C51已成为8位单片机的主流，成为事实上的标准MCU芯片。本书以国产STC系列单片机为基础来讲述单片机应用系统的开发设计，STC也是以8051为内核的单片机。为了便于学习和实验，同时考虑到具有一般性和代表性，本书主要基于STC89C系列进行学习和介绍，同时兼顾STC单片机的新发展。

本书分为12章：

第1章　单片机概述。介绍单片机的技术特点、发展阶段、主要类型及应用领域。

第2章　STC系列单片机的结构与原理。重点介绍国产STC89系列单片机的结构和原理，并在此基础上，对STC系列单片机的最新发展做了简要介绍。

第3章　指令系统和汇编语言程序设计。主要介绍8051内核单片机的指令系统及汇编语言程序设计。

第4章　C51程序设计。主要介绍51单片机的C语言及其程序设计，突出C51和ANSIC的不同之处及其程序设计的特点。

第5章　STC系列单片机应用系统的开发环境。重点介绍了STC系列单片机开发环境和开发工具的使用，深入讲述了对STC单片机程序设计和调试的技术和方法。

第6章　单片机的人机接口电路。介绍通过单片机的基本I/O功能，实现人机交互的LED、数码管、LCD、键盘及按钮等接口技术。

第7章　中断系统。介绍了单片机中断系统的结构、控制方法和应用技术。

第8章　单片机的定时器/计数器。介绍了单片机定时器/计数器的结构、控制方法、工作方式和应用技术。

第9章　串行通信及串行接口。介绍了串行通信基本概念、内部结构、控制方法、工作方式和应用技术。

第10章　单片机应用系统扩展。介绍了单片机基本的和常用的系统扩展技术，包括并行扩展、串行扩展、D/A和A/D转换器的接口以及功率控制接口等。

第11章　单片机应用系统设计。主要介绍了几个单片机开发的应用系统的实例，从不同侧面展现了STC单片机的应用，以及对实际应用中的一些具体问题的解决方法。

第12章　单片机课程实践指导。主要给出与教学相关的课程实验和课程设计指导，包括选做题、必做题及能力拓展题。

本书特色体现在以下几个方面。

1）更符合学习规律。全书的编写在兼顾学习的系统性的同时，按照学习、实验相互促进，由简渐繁的规律调整了教学顺序，提前介绍了 C51、系统开发工具和基本的人机接口，有利于理论学习和实践教学的有机融合，让读者尽早进入系统开发和应用的角色。

2）更适合实践应用。各章介绍了大量应用实例，这些实例都是通过 PROTEUS 仿真或在单片机学习开发装置上实际运行的。在第 11 章介绍的设计内容是编者参加完成的实际应用项目，读者可以直接借鉴使用；第 12 章都是以单片机学习开发装置为基础开展的基础性、设计性和综合性实验实训，其中参考程序可以直接下载到学习开发装置或 PROTEUS 仿真电路中运行；各章附有习题，也会给读者的实践带来很大的方便。

3）更注重能力提高。本书以熟悉和掌握单片机应用系统设计为目标，注重硬件设计和软件设计相结合，把系统应用开发的技术过程贯穿于教学始终，突出实践的重要性，强调知识的扩展性，支持学习方法的多样性（如软件仿真、学习开发装置的自制和使用、编程语言的选用及课程设计的自选项目等）。通过这样的学习，将有助于读者单片机应用系统开发应用能力的提高。

本书第 1、2、10、11、12 章由胡景春教授编写，第 3、4、5 章由叶水生教授编写，第 6、7 章由石卉编写，第 8 章由卞秀运编写，第 9 章由刘登邦编写，全书由胡景春统稿。

本书编写过程中，得到南昌航空大学、江西泰豪动漫职业学院、江西应用科技学院及江西职业大学等院校师生和一些企业的支持，它们结合本书进行了相关的教学实践和实际应用，为本书的编写提供了丰富的资料和实例。张胜副教授、周为民副教授、夏立民副教授、聂云峰副教授、刘长华总工程师、姚冲副教授以及李勋、赵矿军、田吉、夏军、程磊等老师给予了大力协助和支持，在此向他们致以诚挚的谢意。

由于作者水平有限，书中的错误和不足在所难免，恳请读者批评和指正。

为了促进教学，为配合教学，本书赠送 PPT 课件、习题解答、教学大纲，以及本书配套 Proteus 案例仿真运行文件，教师可登录 www.cmpedu.com 免费注册，审核通过后下载，或联系编辑索取（QQ：1009180632，电话：010-88379753）。对采用本书作为大学单片机原理课程教材的主讲教师，经该教师所在学校出具课程主讲教师证明和出版社提供教材订单证明，将向主讲教师赠送由作者研制的掌上型单片机开发实验装置 1 套。（联系方法：1047341042@qq.com）

作　者

2019 年 8 月

目　　录

第1章 单片机概述

1.1 单片机的基础知识

随着单片机应用越来越广泛，工程技术人员能够了解、掌握和应用单片机技术有着重要的意义。

1.1.1 单片机概念

单片机是单片微型计算机的简称，实际上就是把微型计算机的中央处理单元（CPU）、存储器（RAM、ROM）、I/O设备和接口、系统时钟电路及系统总线等集成在一片半导体硅片上，具有微型计算机基本功能的超大规模集成电路。

单片机体积小、成本低，主要应用于工业测控、仪器仪表、家用电器等各个领域，可嵌入到工业控制单元、智能仪器仪表、汽车电子系统、武器系统、家用电器、机器人、办公自动化设备、金融电子系统、玩具、个人信息终端及通信产品中。

单片机是计算机技术发展史上的重要里程碑，标志着计算机正式形成了通用计算机系统和嵌入式计算机系统两大分支。国际上通常把单片机称为嵌入式控制器（Embedded Micro-Controller Unit，EMCU）或微控制器（MicroController Unit，MCU）。

单片机按用途可分为通用型和专用型两大类。

1）通用型：片内资源（如存储器、I/O等各种外围功能部件等）可全部提供给用户进行软硬件应用功能的设计，满足各种不同需要的应用系统。通常所说的单片机一般是指通用型单片机。

2）专用型：专门针对某些特定产品功能设计的单片机。

1.1.2 单片机的发展历程及趋势

单片机发展大致分为4个阶段。

第一阶段（1974年~1976年）：单片机初级阶段。1974年12月，仙童公司推出了8位的F8单片机，功能较简单，包括了8位CPU、64B RAM和2个并行口。

第二阶段（1976年~1978年）：低性能单片机阶段。1976年Intel的MCS-48单片机（8位）极大地促进了单片机变革和发展，1977年GI公司推出PIC1650，Rockwell公司推出R6500系列单片机。这些单片机主要是8位CPU，其速度、存储容量、处理能力及片上外设均有所增强。

第三阶段（1978年~1983年）：高性能单片机阶段。1978年Zilog公司推出的Z8单片机，1980年Intel公司推出的MCS-51系列，Motorola推出的6801单片机。这些单片机普遍带有串行I/O口、多级中断系统及16位定时器/计数器，片内ROM、RAM容量加大，且寻址范围可达 64 KB，有的片内还带有 A/D 转换器。由于这类单片机性价比高，所以得到了广泛应用，是目前应用数量最多的单片机。

第四阶段（1983 年~现在）：8 位单片机巩固发展及 16 位单片机、32 位单片机推出阶段。16 位单片机的典型产品有 Intel 公司的 MCS-96 系列单片机。32 位单片机除具有更高集成度外，其数据处理速度比 16 位单片机提高许多，性能比 8 位、16 位单片机更加优越。

20 世纪 90 年代是单片机大发展时期，Motorola、Intel、ATMEL、德州仪器（TI）、三菱、日立、飞利浦及 LG 等公司开发了一大批性能优越的单片机，极大地推动了单片机的应用。

当前，单片机不断向高速、大容量、高性能化，低功耗及 I/O 功能多样化等方面发展。主要体现在以下几个方面。

（1）CPU 的改进

1）增加数据总线宽度。各种性能优良的 16 位单片机和 32 位单片机，其数据处理能力要优于 8 位单片机。

2）改变 CPU 结构。例如：有的采用双 CPU 结构，以提高数据处理能力；有的内部采用流水线结构，大大加快指令执行时间；有的和数字信号处理器（DSP）结合，提高数字信号处理的能力。

（2）存储器的发展

1）片内程序存储器普遍采用 FLASH，实现了在线编程，省去了编程器，使系统开发、编程及仿真调试简单方便。

2）加大存储器容量和改进存储结构。有的单片机片内程序存储器容量可达 128 KB 甚至更多，不需扩展程序存储器；有的单片机片内有 FLASH、SRAM、EEPROM 及扩展 SRAM 等多种存储方式，大大拓展了数据存储处理功能。

（3）强化片内 I/O 功能

1）增加并行口驱动能力，以减少外部驱动芯片。

2）有些单片机集成了一些特殊的串行 I/O 功能，如 I^2C、单总线、SPI 及 USB 等，为构成分布式、网络化系统提供方便条件。

3）扩展 I/O 接口的编程复用功能，通过对内部寄存器设置，可以实现同一接口的多种不同功能，例如一些 I/O 引脚可以根据应用需要，设置为普通 I/O 口、外部中断引脚及 A/D 转换通道等。

4）片上集成更多 I/O 部件和接口。例如多通道 A/D 和 D/A、电压比较器、温度传感器、定时器、可编程数字交叉开关及电源监测等。

（4）低功耗化

采用 CMOS 工艺，低电压（2.7 V 即可工作），功耗小，可配置等待状态、睡眠状态及关闭状态等低功耗工作方式。消耗电流仅在 μA 或 nA 量级，适于电池供电的仪器设备。

（5）使用实时操作系统的 RTX51

RTX51 是一个针对 8051 单片机的多任务内核，已集成到 C51 编译器中，使用简单方便。可以简化对实时事件反应速度要求较高的复杂应用系统设计、编程和调试。

1.1.3 单片机数据处理基础

1. 数制

数制是按进位原则进行计数的一种方法，即进位计数制。数制有两个要素：计数符号和进位原则。

（1）十进制数

1）计数符号：0~9；书写时用 D 作后缀（一般省略）。

2）进位原则：逢十进一。

（2）二进制数

1）计数符号：0、1；书写时用 B 作后缀。

2）进位原则：逢二进一。

（3）十六进制数

1）计数符号：0~9、A、B、C、D、E、F；书写时用 H 作后缀。

2）进位原则：逢十六进一。

2. 数制之间的相互转换

常用数制之间的对应关系见表 1-1。

表 1-1　常用数制之间的对应关系

十进制	二进制	八进制	十六进制	十进制	二进制	八进制	十六进制
0	0000	0	0	8	1000	10	8
1	0001	1	1	9	1001	11	9
2	0010	2	2	10	1010	12	A
3	0011	3	3	11	1011	13	B
4	0100	4	4	12	1100	14	C
5	0101	5	5	13	1101	15	D
6	0110	6	6	14	1110	16	E
7	0111	7	7	15	1111	17	F

（1）二进制及其他进制转换为十进制数

二进制、八进制和十六进制转换为十进制的方法是：将二进制、八进制或十六进制写成按权展开式，然后各项相加，则得相应的十进制数，即

$$D = \sum K_i N^i$$

其中，K_i 为对应进制各位的数值；N 为对应的进制；N^i 表示对应位数的权值，i 在小数点往前依次为 0、1、2、…、$n-1$，在小数点往后依次为 -1、-2、…、-n。

【例 1-1】把二进制数 10101.1011B 转换成相应的十进制数。

解：$10101.1011B = 1×2^4+0×2^3+1×2^2+0×2^1+1×2^0+1×2^{-1}+1×2^{-3}+1×2^{-4}$

$\qquad\qquad\quad = 21.6875D$

（2）十进制数转换为二进制数

十进制数据转换为二进制数是将整数部分按"除 2 倒读取余"的原则进行转换；小数部分按"乘 2 顺读取整"的原则进行转换。

【例 1-2】把十进制数 15.625 转换为对应的二进制数。

解：

	整数部分：15			小数部分：0.625	
2	15	…… 1 ↑		0.625×2=1.25	…… 1
2	7	…… 1		0.25×2=0.5	…… 0
2	3	…… 1		0.5×2	…… 1 ↓
2	1	…… 1			

所以十进制数 15.625 = 1111.101B。

（3）二进制数与十六进制（八进制）数相互转换

由表 1-1 可见，每 4 位（3 位）二进制数可以完整地表示 1 位十六进制（八进制）数。所以，二进制数转换成十六进制（八进制）数时，从小数点开始，分别向左、向右每 4 位（3 位）二进制数划为一组，整数部分不足 4 位（3 位）前面添 0，小数部分不足 4 位（3 位）后面添 0，然后每一组直接写出对应的十六进制（八进制）数，小数点位置保持不变。

十六进制（八进制）数转换成二进制数时，只要按相反的方法，每位十六进制（八进制）数写出 4 位（3 位）二进制数。

【例 1-3】 把二进制数 1111000111.100101B 转换为十六进制数和八进制数。

解： 1111000111.100101B = 0011 1100 0111.1001 0100B = 3C7.94H

1111000111.100101B = 001 111 000 111.100 101B = 1707.45O

（4）十六进制（八进制）数和十进制数相互转换

可以用前面介绍的 $D = \sum K_i N^i$ 进行转换，但一般通过先转换成二进制，再转换成其他进制的方法比较简便。

3. 二进制数的算术运算

（1）加法运算

加法规则：0+0=0；0+1=1；1+0=1；1+1=10。

【例 1-4】 求 0111B 与 0110B 之和。

解：

```
      0 1 1 1 …… （7）
   +) 0 1 1 0 …… （6）
      1 1 0 1 …… （13）
```

∴　　0111B+0110B=1101B

（2）减法运算

减法规则：0-0=0；1-0=1；1-1=0；0-1=1（借位）。

【例 1-5】 求 1110B-0101B = ？

解：

```
      1 1 1 0 …… （14）
   -) 0 1 0 1 …… （5）
      1 0 0 1 …… （9）
```

∴　　1110B-0101B=1001B

（3）乘法运算

在计算机系统中，都是将乘法作为连续的加法来执行。其中，自身相加的数为被乘数，相加的次数为乘数。

【例 1-6】 求 1101B×11B = ？

解： 1101B×11B = 1101B+1101B+1101B=100111B

（4）除法运算

除法可以归结为连续的减法，即从被除数中不断地减去除数，所减的次数是相除的商，而剩下的值则是相除的余数。

4. 二进制数的逻辑运算

（1）逻辑与运算

运算规则：有 0 为 0，全 1 为 1，即 $0\wedge0=0$；$0\wedge1=0$；$1\wedge0=0$；$1\wedge1=1$。

（2）逻辑或运算

运算规则：有 1 为 1，全 0 为 0，即 $0\vee0=0$；$0\vee1=1$；$1\vee0=1$；$1\vee1=1$。

（3）逻辑异或运算

运算规则：相同为 0，不同为 1，即 $0\oplus0=0$；$0\oplus1=1$；$1\oplus0=1$；$1\oplus1=0$。

（4）逻辑非运算

运算规则：取反，即 0'=1；1'=0。

注意，逻辑运算都是按对应位的数据运算，不存在算术运算的进位或借位。

5. 计算机中数的表示方法

在计算机中，为了运算的方便，对于带符号数，数的最高位用来表示正、负数。最高位为"0"表示正数，最高位为"1"表示负数，如图 1-1 所示。

一个带"+""–"号的数为真值，数码化了的带符号数为机器数。

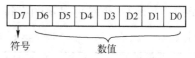

图 1-1　机器数的表示

一个机器数的表示方法有原码、反码及补码三种。

1）原码：用最高位表示符号位，后面各位表示该数的绝对值。

【例 1-7】（+69）原码 = 01000101B = 45H

　　　　　（-69）原码 = 11000101B = C5H

2）反码：正数的反码与原码相同；负数的反码是在其原码的基础上，保留符号位不变，数值位各位取反。

【例 1-8】（+69）反码 = 01000101B = 45H

　　　　　（-69）反码 = 10111010B = BAH

3）补码：正数的补码与原码、反码相同；负数的补码是在其反码的基础上加 1。

【例 1-9】（+69）补码 = 0100 0101B = 45H

　　　　　（-69）补码 =（-69）反码 +1 = BAH+1 = BBH

6. 补码的运算

补码的运算规则为 $[X+Y]_\text{补}=[X]_\text{补}+[Y]_\text{补}$；$[X-Y]_\text{补}=[X]_\text{补}+[-Y]_\text{补}$。所以减法运算可以转换为加法运算，而乘法用连续加、除法用连续减，也都能转换成加法运算。这样，二进制数的加、减、乘、除都可以转换为加法运算，通过运算器中的累加器实现。

【例 1-10】25-32=25+（-32），因为 $[25]_\text{补}$=00011001B，$[-32]_\text{补}$=11100000B

所以　　　　　　$[25]_\text{补}$=00011001B，

　　　　　+ $[-32]_\text{补}$=11100000B
　　　　　────────────────
　　　　　　　　11111001B

对结果求补得到原码为10000111B，即25-32=-7。

7. 十进制数编码

十进制数是人们习惯使用的数制，计算机中提供了十进制数编码，就是用二进制编码表示十进制数。根据不同应用，有多种编码方案，如BCD码、余3码、2421码及格雷码等，其中BCD码是最常用的编码，它用4位二进制位按8、4、2、1的权值相加来表示一个十进制数，见表1-2。

BCD码分为压缩BCD码和非压缩BCD码，压缩的BCD码用1字节表示2位BCD码（高4位、低4位各代表1个BCD码）；非压缩BCD码用1字节表示1位BCD码（低4位表示BCD码，高4位填0）。

8. 字符编码

计算机需要处理大量的字符数据，而这些字符在计算机中也是用二进制编码表示。这种编码常用的是美国标准信息交换码（American Standard Code for Information Interchanger，ASCII），共定义了128个字符，其中33个字符是控制字符，用来控制信息的传输和设备的操作，其他95个是可显示的字符。常用字符的ASCII码见表1-3。

表1-2 BCD码表

十进制数	BCD编码
0	0000
1	0001
2	0010
3	0011
4	0100
5	0101
6	0110
7	0111
8	1000
9	1001

表1-3 常用字符ASCII（十六进制）表

十六进制	显示字符	十六进制	显示字符	十六进制	显示字符	十六进制	显示字符	十六进制	显示字符	十六进制	控制字符	控制字符意义
20	空格	33	3	46	F	59	Y	6C	l	00	NUL	空字符
21	!	34	4	47	G	5A	Z	6D	m	01	SOH	标题开始
22	"	35	5	48	H	5B	[	6E	n	02	STX	本文开始
23	#	36	6	49	I	5C	\	6F	o	03	ETX	本文结束
24	$	37	7	4A	J	5D	]	70	p	04	EOT	传输结束
25	%	38	8	4B	K	5E	^	71	q	05	ENQ	请求
26	&	39	9	4C	L	5F	_	72	r	06	ACK	确认回应
27	'	3A	:	4D	M	60	`	73	s	07	BEL	响铃
28	(	3B	;	4E	N	61	a	74	t	08	BS	退格
29	)	3C	<	4F	O	62	b	75	u	0A	LF	换行键
2A	*	3D	=	50	P	63	c	76	v	0D	CR	回车键
2B	+	3E	>	51	Q	64	d	77	w	10	DLE	跳出数据通信
2C	,	3F	?	52	R	65	e	78	x	15	NAK	不认可
2D	-	40	@	53	S	66	f	79	y	16	SYN	同步暂停
2E	.	41	A	54	T	67	g	7A	z	17	ETB	块传输结束
2F	/	42	B	55	U	68	h	7B	{	18	CAN	取消
30	0	43	C	56	V	69	i	7C			7F	DEL	删除
31	1	44	D	57	W	6A	j	7D	}			
32	2	45	E	58	X	6B	k	7E	~			

1.2 典型单片机介绍

1.2.1 51 内核系列单片机

20 世纪 80 年代以来，单片机发展非常迅速，其中 Intel 公司的 MCS-51 系列单片机是一款在世界范围得到广泛使用的机型。

MCS-51 系列单片机主要包括基本型和增强型。

基本型：8031/8051/8751（无 ROM/4KROM/4K EPROM）。

增强型：8032/8052/8752。内部 RAM 增到 256B，8052 片内程序存储器扩展到 8 KB，16 位定时器/计数器增至 3 个，6 个中断源，串行口通信速率提高 5 倍。

MCS-51 系列单片机代表性产品为 8051，其他单片机都是在 8051 内核基础上进行了功能增减。20 世纪 80 年代中期以后，Intel 公司已把精力集中在高档 CPU 芯片的研发上，以专利转让或技术交换形式把 8051 内核技术转让给许多半导体芯片生产厂家，如 ATMEL、Philips、Cygnal、ANALOG、LG、ADI 及 Maxim 等公司。各厂家的兼容机型均采用 8051 内核，兼容机的主要产品见表 1-4。

表 1-4   与 8051 兼容的主要产品

Atmel 公司	AT89C5x 系列（89C51/89S51、89C52/89S52 及 89C55 等）
Cygnal 公司	89C51F 系列高速 SOC（片上系统）单片机
Philips 公司	80C51、8Xc552 系列
LG 公司	GMS90/97 系列
深圳宏晶科技	STC 系列（STC89 系列、STC90 系列、STC11/10XX 系列、STC12 系列及 STC15 系列等）
华邦 WINBOND 公司	W78C51、W77C51 系列
ADI 公司	ADμC8xx 系列高精度单片机
Maxim 公司	DS89C420 高速单片机系列

1.2.2 AVR 系列单片机

1997 年 ATMEL 公司利用 FLASH 新技术，研发了精简指令集（Reduced Instruction Set Computer，RISC）的高速 8 位机，其特点如下。

1）采用精简指令集。绝大部分指令都为单周期指令。取指周期短，可实现流水作业，故可高速执行指令。具有 1 MIPS/MHz 的高速运行处理能力。

2）FLASH 存储器。擦写方便，支持 ISP 和 IAP，便于产品的调试、开发、生产及更新。

3）丰富的片内外设。包括定时器/计数器、看门狗、欠电压检测电路 BOD、多个复位源、片内 UART、面向字节的高速硬件串口 TWI（与 I^2C 兼容）及 SPI 串口，还有 ADC、PWM 等片内外设。

4）I/O 口功能强、驱动能力大。I/O 线全部带可设置的上拉电阻和三态高阻抗输入，可单独设定为输入/输出，便于满足各种多功能 I/O 口应用的需要，最大可达 40 mA 输出驱动，具备 10~20 mA 灌电流的能力。

5）低功耗。有省电功能（Power Down）及休眠功能（Idle）低功耗工作方式，且可在5~2.7 V 电压范围运行。

AVR 系列齐全，3 个档次可适于各种不同场合要求。

1）低档 Tiny 系列：有 Tiny11/12/13/15/26/28 等。

2）中档 AT90S 系列：有 AT90S1200/2313/8515/8535 等。

3）高档 Atmega 系列：主要有 ATmega8/16/32/64/128（存储容量为 8 KB/16 KB/32 KB/64 KB/128 KB）及 ATmega8515/8535 等。

1.2.3　PIC 系列单片机

PIC 系列单片机是美国 Microchip 公司的产品，包括 8 位、16 位和 32 位单片机，其特点如下。

1）性价比高。从实际出发，重视性价比，已开发出多种型号来满足应用需求。PIC 系列从低到高有几十个型号。其中，PIC10F 单片机系列仅有 6 个引脚，是目前世界上最小的单片机。

2）采用精简指令集，执行效率大为提高。PIC 系列 8 位单片机采用精简指令集（RISC），与传统的采用复杂指令（CISC）结构的 8 位单片机相比，可达到 2:1 的代码压缩率，速度提高 4 倍。

3）优越的开发环境。PIC 推出一款新型号单片机的同时推出了相应的仿真芯片，所有的开发系统由专用的仿真芯片支持，实时性很好。

4）引脚具有防瞬态能力，通过限流电阻可接至 220 V 交流电源，直接与继电器控制电路相连，无须光耦隔离，给应用带来极大方便。

5）保密性好。PIC 以保密熔丝来保护代码。

该公司推出的 8 位单片机分低档型、中档型和高档型 3 种。

1）低档型：PIC12C5XXX/16C5X 系列。PIC16C5X 系列价格低，有较完善的开发手段，因此在国内应用最为广泛；PIC12C5XX 是世界上第一个 8 脚低价位单片机，可用于简单的智能控制等要求体积小的场合。

2）中档型：PIC12C6XX/PIC16CXXX 系列。品种丰富，增加了中断功能，指令周期可达到 200 ns，带 A/D，内部带 EEPROM 数据存储器，双时钟工作，比较输出，捕捉输入，PWM 输出，I^2C 和 SPI 接口，异步串行接口（UART），模拟电压比较器及 LCD 驱动等，其封装从 8 脚到 68 脚，广泛应用在中、低档的各类电子产品中。

3）高档型：PIC17CXX 系列。在中档型单片机的基础上增加了硬件乘法器，指令周期可达 160 ns，是目前世界上 8 位单片机中性价比较高的机种，可用于高、中档产品的开发，如电动机控制等。

1.3　单片机的特点及应用

单片机被广泛应用，主要因为以下特点。

1）简便易学。单片机技术比较容易掌握，价格和开发成本较低，性价比高，应用系统的设计、组装及调试容易，工程技术人员通过学习可以很快掌握其应用设计技术。

2）集成度高，功能齐全，应用可靠，抗干扰能力强。

3）发展迅速，前景广阔。单片机经过4位机、8位机、16位机及32位机等几个发展阶段，各类产品系列丰富，功能齐全，可以满足不同应用的需要，使单片机在各个领域获得了广泛的应用。

4）适合嵌入式智能系统。单片机体积小、功耗低，应用灵活性强，在嵌入式智能控制系统中便于使用，在很多场合下可以用软件设计替代原来需要硬件实现的功能。

单片机应用领域很广泛，可以说，在嵌入式智能测控应用中少不了单片机。

1）工业检测与控制：工业过程控制、智能控制、设备控制、数据采集和传输、测试、测量及监控等。

2）仪器仪表：加速仪器仪表向数字化、智能化和多功能化方向发展。

3）家用电器：如电视机、洗衣机、空调和电冰箱等智能家电，嵌入了单片机后，性能大大提升，实现了智能化、最优化控制。

4）通信：广泛应用在调制解调器、手机、传真机、程控电话交换机、信息网络及各种通信设备中。

5）武器装备：现代化武器装备，如飞机、军舰、坦克、导弹及航天飞机导航系统等，都有单片机嵌入其中。

6）各种终端及计算机外围设备：计算机网络终端（如银行终端）及计算机外围设备（如打印机、硬盘驱动器、绘图机、传真机及复印机等）中都使用了单片机作为控制器。

7）汽车电子设备：各种汽车电子设备，如汽车安全系统、汽车信息系统、智能自动驾驶系统及卫星汽车导航系统等。

8）分布式系统：在物联网底层传感器网络、分布式控制系统等分布式系统中，用单片机实现节点控制功能。

1.4 嵌入式系统

1.4.1 嵌入式系统及其结构

嵌入式系统有不同的表述，国内一般定义为"以应用为中心，计算机技术为基础，软件硬件可裁减，适应应用系统对功能、可靠性、成本、体积及功耗有严格要求的专用计算机系统。"嵌入式系统具有三个基本要素，即嵌入性、专用性与计算机系统。

嵌入式系统分为四个部分：嵌入式处理器、嵌入式外围设备、嵌入式操作系统和嵌入式应用软件。其结构如图1-2所示。

嵌入式处理器是嵌入式系统硬件的核心，一般根据嵌入对象的要求不同，可以有以下选择：嵌入式微控制器（Microcontroller Unit，MCU，又称单片机）、嵌入式数字信号处理器（Digital Signal Processor，DSP）、嵌入式微处理器（Embedded MicroProcessor Unit，EMPU）、嵌入式片上系统（System on Chip，SoC）。

图1-2 嵌入式系统结构

（1）嵌入式数字信号处理器（DSP）

DSP适用于高速实现各种数字信号处理运算（如数字滤波、FFT及频谱分析等）的嵌入式处理器。由于对 DSP 硬件采用多总线的哈佛（Harvard）结构，程序存储器和数据存储器分开使用，独立编址，独立访问，支持流水线操作，使取指、译码和执行等操作可以重叠执行，具有硬件乘法器，并对指令进行了特殊设计，从而使其能高速地完成各种数字信号处理算法，使数据的处理能力大大提高。

1982 年，美国 TI（Texas Instruments）公司成功推出了其第一代 DSP 芯片 TMS32010 及其系列产品 TMS32011、TMS320C10/C14/C15/C16/C17 等，之后相继推出了第二代 DSP 芯片 TMS32020、MS320C25/C26/C28，第三代 DSP 芯片 TMS320C30/C31/C32，第四代 DSP 芯片 TMS320C40/C44，第五代 DSP 芯片 TMS320C5X/C54X，第二代 DSP 芯片的改进型 TMS320C2XX，集多片 DSP 芯片于一体的高性能 DSP 芯片 TMS320C8X 以及目前速度较快的第六代 DSP 芯片 TMS320C62X/C67X 等。

20 世纪 90 年代，无线通信、各种网络通信及多媒体技术的普及和应用，以及高清晰度数字电视研究，都极大程度推动了 DSP 的推广应用。DSP 主要厂商有美国 TI、ADI、Motorola 及 Zilog 等公司。TI 公司产品占约 60% 的全球 DSP 市场份额，代表性产品是 TMS320 系列，包括用于控制领域的 TMSC2000 系列，移动通信的 TMSC5000 系列，以及用在通信和数字图像处理的 TMSC6000 系列等。

根据 DSP 芯片工作的数据格式，一般把 DSP 芯片分为定点 DSP 芯片（数据以定点格式运算）和浮点 DSP 芯片（数据以浮点格式运算）。如 TI 公司的 TMS320C1X/C2X、TMS320C2XX/C5X 及 TMS320C54X/C62XX 系列，AD 公司的 ADSP21XX 系列，AT&T 公司的 DSP16/16A，Motolora 公司的 MC56000 等为定点 DSP；TI 公司的 TMS320C3X/C4X/C8X，AD 公司的 ADSP21XXX 系列，AT&T 公司的 DSP32/32C，Motolora 公司的 MC96002 等为浮点 DSP。

与单片机相比，DSP 高速运算的硬件结构与指令系统，以及多总线结构，尤其是处理数字信号算法的复杂度以及数据处理的大流量，DSP 的优势明显，而 DSP 芯片的其他通用功能相对较弱。通常，如以数字信号处理及数字运算为主，则选用 DSP；以事务处理及 I/O 控制为主，则选用 MCU。

（2）嵌入式微处理器

EMPU 由通用计算机中的 CPU 演变而来的。它的特征是具有 32 位以上的处理器，具有较高的性能，当然其价格也相应较高。但与计算机处理器不同的是，在实际嵌入式应用中，只保留和嵌入式应用紧密相关的功能硬件，这样就以最低的功耗和资源实现嵌入式应用的特殊要求，具有体积小、重量轻、成本低及可靠性高的优点。全世界嵌入式微处理器已经超过 1000 多种，有 30 多个系列，其中主流的体系有 ARM、MIPS、PowerPC、X86 和 SH 等。

嵌入式微处理器的代表性产品为 ARM 系列，主要包括 5 个产品系列：ARM7、ARM9、ARM9E、ARM10 和 SecurCore。

以 ARM7 为例，其地址线 32 条，能扩展的存储器空间要比单片机存储器空间大得多，可配置实时多任务操作系统（RTOS），而 RTOS 则是嵌入式应用软件的基础和开发平台。常用的 RTOS 为 Linux（数百 KB）和 VxWorks（数 MB）以及 μC-OS II。

嵌入式实时多任务操作系统具有高度灵活性，较容易对它进行定制或开发，即"裁剪""移植""编写"，从而设计出用户所需的应用程序。

（3）嵌入式片上系统（SoC）

SoC 称为系统级芯片，也有称片上系统，是一个超大规模集成电路（VLSI），采用超深亚微米工艺制作，它既像 MCU 那样有内置 RAM、ROM，同时又像 EMPU 那样强大，不仅存放简单的代码，还可以存放系统级的代码，其中包含完整系统并有嵌入软件的全部内容。同时它又是一种技术，用以实现从确定系统功能开始，到软/硬件功能划分，并完成设计的整个过程。SoC 最大的特点是成功实现了软硬件无缝结合，直接在处理器片内嵌入操作系统的代码模块，可以在一个硅片内部运用 VHDL 等硬件描述语言，实现一个可编程的硬件系统设计。用户通过硬件描述语言，综合时序设计直接在器件库中调用各种通用处理器的标准，通过仿真之后交付定制或下载固件完成设计。由于绝大部分系统构件都是在系统内部，整个系统就特别简洁，不仅减小了系统的体积和功耗，而且提高了系统的可靠性，提高了设计生产效率。

1.4.2 嵌入式系统的分类

由图 1-2 可见，嵌入式系统由四个部分组成，在实际应用中，可以划分为以下两大应用类型。

1）低端（应用）嵌入式系统：主要以传统的单片机为嵌入式处理器，处理器以 8/16 位为主，无操作系统或带有较简单的操作系统，完成功能较为单一的控制任务。

2）高端（应用）嵌入式系统：以 ARM 或 SoC 为嵌入式处理器，处理器以 32 位以上处理器为主，采用功能更强的嵌入式操作系统管理，能完成更多更复杂功能的嵌入式系统应用。

实际上，单片机是最早应用于嵌入式系统的嵌入式处理器，并且在家电、仪器仪表及工控设备等多个领域有广泛应用，后来随着网络、图像及复杂信息处理等一些较复杂应用的需求，需要功能更强的嵌入式处理器，从而出现了高端应用的嵌入式系统。单片机由于价格较低，在低端应用的嵌入式系统中占有优势。另一方面，单片机也在不断发展，出现了 32 位的单片机，且具有强大的功能和处理能力，所以在高端应用的嵌入式系统中也得到一定的应用。

1.5 习题

1. 将下列十进制数分别转换为二进制数和压缩 BCD 码。
(1) 22   (2) 986.71   (3) 1234   (4) 678.95
2. 解答以下各题：
(1) $(10011.011)_2 = ( )_8 = ( )_{10} = ( )_{16}$
(2) $(6A7E.3CF)_{16} = ( )_2 = ( )_8 = ( )_{10}$
(3) $(56)_{BCD} = ( )_{10} = ( )_2 = ( )_{16}$
3. 把下列数看成无符号数时，它们相应的十进制数是多少？若把它们看成是补码，最高位为符号位，那么相应的十进制数是多少？
(1) 10101110   (2) 10110100   (3) 00010001   (4) 01110101
4. 当前，单片机有哪些主要系列？各有什么特点？
5. 51 内核系列单片机是什么意思？以 8051CPU 为内核的兼容机型主要有哪些产品？
6. 什么是嵌入式系统？它由哪些部分构成？有哪些类型？单片机与嵌入式系统有什么关系？

第2章　STC系列单片机的结构与原理

2.1　STC系列单片机简介

STC公司（宏晶科技）1999年成立于深圳，目前是全球最大的8051内核单片机设计公司，公司主要从事STC增强型8051内核单片机的研发、生产和经销，已有STC89C51系列、STC90C51系列、STC11/10XX系列、STC12系列、STC15系列以及STC8F/A系列几百个型号的单片机产品。

增强型STC系列MCU已通过国际权威认证机构SGS（瑞士通用公证行）的多项认证。STC系列单片机特点及主要功能见表2-1。

表2-1　STC主要系列单片机功能一览表

STC系列	机器周期	FLASH容量/KB	SRAM/B	定时器数量	UART	PCA PWM D/A	A/D	I/O数量	其他接口	看门狗	内置复位	EEPROM容量/KB	中断源	封装
STC89	6T/12T	4~64	512~1280	2~3	1	无	无	35/39	内部复位电路	有	有	4~45	6	PDIP40, LQFP44, PLCC44, PQFP44
STC90	6T/12T	4~61	512~4352	3	1	无	无/10位	35/39		有	有	0~45	6	PDIP40, LQFP44, PLCC44
STC10	1T	2~14	256~512	2	1~2	无	无	40	内部时钟，内部复位电路	有	有	0~5	5	PDIP40, LQFP44, PLCC44
STC11	1T	1~62	256~1280	2	1~2	无	无	36/40/12/14/16	内部时钟，内部复位电路	有	有	0~32	5	PDIP40, LQFP44, PLCC44
STC12	1T	1~62	256~1280	2~6	1~3	0~4路	8位/10位	27/23/15/13/11/44	内部时钟，内部复位电路，SPI	有	有	1~53	7/9	SOP/DIP16、18、20、18、32，PDIP40, LQFP44, LQFP48
STC15	1T	0.5~63.5	128~4096	2~5	0~4	0~8路	无/10位	6~42	RS485下载，内部时钟，SPI	有	有	1~53	7	SOP8/16/20/28/32, PLCC-44, DIP8/16/20/28/40, QFN28, LQFP32/44等
STC8	1T	8~64	1.2~8	3~5	1~4	多路	无/12位	6~59	I²C, SPI, USB下载	有	有	1.2~21	14~22	TSSOP20, SOP16, SOP8, PDIP40, LQFP64S、LQFP48、LQFP44

由表 2-1 可以大体上了解 STC 单片机的基本情况。

1）STC 单片机是以 8051CPU 为内核，在芯片内部增强了不同的功能，如 Flash 程序存储器、SRAM 数据存储器、定时器、I/O 接口、中断系统、A/D、D/A 及程序下载等，同时提高了处理速度。

2）所有 STC 单片机都支持 RS-232 接口的 ISP 在线编程功能，这是 STC 单片机最显著的特点之一，为单片机在线调试和软件设计带来极大方便。此外，STC15 还支持 RS-485 下载，STC8 支持 USB 接口下载。

3）与传统的 8051 单片机相比，STC 单片机处理速度有较大提高。由机器周期可见，STC89 和 STC90 系列单片机的机器周期有 6T 和 12T 两种模式。12T 时钟模式下，STC 单片机与其他公司 51 单片机具有相同的机器周期，即 12 个振荡周期为一个机器周期；6T 时钟模式下，6 个振荡周期为一个机器周期，速度要提高近 1 倍。STC10 以后的产品机器周期达到 1T，即 1 个机器周期只占 1 个时钟周期。单片机有很多单机器周期指令，这意味着大大加快了指令的执行速度。

4）STC 单片机的型号体现了不同产品的特征。以 STC12C5A60xx 系列单片机为例，释义如下。

STC：出品的公司名。

12：产品大系列，STC 单片机有 89、90、10、11、12、15、8 这几个大系列，每个系列都有自己的特点。89 系列是早期传统的单片机，可以和 AT89 系列完全兼容，是 12T 单片机。90 是基于 89 系列的改进型系列。10 和 11 系列是价格便宜的 1T 单片机。12 系列是增强型功能的 1T 单片机，具有 ADC 功能。15、8 系列是 STC 公司新推出的产品，内部集成了高精度 R/C 时钟，可以不需要接外部晶振。

C：这个位置用来表示单片机工作电压，如果是 C 或 F 则表示这款单片机在 5 V 电压下工作，如果是 LE 或 L 则表示这款单片机工作在 3 V 电压下。

5A：内部 SRAM 是 1280 B。

60：这个位置是用来表示单片机内部 FLASH 空间大小的，同时也隐含着 EEPROM（同一个系列，FLASH+EEPROM 是一个定值）和 RAM 空间的大小。如：60 表示 FALSH 空间是 60 KB，EEPROM 是 1 KB；40 表示 FLASH 空间是 40 KB，EEPROM 是 21 KB。

xx：是功能后缀，用来表示单片机具有的增强功能。"S2"表示有第 2 个串口，有 A/D，有 PWM，有 EEPROM；"AD"表示没有第 2 个串口，有 A/D，有 PWM，有 EEPROM；"PWM"表示没有第 2 个串口，没有 A/D，有 PWM，有 EEPROM。

5）STC 单片机品种繁多，便于用户根据不同的应用需要选用，为 STC 单片机的广泛使用创造了条件。详细的产品信息，可通过 STC 单片机专业供应商网站查询，网址是 http://www. stcmicro. com/cn/stcmcu. html，或者在 STC 公司的在线下载工具软件 STC-ISP（V6.8X）的"选型/价格/样品"栏目中查看。

6）如何开始单片机的学习和运用，对于初学者而言，自然是从基础开始，由浅入深。STC 多个系列单片机，无论是早期的 89 系列，还是新近的 15 系列，都是基于 8051 内核，其基础是一样的。为了便于学习和实验，同时考虑到具有一般性和代表性，本书以 STC89 系列单片机为主进行学习，牢固基础才能触类旁通，从而较快地掌握 STC 单片机的新发展和新应用。

2.2　STC89系列单片机内部结构

STC公司以STC89C51RC/RD+表示89系列单片机。STC89系列单片机的内部结构框图如图2-1所示，其90C版产品把/PSEN、/EA引脚改为P4.4、P4.6，ALE引脚选作P4.5，其他不变。

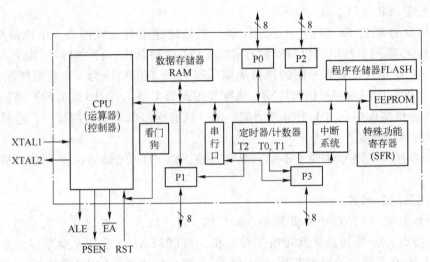

图2-1　STC89系列单片机结构框图

CPU通过片内总线连接片内各功能部件，CPU对各种功能部件的控制是采用特殊功能寄存器（Special Function Register，SFR）的集中控制方式。

图2-1中各功能部件简介如下。

1）CPU（微处理器）。是8位CPU，包括了运算器和控制器两大部分，具有面向控制的位处理功能。

2）数据存储器（RAM）。片内集成512 B或1280 B静态数据存储器（SRAM）。

3）程序存储器（FLASH）。片内集成有4 KB（89C51）、8 KB（89C52）、12 KB（89C53）、16 KB（89C54）、32 KB（89C58）及61 KB（89C516）的FLASH存储器。

4）中断系统。具有8个中断源，4级中断优先权。

5）定时器/计数器。3个16位定时器/计数器，多种工作方式。

6）串行口。1个全双工的异步串口，4种工作方式。

7）4个8位的并行口：P0口、P1口、P2口和P3口。

8）特殊功能寄存器（SFR）。SFR的个数在传统的8051单片机21个的基础上增加了20个，对片内各功能部件进行管理、控制和监视，是各功能的控制寄存器和状态寄存器，映射于片内RAM区80H～FFH内。

9）1个看门狗定时器WDT。当由于干扰程序陷入"死循环"或"跑飞"时，可使程序恢复正常运行。

10）在线改写ROM（EEPROM）。可以在线改写数据和掉电保存数据。

11）ISP（在系统可编程）/IAP（在应用可编程）。无须专用编程器，可通过串行通信接口，直接对单片机下载编程。

2.3 STC89C52引脚及功能

STC 单片机有各种封装产品，可以根据需要选用。这里以传统的 40 引脚双排直插（PDIP）封装芯片进行介绍。图 2-2 是两款 STC 单片机的封装，其中，右图是 89 系列，其封装与标准的传统 8051 普通机型完全一样。左图是 12 系列，与右图比较，可见其引脚排列是一样的，只是一些引脚具有多种功能的作用，可以进行不同的设置。而且从内部功能来说，STC 不同系列单片机基本上是向下兼容的，如果引脚封装一致，对于如图所示的相同封装的 89 系列单片机设计的应用系统，直接换上 12 系列单片机就可以使用了。需要注意的是，STC15 系列、STC8 系列的单片机，封装引脚排列不一样，不能直接替换低档系列单片机使用。

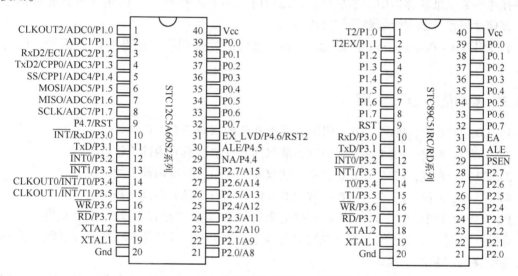

图 2-2　8051 单片机典型的 PDIP 封装引脚

此外，还有 44 引脚的 PLCC 和 LQFP 封装方式的芯片。

引脚按其功能可分为如下 3 类。

1）电源及时钟引脚：VCC、Gnd；XTAL1、XTAL2。

2）控制引脚：PSEN＊、ALE/PROG＊、EA＊/VPP、RST（RESET）。

3）I/O 口引脚：P0、P1、P2、P3，为 4 个 8 位 I/O 口。

2.3.1 电源和时钟引脚

1. 电源引脚

1）V_{CC}（40 脚）：+5 V 电源/+3 V 电源。

2）Gnd（20 脚）：数字地。

2. 时钟引脚

1）XTAL1（19 脚）：片内振荡器反相放大器和时钟发生器电路输入端。用片内振荡器时，该脚接外部石英晶体和微调电容；外接时钟源时，该脚接来自外部时钟振荡器的信号。

2）XTAL2（18 脚）：片内振荡器反相放大器的输出端。当使用片内振荡器时，该引脚接外部石英晶体和微调电容；当使用外部时钟源时，该引脚悬空。

2.3.2　控制信号引脚

1）RST（RESET，9 引脚）：复位信号输入，在引脚加上持续时间大于 2 个机器周期的高电平，可使单片机复位。正常工作时，此脚为低电平。

2）EA＊（Enable Address，31 引脚）：内、外程序存储器选择。EA＊＝1，优先选择执行单片机片内 FLASH 存储器中的程序，超出片内 FLASH 范围，将自动转向读取片外程序存储器中的程序；EA＊＝0，只读取片外程序存储器中的内容，片内的 FLASH 程序存储器不起作用。

3）ALE（Address Latch Enable，30 引脚）：访问外部地址锁存允许信号，将低 8 位地址锁存在片外的地址锁存器中。单片机正常运行时，ALE 端有频率为 f_{osc} 的 1/6 正脉冲信号输出，该信号可作外部定时或触发信号使用。

4）PSEN＊（Program Strobe ENable，29 引脚）。片外程序存储器读选通信号，低电平有效。

2.3.3　多功能 I/O 口引脚

1）P0 口：8 位，P0.7~P0.0 引脚，漏极开路的双向三态 I/O 口。

2）P1 口：8 位，P1.7~P1.0 引脚，准双向 I/O 口，具有内部上拉电阻。

3）P2 口：8 位，P2.7~P2.0 引脚，准双向 I/O 口，具有内部上拉电阻。

4）P3 口：8 位，P3.7~P3.0 引脚，准双向 I/O 口，具有内部上拉电阻。

P0 口作为总线口时，口线内无上拉电阻，处于高阻"悬浮"态，故为双向三态 I/O 口。系统扩展时，多个数据源都挂在数据总线上，若 P0 口不需要读写其他数据源，需要与数据总线高阻"悬浮"隔离。

P0~P3 都可作为通用的 I/O 口使用，P0 口作通用 I/O 用时，为准双向口，需加上拉电阻。P1、P2、P3 口均为准双向口。

准双向口仅有两个状态"0"或"1"，无高阻"悬浮"态。

P0~P3 口的特点及功能将在后面详细介绍。

芯片引脚的位置及其功能是其应用电路设计的基础，应熟记每一引脚功能，这对应用系统硬件电路设计十分重要。

2.4　中央处理器

中央处理器（CPU）由运算器和控制器构成。

2.4.1　运算器

运算器对操作数进行算术、逻辑和位操作运算。主要包括算术逻辑运算单元 ALU、累加器 A、位处理器及程序状态字寄存器 PSW 等。

1. 算术逻辑运算单元 ALU

算术逻辑运算单元 ALU 可对 8 位变量进行逻辑运算（与、或、异或、循环、求补和清 0）和算术运算（加、减、乘、除），还有位操作功能，对位变量进行位处理，如置"1"、清"0"、求补、测试转移及逻辑"与""或"等。

2. 累加器 A

累加器是 CPU 中使用频繁的一个 8 位寄存器，在 8051 指令系统中，Acc 的作用如下。

1）ALU 单元的输入数据源之一，又是 ALU 运算结果存放单元。

2）数据传送大多都通过累加器 A，相当于数据的中转站。

3. 程序状态字寄存器（Program Status Word，PSW）

PSW 是特殊功能寄存器，字节地址 D0H。包含了程序运行状态的信息，其中 4 位保存当前指令执行后的状态，供程序查询和判断；2 位用来选择内部的工作寄存器；1 位为用户自定义标志。格式如图 2-3 所示。

PSW 中各位功能如下。

1）Cy（PSW.7）进位标志位。可写为 C。在算术和逻辑运算时，若有进位/借位，Cy=1；否则，Cy=0。在位处理器中，它是位累加器。

	D7	D6	D5	D4	D3	D2	D1	D0	
PSW	Cy	Ac	F0	RS1	RS0	OV	—	P	D0H

图 2-3 PSW 格式

2）Ac（PSW.6）辅助进位标志位。在 BCD 码运算时，用作十进位调整。即当 D3 位向 D4 位产生进位或借位时，Ac=1；否则，Ac=0。

3）F0（PSW.5）用户设定标志位。由用户自己定义的状态标志位，可用指令来使它置"1"或清"0"，表示某种控制的标志。

4）RS1、RS0（PSW.4、PSW.3）4 组工作寄存器选择位。选择片内 RAM 区中的 4 组工作寄存器区中的某一组为当前工作寄存区，见表 2-2。

表 2-2 4 组工作寄存器区选择

RS1、RS0	工作寄存器选择
0、0	0 区（内部 RAM00H~07H）
0、1	1 区（内部 RAM08H~0FH）
1、0	2 区（内部 RAM10H~17H）
1、1	3 区（内部 RAM18H~1FH）

5）OV（PSW.2）溢出标志位。当执行有符号数算术指令时，用来指示运算结果是否产生溢出。如果结果产生溢出，OV=1；否则，OV=0。

6）PSW.1 位：保留位。

7）P（PSW.0）奇偶标志位。指令执行后，P=1，表示累加器 A 中"1"的个数为奇数；P=0，表示累加器 A 中"1"的个数为偶数。

2.4.2 控制器

控制器用来控制指令的读入、译码和执行，并根据指令的性质控制单片机各功能部件，从而保证单片机各部分能自动协调地工作。

控制器包括程序计数器、指令寄存器、指令译码器、定时及控制逻辑电路等。

程序计数器是一个独立的 16 位计数器。单片机复位时，程序计数器内容为 0000H，控制器自动从程序存储器 0000H 单元取指令，开始执行程序。程序计数器计数宽度决定了程序存储器的地址范围，故可对 64 KB(= 2^{16}B) 寻址。

程序计数器工作过程：CPU 读指令时，程序计数器的内容作为所取指令的地址，程序存储器按此地址输出指令字节。程序计数器内容变化轨迹决定程序流程。当顺序执行程序时自动加上当前执行指令的字节长度；当执行转移程序或子程序、中断子程序调用时，自动将其内容更改成所要转移的目的地址。

2.5 存储器及存储空间

STC89 系列单片机存储器空间包括程序存储器、数据存储器、特殊功能寄存器、位寻址空间和 EEPROM 存储器。

2.5.1 程序存储器

程序存储器用来存储程序和数据表。

1）STC 片内程序存储器为 FLASH 存储器，采用 ISP 技术，通过串行口下载编程，快速简便。

STC89 系列的不同型号，片内集成有 4 KB（89C51）、8 KB（89C52）、12 KB（89C53）、16 KB（89C54）、32 KB（89C58）、61 KB（89C516）的 FLASH 存储器。当片内 FLASH 存储器不够用时，可在片外扩展程序存储器，最多可扩展至 64 KB 程序存储器。

2）程序存储器分片内和片外两部分，访问片内的还是片外的程序存储器，由 EA * 脚电平确定。

当 EA * = 1 时，CPU 从片内 0000H 开始取指令，当程序计数器值大于片内 FLASH 范围时，自动转向读片外程序存储器空间的程序。

当 EA * = 0 时，只执行片外程序存储器（0000H～FFFFH）中的程序。不理会片内 4 KB FLASH 存储器。

3）程序存储器某些固定单元用于各中断源中断服务程序入口。

STC89 系列单片机有 8 个特殊单元，分别对应于 8 个中断源的中断入口地址，见表 2-3。

普通的 8051 单片机只有表中的前 5 个中断，STC89 系列单片机增加了 T2、/INT2 和/INT3，使用户有了更多的选择。

中断入口地址，实际上就是中断服务程序的起始地址。因为两个中断入口间隔仅有 8 个单元，如果直接存放中断服务子程序，往往不够用。通常汇编指令编程时，在中断入口地址处都放一条跳转指令跳向对应的中断服务子程序，而不是直接存放中断服务子程序。在使用 C51 语言编程时，用户只需正确书写中断函数即可，C51 编译时会自动处理中断程序入口的问题。

表 2-3 STC89 系列中断入口地址

中 断 源	入 口 地 址
/INT0	0003H
T0	000BH
/INT1	0013H
T1	001BH
串行口	0023H
T2	002BH
/INT2	0033H
/INT3	003BH

2.5.2 数据存储器

数据存储器存储随机数据，也分为片内、片外两部分。

STC 片内数据存储器为静态数据存储器（SRAM），有 512 B 或 1280 B。片内 RAM 不够用时，在片外可扩展至 64 KB SRAM。

1. 片内数据存储器

STC89 系列内部 SRAM 分为两个地址空间，即内部 RAM（256B）和内部扩展 RAM（其余字节）。主要使用的是内部 RAM。

内部 RAM 共 256 B，其结构如图 2-4 所示。片内数据存储器分为 3 个部分：低 128 B（与传统的 8051 兼容），高 128 B 及特殊功能寄存器区。低 128 B RAM 可以直接寻址和间接寻址，高 128 B RAM 只能间接寻址。特殊功能寄存器区和高 128 B RAM 的地址范围相同，但物理上是相互独立的，靠不同的寻址方式来区别。特殊功能寄存器只能用直接寻址访问。

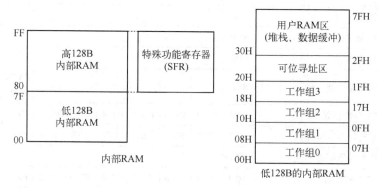

图 2-4 内部 RAM 结构

00H~1FH 的 32 个单元是 4 组通用工作寄存器区，每区包含 8 B，为 R7~R0。可通过指令改变 PSW 的 RS1、RS0 两位来选择（见表 2-2）。

20H~2FH 的 16 个单元的 128 位可位寻址，也可字节寻址。

30H~7FH 单元只能字节寻址，用作随机存取数据，以及作为堆栈区。

2. 片外数据存储器

当片内 RAM 不够用时，可以在片外扩展，最多可外扩 64 KB 的 RAM。片内 RAM 与片外 RAM 两个空间是相互独立的，通过使用不同的访问指令来访问存储区，不会发生访问冲突。

2.5.3 特殊功能寄存器

特殊功能寄存器（Special Function Register，SFR）实质是各外围部件的控制寄存器及状态寄存器，综合反映单片机内部实际的工作状态及工作方式，用户通过对 SFR 的设置和控制，来实现对单片机各种功能的运用。与普通的 8051 单片机相比，增强型 STC89 系列单片机的 SFR 增加了 20 多个。

STC89 系列的 SFR 见表 2-4，其中符号**斜体字**表示的为 STC89 系列新增加的 SFR，有部分原有寄存器中的位也进行了新的定义。应该注意，SFR 中能被 8 整除的这部分寄存器是可以进行位寻址的。由表 2-4 可见，SFR 的不同位都有各自的定义，实现不同的功能。下面先介绍某些 SFR，其余的 SFR 与片内外围部件密切相关，将在介绍片内外围部件时进行介绍。

表 2-4　特殊功能寄存器

序号	符号	描　　述	地址	MSB		位地址及符号					LSB	复位值
1	P0	P0 口锁存器	80H	P0.7	P0.6	P0.5	P0.4	P0.3	P0.2	P0.1	P0.0	11111111B
2	SP	堆栈指针	81H									00000111B
3	DPL	数据地址指针低 8 位	82H									00000000B
4	DPH	数据地址指针高 8 位	83H									00000000B
5	PCON	电源控制寄存器	87H	SMOD	SMOD0		POF	GF1	GF0	PD	IDL	00x10000B
6	TCON	T0、T1 控制寄存器	88H	TF1	TR1	TF0	TR0	IE1	IT1	IE0	IT0	00000000B
7	TMOD	T0、T1 方式控制寄存器	89H	GATE	C/T	M1	M0	GATE	C/T	M1	M0	00000000B
8	TL0	T0 低 8 位	8AH									00000000B
9	TH0	T0 高 8 位	8BH									00000000B
10	TL1	T1 低 8 位	8CH									00000000B
11	TH1	T1 高 8 位	8DH									00000000B
12	**AUXR**	辅助寄存器	8EH							EXTRAM	ALEOFF	xxxxxx00B
13	P1	P1 口锁存器	90H	P1.7	P1.6	P1.5	P1.4	P1.3	P1.2	P1.1	P1.0	1111 1111B
14	SCON	串行口控制寄存器	98H	SM0	SM1	SM2	REN	TB8	RB8	TI	RI	00000000B
15	SBUF	串行口数据缓冲区	99H									xxxxxxxxB
16	P2	P2 口锁存器	A0H	P2.7	P2.6	P2.5	P2.4	P2.3	P2.2	P2.1	P2.0	1111 1111B
17	**AUXR1**	辅助寄存器 1	A2H					GF2			DPS	00000000B
18	IE	中断允许控制寄存器	A8H	EA		ET2	ES	ET1	EX1	ET0	EX0	00000000B
19	**SADDR**	从机地址控制寄存器	A9H									xxxx0xx0B
20	P3	P3 口锁存器	B0H	P3.7	P3.6	P3.5	P3.4	P3.3	P3.2	P3.1	P3.0	1111 1111B
21	**IPH**	中断优先级寄存器高	B7H	PX3H	PX2H	PT2H	PSH	PT1H	PX1H	PT0H	PX0H	00000000B
22	IP	中断优先级寄存器低	B8H			PT2	PS	PT1	PX1	PT0	PX0	xx000000B
23	**SADEN**	从机地址掩模寄存器	B9H									00000000B
24	**XICON**		C0H	PX3	EX3	IE3	IT3	PX2	EX2	IE2	IT2	00000000B
25	**T2CON**	T2 控制寄存器	C8H	TF2	EXF2	RCLK	TCLK	EXEN2	TR2	C/T2	CP/RL2	00000000B
26	**T2MOD**	T2 工作方式寄存器	C9H							T2OE	DCEN	xxxxxx00B
27	**RCAP2L**	T2 重装/捕获模式寄存器低 8 位	CAH									00000000B
28	**RCAP2H**	T2 计数器/自动再装入模式时初值寄存器高 8 位	CBH									00000000B
29	**TL2**	定时器/计数器 2 低 8 位	CCH									00000000B
30	**TH2**	定时器/计数器 2 高 8 位	CDH									00000000B
31	PSW	程序状态寄存器	D0H	CY	AC	F0	RS1	RS0	OV	F1	P	00000000B

序号	符号	描　述	地址	MSB		位地址及符号					LSB	复位值
32	ACC	累加器	E0H									00000000B
33	WDT_CONTR	看门狗控制寄存器	E1H			EN_WDT	CLRWDT	IDLE_WDT	PS2	PS1	PS0	xx000000B
34	**ISP_DATA**	ISP/IAP 数据寄存器	E2H									1111 1111B
35	**ISP_ADDRH**	ISP/IAP 高 8 位地址寄存器	E3H									00000000B
36	**ISP_ADDRL**	ISP/IAP 低 8 位地址寄存器	E4H									00000000B
37	**ISP_CMD**	ISP/IAP 命令寄存器	E5H						MS2	MS1	MS0	xxxxx000B
38	**ISP_TRIG**	ISP/IAP 命令触发寄存器	E6H									xxxxxxxxB
39	**ISP_CONTR**	ISP/IAP 控制寄存器	E7H	ISPEN	SWBS	SWRST			WT2	WT1	WT0	000xx000B
40	**P4**	P4 口锁存器	E8H					P4.3	P4.2	P4.1	P4.0	00001111B
41	**B**	B 寄存器	F0H									00000000B

1. 堆栈指针 SP

堆栈指针是指示堆栈顶部在内部 RAM 块中的地址的特殊功能寄存器。

51 单片机堆栈结构是向上生长型，即数据压入堆栈会使 SP 增大。单片机复位后，SP 为 07H，使得堆栈实际上从 08H 单元开始，由于 08H~1FH 单元分别属于 1~3 组的工作寄存器区，最好在复位后把 SP 值改为 60H 或更大值，避免堆栈与工作寄存器冲突。

堆栈主要是为子程序调用和中断操作而设，用于保护断点和现场。

1）保护断点。无论子程序调用还是中断服务子程序调用，最终都要返回主程序，这个返回地址叫断点。应预先把主程序的断点在堆栈中保护起来，为程序正确返回做准备。

2）保护现场。执行子程序或中断服务子程序时，要用到一些寄存器单元，会破坏原有内容。此时，要把有关寄存器单元的内容送入堆栈保存起来，即"保护现场"。

堆栈有两种操作：数据压入（PUSH）堆栈和数据弹出（POP）堆栈。数据压入堆栈，SP 自动加 1；数据弹出堆栈，SP 自动减 1。

2. 寄存器 B

寄存器 B 为执行乘法和除法而设。在不执行乘、除法操作的情况下，可把它当作一个普通寄存器来使用。

乘法：两乘数分别在 A、B 中，执行乘法指令后，乘积在 BA 中。

除法：被除数取自 A，除数取自 B，商存放在 A 中，余数存于 B 中。

3. 辅助寄存器 AUXR

由表 2-4 可见，辅助寄存器 AUXR 定义了两位有效位。

1）ALEOFF：ALE 的禁止/允许位。

0：ALE 有效，发出脉冲。

1：ALE 仅在执行 MOVC 和 MOVX 类指令时有效，不访问外部存储器时，ALE 不输出脉冲信号。

2）EXTRAM：禁止/允许扩展 RAM。

0：内部扩展 RAM 可以访问。（注意：内部扩展 RAM 是通过 MOVX 指令访问的。）

1：禁止访问内部扩展 RAM。

4. 数据指针 DPTR0 和 DPTR1

双数据指针寄存器便于访问数据存储器。DPTR0：普通型 8051 单片机原有的数据指针；DPTR1：新增加的数据指针。这两个数据指针共用一个地址，可通过 AUXR1.0 的 DSP 位来选择。

数据指针可作为一个 16 位寄存器来用，也可作为两个独立的 8 位寄存器 DP0H（或 DP1H）和 DP0L（或 DP1L）来用。

5. AUXR1 寄存器

AUXR1 是辅助寄存器。DPS 为数据指针寄存器选择位。

0：选择数据指针寄存器 DPTR0，复位时默认选用 DPTR0。

1：选择数据指针寄存器 DPTR1。

6. 看门狗定时器 WDT

包含 1 个 14 位计数器和看门狗定时器控制寄存器（WDT_CONTR）。当 CPU 由于干扰，程序陷入"死循环"或"跑飞"状态时，WDT 提供了一种使程序恢复正常运行的有效手段。WDT_CONTR 将在后面介绍。

2.5.4 位地址

STC89 系列单片机位地址的地址编码为 00H~FFH，包括以下两部分。

1）特殊功能寄存器 SFR 中，那些可以被 8 整除的 SFR，都可以进行位寻址，见表 2-4。

2）片内 RAM 字节地址 20H~2FH 单元中，位地址为 00H~7FH 的共 128 位，见表 2-5。在该 RAM 区间，既可以用字节地址对存储单元操作，也可以用位地址对某一位进行操作。

表 2-5 STC 单片机片内 RAM 位寻址单元

字节地址	位地址							
	D7	D6	D5	D4	D3	D2	D1	D0
2FH	7FH	7EH	7DH	7CH	7BH	7AH	79H	78H
2EH	77H	76H	75H	74H	73H	72H	71H	70H
2DH	6FH	6EH	6DH	6CH	6BH	6AH	69H	68H
2CH	67H	66H	65H	64H	63H	62H	61H	60H
2BH	5FH	5EH	5DH	5CH	5BH	5AH	59H	58H
2AH	57H	56H	55H	54H	53H	52H	51H	50H
29H	4FH	4EH	4DH	4CH	4BH	4AH	49H	48H
28H	47H	46H	45H	44H	43H	42H	41H	40H
27H	3FH	3EH	3DH	3CH	3BH	3AH	39H	38H
26H	37H	36H	35H	34H	33H	32H	31H	30H
25H	2FH	2EH	2DH	2CH	2BH	2AH	29H	28H
24H	27H	26H	25H	24H	23H	22H	21H	20H
23H	1FH	1EH	1DH	1CH	1BH	1AH	19H	18H
22H	17H	16H	15H	14H	13H	12H	11H	10H
21H	0FH	0EH	0DH	0CH	0BH	0AH	09H	08H
20H	07H	06H	05H	04H	03H	02H	01H	00H

作为 STC89 系列存储器结构的总结，图 2-5 为各类存储器的结构图，可清楚看出各类存储器在存储器空间的位置。

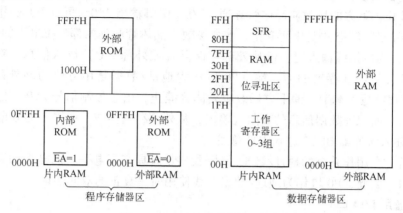

图 2-5　STC89 系列存储器结构

2.6　STC89 系列的 I/O 口

STC89 系列单片机都有 4 个双向 8 位并行 I/O 口，即 P0~P3，表 2-4 中的特殊功能寄存器 P0、P1、P2 和 P3 就是这 4 个端口的输出锁存器，90C 版本的产品还增加了 P4 端口。4 个端口除按字节输入/输出外，还可按位寻址，实现位控功能。

2.6.1　P0 口

P0 口字节地址为 80H，位地址为 80H~87H。P0 口的位电路结构如图 2-6 所示。

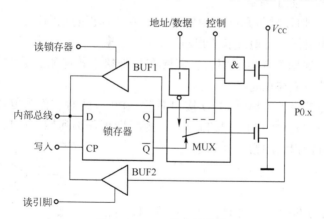

图 2-6　P0 口位电路结构

P0 口有如下两种功能。

1. 用作系统的地址/数据总线

当需要外扩存储器或 I/O 时，P0 口可作为系统复用的地址/数据总线。此时，图 2-7 中的"控制"信号为 1，使模拟开关 MUX 打向上面，接通反相器输出，同时使与门处于开启状态。

当输出的"地址/数据"信息为 1 时，与门输出为 1，上方的场效应晶体管导通，下方的场效应晶体管截止，P0. x 引脚输出为 1；当输出的"地址/数据"信息为 0 时，上方的场效应晶体管截止，下方的场效应晶体管导通，P0. x 引脚输出为 0。可见 P0. x 引脚的输出状态随"地址/数据"状态的变化而变化。上方场效应晶体管起到内部上拉电阻的作用。

当 P0 口作为数据线输入时，仅从外部存储器（或外部 I/O）读入信息，对应"控制"信号为 0，MUX 接通锁存器的 Q * 端。P0 口作为地址/数据复用方式访问外部存储器时，CPU 自动向 P0 口写入 FFH，使下方场效应晶体管截止，由于控制信号为 0，上方场效应晶体管也截止，从而保证数据信息的高阻抗输入，从外部存储器或 I/O 输入的数据信息直接由 P0. x 脚通过输入缓冲器 BUF2 进入内部总线。

由上分析，在用作系统的地址/数据总线时，P0 口具有高电平、低电平和高阻抗输入 3 种状态的端口，因此，P0 口作为地址/数据总线使用时是真正的双向端口。

2. 用作通用 I/O 口

P0 口作为通用的 I/O 口使用时，"控制"信号为 0，MUX 打向下面，接通锁存器的 Q * 端，与门输出为 0，上方场效应晶体管截止，形成的 P0 口输出电路为漏极开路输出。

P0 口作通用 I/O 输出口时，来自 CPU 的"写"脉冲加在 D 锁存器的 CP 端，内部总线上的数据写入 D 锁存器，并由引脚 P0. x 输出。当 D 锁存器为 1 时，端为 0，下方场效应晶体管截止，输出为漏极开路，此时，必须外接上拉电阻才能有高电平输出；当 D 锁存器为 0 时，下方场效应晶体管导通，P0 口输出为低电平。

P0 口作为通用 I/O 输入口时，有两种读入方式："读锁存器"和"读引脚"。

当 CPU 发出"读锁存器"指令时，锁存器的状态由 Q 端经上方的三态缓冲器 BUF1 进入内部总线；当 CPU 发出"读引脚"指令时，锁存器的输出状态 = 1（即端为 0），从而使下方场效应晶体管截止，引脚状态经下方三态缓冲器 BUF2 进入内部总线。

综上所述，P0 口有如下特点。

1）当 P0 口用作地址/数据总线口使用时，是一个真正的双向口，用作与外部扩展的存储器或 I/O 连接，输出低 8 位地址和输出/输入 8 位数据。

2）当 P0 口用作通用 I/O 口使用时，需要在片外接上拉电阻，此时端口不存在高阻抗的悬浮状态，因此是一个准双向口。

如果单片机片外扩展了 RAM 和 I/O 接口芯片，P0 口此时应作为复用的地址/数据总线口使用。如果没有外扩 RAM 和 I/O 接口芯片，此时即可作为通用 I/O 口使用。产生模拟开关的控制信号是由执行相应的指令来确定。

2.6.2 P1 口

P1 口字节地址为 90H，位地址为 90H ~ 97H，位电路结构如图 2-7 所示。

P1 口一般只作为通用 I/O 使用。

1）P1 口作为输出口时，若 CPU 输出 1，Q = 1，Q * = 0，场效应晶体管截止，P1 口引脚的输出为 1；若 CPU 输出 0，Q = 0，Q * = 1，场效应晶体管导通，P1. x 引脚输出为 0。

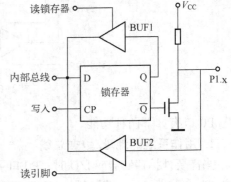

图 2-7　P1 口位电路结构

2）P1 口作为输入口时，分为"读锁存器"和"读引脚"两种方式。"读锁存器"时，锁存器的输出端 Q 的状态经输入缓冲器 BUF1 进入内部总线；"读引脚"时，先向锁存器写1，使场效应晶体管截止，以避免锁存器完全导通状态引起的"嵌位"效应，保证 P1.x 引脚的电平经输入缓冲器 BUF2 进入内部总线。

综上所述，P1 口有如下特点。

① P1 口由于有内部上拉电阻，没有高阻抗输入状态，故为准双向口。作为输出口时，不需要在片外接上拉电阻。

② P1 口"读引脚"输入时，必须先向锁存器 P1 写入"1"。

需要注意的是，STC89 系列单片机的 P1.0 和 P1.1 脚与传统的 8051 单片机相比，增加了第二功能，即 P1.0 可用作 T2 功能（T2 的外部输入），P1.1 可用作 T2EX 功能（T2 的捕捉/重装触发），这些功能的应用将在第 8 章介绍。

2.6.3　P2 口

P2 口是一个双功能口，字节地址为 A0H，位地址为 A0H～A7H。位电路结构如图 2-8 所示。

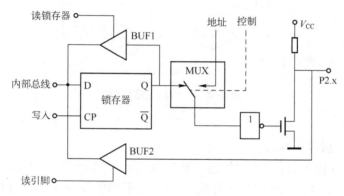

图 2-8　P2 口位电路结构

P2 口有如下两种功能。

1）P2 口用作地址总线口。在内部控制信号作用下，MUX 与"地址"接通。当"地址"线为 0 时，场效应晶体管导通，P2 口引脚输出 0；当"地址"线为 1 时，场效应晶体管截止，P2 口引脚输出 1。

2）P2 口用作通用 I/O 口。在内部控制信号作用下，MUX 与锁存器的 Q 端接通。

当 CPU 输出 1 时，Q=1，场效应晶体管截止，P2.x 引脚输出 1；当 CPU 输出 0 时，Q=0，场效应晶体管导通，P2.x 引脚输出 0。

输入时，分为"读锁存器"和"读引脚"两种方式。"读锁存器"时，Q 端信号经输入缓冲器 BUF1 进入内部总线；"读引脚"时，先向锁存器写 1，使场效应晶体管截止，P2.x 引脚上的电平经输入缓冲器 BUF2 进入内部总线。

综上所述，P2 口有如下特点。

① 作为地址输出线使用时，P2 口输出外部存储器的高 8 位地址，与 P0 口输出的低 8 位地址一起构成 16 位地址，可寻址 64 KB 的地址空间。当 P2 口作为高 8 位地址输出口时，

输出锁存器的内容保持不变。

② 作为通用 I/O 口使用时，P2 口为一个准双向口，功能与 P1 口一样。

③ 和 P0 口一样，P2 口作为高 8 位地址总线口使用，还是作为通用 I/O 口使用，由执行什么指令而产生的 MUX 控制信号来确定。

2.6.4　P3 口

P3 口字节地址为 B0H，位地址为 B0H~B7H。P3 口位电路结构如图 2-9 所示。由于单片机引脚数目有限，因此在 P3 电路中增加了引脚的第二功能，每一位都可分别定义为第二功能。

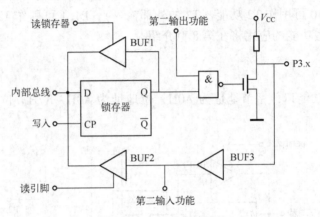

图 2-9　P3 口位电路结构

P3 口功能如下。

1）第一功能：通用 I/O 口。

当用作通用 I/O 输出时，"第二输出功能"端应保持高电平，"与非门"为开启状态。当 CPU 输出 1 时，Q=1，场效应晶体管截止，P3.x 引脚输出为 1；当 CPU 输出 0 时，Q=0，场效应晶体管导通，P3.x 引脚输出为 0。

当用作通用 I/O 输入时，P3.x 位的输出锁存器和"第二输出功能"端均置"1"，场效应晶体管截止，P3.x 引脚信息通过输入 BUF3 和 BUF2 进入内部总线，完成"读引脚"操作。

2）第二功能：输入/输出。

P3 口的第二功能见表 2-6。当选择第二输出功能时，该位的锁存器需置"1"，使"与非门"为开启状态。当第二输出为 1 时，场效应晶体管截止，P3.x 引脚输出为 1；当第二输出为 0 时，场效应晶体管导通，P3.x 引脚输出为 0。

表 2-6　P3 口的第二功能

引　　脚	第 二 功 能	功 能 说 明
P3.0	RXD	串行数据输入
P3.1	TXD	串行数据输出
P3.2	/INT0	外部中断 0 输入
P3.3	/INT1	外部中断 1 输入

26

引　　脚	第 二 功 能	功 能 说 明
P3.4	T0	定时器 0 外部计数信号输入
P3.5	T1	定时器 1 外部计数信号输入
P3.6	/WR	外部数据"写"控制
P3.7	/RD	外部数据"读"控制

当选择第二输入功能时，该位的锁存器和第二输出功能端均应置"1"，保证场效应晶体管截止，P3.x 引脚的信息由输入缓冲器 BUF3 的输出获得。

表 2-6 中第二功能的使用，将在后面相关章节介绍。

2.7　时钟电路与时序

2.7.1　时钟电路

时钟电路产生单片机工作所必需的时序控制信号，在时钟信号控制下，单片机严格按时序执行指令。

执行指令时，CPU 首先到程序存储器中取出需要执行的指令操作码，然后译码，并由时序电路产生一系列控制信号来完成指令所规定的操作。

CPU 发出的时序信号用来对片内各个功能部件进行控制，也可以用于对片外存储器或 I/O 口的控制，了解和熟悉时序，对于分析、设计硬件接口电路和软件设计都至关重要。

常用的时钟电路有两种方式，一种是内部时钟方式，另一种是外部时钟方式。STC89 系列单片机的实际工作频率可以达到 48 MHz。

1. 内部时钟方式

STC89 系列单片机内部有一个用于构成振荡器的高增益反相放大器，输入端为引脚 XTAL1，输出端为引脚 XTAL2。这两个引脚跨接石英晶体振荡器和微调电容，构成一个稳定的自激振荡器。如图 2-10a 所示。

2. 外部时钟方式

用现成的外部振荡器产生脉冲信号，常用在多片相同单片机同时工作的情况下，以便于单片机之间的同步。外部时钟源直接接到 XTAL1 端，XTAL2 端悬空。如图 2-10b 所示。

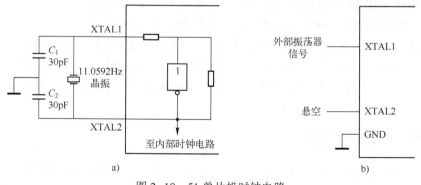

图 2-10　51 单片机时钟电路

2.7.2 CPU 时序

CPU 各种指令时序与时钟周期相关。

1. 时钟周期

时钟周期是时钟控制信号的基本时间单位。若晶振频率为 f_{osc}，则时钟周期 $T_{osc} = 1/f_{osc}$。如 $f_{osc} = 6$ MHz，则 $T_{osc} = 166.7$ ns。

2. 机器周期

机器周期指 CPU 完成一个基本操作（如取指令、读或写数据等）所需的时间。STC89 系列单片机的机器周期有 6T（1 个机器周期包括 6 个时钟周期）和 12T（1 个机器周期包括 12 个时钟周期）两种模式，12T 是 8051 传统单片机的模式，这里介绍 12T 模式。如图 2-11 所示，12T 模式分 6 个状态：S1~S6。每个状态又分两拍：P1 和 P2。因此，一个机器周期中的 12 个时钟周期表示为 S1P1、S1P2、S2P1、S2P2、…、S6P1、S6P2。

3. 指令周期

指令周期指执行一条指令所需的时间。从指令执行时间看，有单字节、双字节和三字节指令，指令的执行时间也不一样。

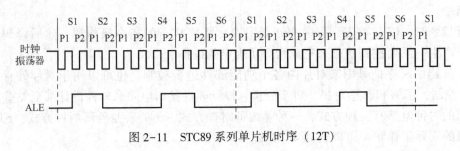

图 2-11　STC89 系列单片机时序（12T）

2.8　单片机复位

2.8.1　复位功能

单片机复位实质上就是对内部特殊功能寄存器进行初始化操作，给复位脚 RST 加上大于 2 个机器周期（即 24 个时钟振荡周期）的高电平就可使单片机复位。

复位时，PC 初始化为 0000H，程序从 0000H 单元开始执行。

片内特殊功能寄存器复位时的初始状态见表 2-4 的"复位值"一栏，除了 I/O 口 P0~P3 和 ISP/IAP 数据寄存器为全"1"，SP 为"07H"，其他有效位基本上为"0"。

STC89 系列单片机有 4 种复位方式：外部 RST 引脚复位、上电复位、软件复位和看门狗复位。

2.8.2　RST 引脚复位电路

STC89 系列单片机常用的复位是由外部复位电路实现的。典型的复位电路如图 2-12 所示。

上电时自动复位：V_{CC}（+5 V）电源给电容 C 充电加给 RST 引脚一个短暂的高电平信

号，RST 引脚上的高电平持续时间取决于电容 C 的充电时间。RST 引脚上的高电平必须大于复位所要求的高电平的时间。

人工按键复位：是通过 RST 端经两个电阻对电源 V_{CC} 接通分压产生的高电平来实现。当按下按钮 K_R 时，RST 引脚电平 $V_{RST} = 5 \times R2 / (R2 + R1)$，满足高电平的要求就进行复位。如图中按钮按下时，由参数计算 $V_{RST} = 4.5 V$ 为高电平实现复位。

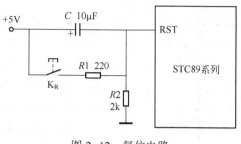

图 2-12　复位电路

2.8.3　看门狗定时器（WDT）复位

单片机系统受到干扰可能会引起程序"跑飞"或"死循环"，使系统失控。为了解决这个问题，在单片机中采用了"看门狗"技术。

"看门狗"技术：使用一个专用的定时器来不断计数，监视程序的运行。当启动看门狗运行后，为防止看门狗的不必要溢出，在程序正常运行过程中，应定期地把看门狗清 0，以保证看门狗不溢出。当由于干扰，使程序"跑飞"或"死循环"时，单片机也就不能定时地把看门狗定时器清 0，看门狗定时器计满溢出时，将在 RST 引脚上输出一个正脉冲（宽度为 98 个时钟周期），使单片机复位，在 0000H 处安排一条跳向出错处理程序段的指令或重新执行程序，从而使程序摆脱"跑飞"或"死循环"状态，让单片机归复于正常的工作状态。

片内的"看门狗"部件包含一个 14 位定时器和一个看门狗控制寄存器（WDT_CONTR）。开启看门狗定时器后，14 位定时器会自动对系统时钟 12 分频后的信号计数，即每 16384（2^{14}）个机器周期溢出一次，并产生一个高电平复位信号，使单片机复位。看门狗通过 WDT_CONTR 来设置。该寄存器地址为 E1H，格式如图 2-13 所示。

	D7	D6	D5	D4	D3	D2	D1	D0	
WDT_CONTR			EN_WDT	CLRWDT	IDLE_WDT	PS2	PS1	PS0	E1H

图 2-13　看门狗控制寄存器格式

EN_WDT：看门狗允许位，当设置为"1"时，启动看门狗。

CLR_WDT：看门狗清"0"位，当设为"1"时，看门狗定时器将重新计数。硬件自动清"0"此位。

IDLE_WDT：看门狗"IDLE"模式位，当设置为"1"时，看门狗定时器在单片机的"空闲模式"计数，当清"0"该位时，看门狗定时器在单片机的"空闲模式"时不计数。

PS2、PS1、PS0：看门狗定时器预分频值，不同值对应预分频数见表 2-7。

表 2-7　12M 晶振看门狗定时器预分频值

PS2	PS1	PS0	预 分 频 数	看门狗溢出时间
0	0	0	2	65.5 ms
0	0	1	4	131.0 ms
0	1	0	8	262.1 ms

PS2	PS1	PS0	预 分 频 数	看门狗溢出时间
0	1	1	16	524. 2 ms
1	0	0	32	1. 0485 s
1	0	1	64	2. 0971 s
1	1	0	128	4. 1943 s
1	1	1	256	8. 3886 s

看门狗溢出时间与预分频数有直接的关系，公式如下：

$$看门狗溢出时间 = (N \times 预分频数 \times 32768)/晶振频率$$

式中，N 表示 STC 单片机的时钟模式，STC 单片机有两种时钟模式：12T 和 6T。表中给出的是 12T 模式，$f_{osc} = 12\,MHz$ 时的值。

用户只要向寄存器 WDT_CONTR 写入相应的控制字，就可以实现启动看门狗、清除看门狗计数器、开始重新计数及空闲模式计数状态设置等。为防止看门狗启动后产生不必要的溢出和复位，在执行程序的过程中，应在设置的溢出时间内使看门狗计数器清 0 并重新计数。

【例 2-1】 看门狗的使用举例。

```
#include<reg52. h>
sfr   WDT_CONTR = 0xE1          //声明 WDT_CONTR main( )
{
……                           ;
WDT_CONTR = 0x3c;              //启动看门狗运行并开始计数
while(1)//无限循环
    {
        WDT_CONTR = 0x1c;     //清 0 并启动看门狗运行
        WDT_CONTR = 0x3c;     //重新开始计数
        ……;                  //执行时间必须小于 1. 0485 s(系统时钟为 12 MHz,预分频数为 32)
    }
}
```

只要程序一跑出 while( ) 循环，不执行复位看门狗的清 0 和重新计数命令，看门狗定时器就会溢出使单片机复位，使程序从 main( ) 处开始重新运行。

2.8.4　软件复位

STC 单片机 ISP/IAP 控制寄存器 （ISP_CONTR） 在特殊的功能寄存器中的地址为 E7H，该寄存器用来管理和 ISP/IAP 相关功能的设定以及是否实现软件复位等。单片机复位时，该寄存器全部清 0。

ISP_CONTR 寄存器的格式如图 2-14 所示。

	D7	D6	D5	D4	D3	D2	D1	D0	
ISP_CONTR	ISPEN	SWBS	SWRST	-	-	WT2	WT1	WT0	E7H

图 2-14　ISP_CONTR 寄存器格式

ISPEN：ISP/IAP 功能允许位。"0"禁止对 FLASH、EEPROM 进行读/写/擦除；"1"允许对 FLASH、EEPROM 进行读/写/擦除。

SWBS：软件选择从用户程序区启动，还是从 ISP 程序区启动。这要与 SWRST 直接配合才可以确定：当 SWRST＝1 时，SWBS＝1 选择从 ISP 程序区启动，SWBS＝0 选择从用户程序区启动；当 SWRST＝0 时，SWBS 选择无效。

SWRST："1"产生软件复位，复位后硬件自动清 0；"0"不操作。

WT2、WT1、WT0：ISP/IAP 编程时间设定（CPU 等待的最长时间），见表 2-8。ISP/IAP 编程时间可对 FLASH 进行读/写/擦除操作，当进行这些操作时，不同的操作将会耗费不同的时间，如在设定时间内没有完成操作，数据将丢失或错误。

表 2-8 ISP/IAP 编程时间设置

设置等待时间			CPU 等待时间（机器周期，12T）			
WT2	WT1	WT0	读操作	写操作	擦除操作	要求系统时钟
0	0	0	43	240	43769	小于 40 MHz
0	0	1	22	120	21885	小于 20 MHz
0	1	0	11	60	10942	小于 10 MHz
0	1	1	6	30	5474	小于 5 MHz

ISP 监控程序区是指芯片出厂时就已经固化在芯片内部的一段程序，STC 单片机之所以可以进行 ISP 串行下载程序，就是因为芯片在出厂时厂商已经在单片机内部固化了 ISP 引导码，程序首次上电会先从 ISP 区开始执行代码，体现在实际实验中时，就是在下载程序时，先要单击下载界面的"下载"，然后再开启单片机的电源，单片机检测到有下载程序的需要时，便启动 ISP 下载功能给单片机下载程序。若经过短暂时间没有检测到上位机有下载程序的需要时，便会从 ISP 区开始执行程序。

2.9 省电模式

STC89 系列单片机可以工作在两种低功耗节电工作模式：空闲模式（Idle Mode）和掉电保持模式（Power Down Mode）。正常模式下功耗是 4~7 mA，空闲模式下是 2 mA，掉电保持模式<0.1 μA。图 2-15 为两种节电模式的内部控制电路。厂家提出 STC89 系列单片机不支持空闲模式，但是 STC 的多个单片机系列都支持这种模式，所以在这里一起进行介绍。

两种节电模式可通过 PCON 的位 IDL 和位 PD 的设置进行控制。PCON 寄存器格式如图 2-16 所示。

POF：上电复位标志位。上电复位时为"1"，可由软件清 0。其他复位时该标志不会为"1"。

SMOD、SMOD0：串行通信波特率选择。

GF1、GF0：两个标志位供用户使用。

PD：掉电保持模式控制位，若 PD＝1，则进入掉电保持模式。

IDL：空闲模式控制位，若 IDL＝1，则进入空闲运行模式。

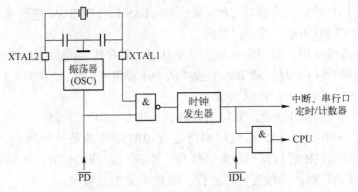

图 2-15　省电模式内部控制电路

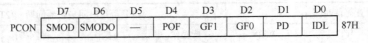

图 2-16　PCON 格式

2.9.1　空闲模式

1. 空闲模式进入

若 IDL 位置 "1"，则把通往 CPU 的时钟信号关断，便进入空闲模式。此时，虽然振荡器运行，但是 CPU 进入空闲状态。所有外围电路（中断系统、串行口和定时器）仍继续工作，SP、PC、PSW、A、P0~P3 端口等所有其他寄存器、内部 RAM 和 SFR 中的内容均保持进入空闲模式前状态。

2. 空闲模式退出

有以下两种方法退出空闲模式。

1）响应中断方式：当任一允许的中断请求被响应时，IDL 位自动清 "0"，将从设置空闲模式指令的下一条指令（断点处）继续执行程序。

2）硬件复位方式：在此期间，片内硬件阻止 CPU 对片内 RAM 的访问，但不阻止对外部端口（或外部 RAM）的访问，因此在进入空闲模式时，紧随 IDL 位置 1 指令后的不应是写端口（或外部 RAM）的指令。

2.9.2　掉电模式

1. 掉电模式的进入

用指令把 PCON 寄存器的 PD 位置 "1"，便进入掉电模式。由图 2-16 可见，在掉电模式下，进入时钟振荡器的信号被封锁，振荡器停止工作。

由于没有时钟信号，单片机内部的所有功能部件均停止工作，但片内 RAM 和 SFR 原来的内容都被保留，有关端口的输出状态值都保存在对应的特殊功能寄存器中。

2. 掉电模式的退出

两种方法：硬件复位和外部中断。

3. 掉电和空闲模式下的 WDT

掉电模式下振荡器停止，意味着 WDT 也就停止计数。用户在掉电模式下不需要操作

WDT，在系统进入掉电模式之前应先对看门狗定时器清0。

在进入空闲模式前，应先设置 WDT_CONTR 的 IDLE_WDT 位，以确认 WDT 是否继续计数。

当 IDLE_WDT=1 时，空闲模式下的 WDT 保持继续计数。

当 IDLE_WDT=0 时，WDT 在空闲模式下暂停计数。

2.10　EEPROM

EEPROM（Electrically-Erasable Programmable Read Only Memory）是一种存储器，可以在线进行反复擦写，具有掉电数据不丢失的特点。当在程序运行的过程中希望修改某个变量并且希望此变量的值在掉电以后不丢失，就可以采用将变量数据写入 EEPROM 的方式来实现。

STC89 系列单片机内部集成了 EEPROM，它是与程序空间分开的，利用 ISP/IAP 技术可将内部 DATA FLASH 当作 EEPROM，可擦写 10 万次以上。

EEPROM 分为若干个扇区，每个扇区 512 B，数据存储器的擦除操作是按扇区进行的。使用时建议同一次修改的数据放在同一个扇区，不是同一次修改的数据放在不同的扇区以便减少擦写次数。

在程序中可对 EEPROM 进行字节读写/字节编程/扇区擦除操作。厂家建议在工作电压 V_{CC} 偏低时，不要进行 EEPROM/IAP 操作。以免发生数据错误。

2.10.1　ISP/IAP 操作有关的特殊功能寄存器

在表 2-4 中，与 EEPROM 应用相关的特殊功能寄存器主要有 ISP_DATA、ISP_ADDRH、ISP_ADDRL、ISP_CMD、ISP_TRIG、ISP_CONTR、PCON。这 7 个寄存器的地址、位格式及定义在表 2-4 中已列出，其中，ISP_CONTR、PCON 位功能前面已介绍，其他寄存器功能如下。

1）ISP_DATA：ISP/IAP 数据寄存器。ISP/IAP 操作读后和写前的数据放在此处。

2）ISP_ADDRH、ISP_ADDRL：ISP/IAP 地址寄存器。ISP/IAP 操作地址寄存器的高 8 位和低 8 位。

3）ISP_CMD：ISP/IAP 命令寄存器。由表 2-4 可见，其低 3 位为 MS2、MS1、MS0，用来设置 ISP/IAP 的具体操作见表 2-9。

表 2-9　ISP/IAP 操作功能选择

MS2	MS1	MS0	操作功能选择
0	0	0	无操作
0	0	1	对 EEPROM 区字节读
0	1	0	对 EEPROM 区字节写
0	1	1	对 EEPROM 区扇区擦除

4）ISP_TRIG：ISP/IAP 命令触发寄存器。在 ISPEN(ISP_CONTR.7)=1 时，每次 IAP 操作都要对 ISP_TRIG 先写入 46H，再写入 B9H，ISP\IAP 命令才会生效。ISP\IAP 操作完成后，ISP_ADDRH、ISP_ADDRL 和 ISP_CMD 的内容不变。如果接下来要对下一个地址的数

据进行 IAP/ISP 操作，需手动将该地址的高 8 位和低 8 位分别写入 IAP_ADDRH 和 IAP_AD-DRL 寄存器。

2.10.2　STC89 系列单片机 EEPROM 空间大小及地址

STC89 系列单片机 EEPROM 空间大小及地址可见表 2-10。对 EEPROM 的读、写可以按字节进行，但擦除只能按一个整扇区进行。每个扇区 512 个字节，扇区之间地址是连续的。例如表中 STC89C52RC 的 EEPROM 是 4 KB，所以有 8 个扇区，首扇区的起始地址是 2000H，则第 2 ~ 8 个扇区的起始地址依次是 2200H、2400H、2600H、2800H、2A00H、2C00H、2E00H。其他产品，以此类推。

表 2-10　STC89 系列单片机 EEPROM 空间大小及地址

型　　号	EEPROM 字节/KB	扇　区　数	起始扇区首地址
STC89C51RC STC89LE51RC	4	8	2000H
STC89C52RC STC89LE52RC	4	8	2000H
STC89C54RD+ STC89LE54RD+	45	90	4000H
STC89C58RD+ STC89LE58RD+	29	58	8000H
STC89C510RD+ STC89LE510RD+	21	42	A000H
STC89C512RD+ STC89LE512RD+	13	26	C000H
STC89C514RD+ STC89LE514RD+	5	10	E000H

2.10.3　EEPROM 应用的步骤

如果要在用户程序中对 EEPROM 操作，一般按以下步骤进行。这些操作，通过汇编语言或 C51 语言都可以实现，以下给出的是 C51 程序举例，程序可在学完第 4 章后阅读。

1）声明并设置与 EEPROM 相关的寄存器。

例如：

```
……
sfr isp_data = 0xe2;        //数据寄存器
sfr isp_addrh = 0xe3;       //地址高字节
sfr isp_addrl = 0xe4;       //地址低字节
sfr isp_cmd = 0xe5;         //命令寄存器
sfr isp_trig = 0xe6;        //命令触发器
sfr isp_contr = 0xe7;       //控制寄存器
```

2）编写 EEPROM 初始化函数。

```
void EepromIdle()
```

```
        }
        isp_contr = 0;              //关闭 IAP 功能
        isp_cmd = 0;                //清除命令寄存器
        isp_trig = 0;               //清除触发寄存器
        isp_addrh = 0X80;           //数据指针指向非 EEPROM 区
        isp_addrl = 0;
    }
```

3) 编写擦除函数。

擦除是指对某个扇区 512 字节全部擦除，该扇区中任何一个字节单元的地址，就代表该扇区的地址。

以下为扇区擦除函数：

```
    void EepromEraseSector ( unsigned int address)
    {
        unsigned char i;
        isp_addrl = address;        //送要"写"单元地址的低 8 位
        isp_addrh = address>>8;     //送要"写"单元地址的高 8 位
        isp_contr = 0x81;           //ISP/IAP 控制寄存器：允许 ISP/IA 操作
                                    //置 CPU 等待时间(SYSCLK<20 MHz)
        isp_cmd = 0x03;             //设置对 EEPROM 扇区擦除
        isp_trig = 0x46;            //触发 ISP/IAP 操作
        isp_trig = 0xb9;
        for(i=0;i<3;i++);           //延时
        isp_contr = 0x00;           //禁止 ISP/IAP 操作
        isp_cmd = 0x00;             //去除 ISP/IAP 命令
    }
```

4) 编写字节写入函数。

STC 片内 EEPROM 写入数据是按字节编程，只能将字节中的"1"位写成 1 或 0，可将 0 写成 0，而无法将 0 写成 1，所以，在写入数据前，一定要用扇区擦除将所有字节变为 0xff。

以下为字节写函数：

```
    void EepromWrite( unsigned int address, unsigned char write_data)
    {
        unsigned char i;
        isp_data = write_data;      //送要"写"的数据
        isp_addrl = address;        //送要"写"单元地址的低 8 位
        isp_addrh = address>>8;     //送要"写"单元地址的高 8 位
        isp_contr = 0x81;           //ISP/IAP 控制寄存器：允许 ISP/IA 操作
                                    //置 CPU 等待时间(SYSCLK<20 MHz)
        isp_cmd = 0x02;             //设置对 EEPROM 区字节写
        isp_trig = 0x46;            //触发 ISP/IAP 操作
        isp_trig = 0xb9;
        for(i=0;i<3;i++);           //延时
        isp_contr = 0x00;           //禁止 ISP/IAP 操作
        isp_cmd = 0x00;             //去除 ISP/IAP 命令
    }
```

5）编写字节读取函数。

以下为字节读取函数：

```
unsigned char EepromRead(unsigned int address)
{
    unsigned char i,z;
    isp_addrl = address;
    isp_addrh = address>>8;
    isp_contr = 0x81;
    isp_cmd = 0x01;              //设置对 EEPROM 区字节读
    isp_trig = 0x46;
    isp_trig = 0xb9;
    for(i=0;i<3;i++);
    isp_contr = 0x00;
    isp_cmd = 0x00;
    z = isp_data;               //取出读取数据
    return(z);                  //返回读取数据
}
```

6）在需要读取 EEPROM 字节内容时调用字节读取函数。

7）在需要进行"写" EEPROM 字节时，先调用字节擦除函数，将字节内容擦除成 FFH 后，再调用字节写函数，将数据写入 EEPROM 的地址单元中。

2.11 习题

1. STC89 系列单片机包含哪些主要逻辑功能部件？

2. STC89 系列单片机的存储器可划分为几个空间？各自的地址范围和容量是多少？在使用上有什么不同？

3. STC 单片机有哪些主要系列，各有什么主要特点？机器周期为 1T、6T、12T 是什么意思？

4. 为什么说增强型 STC89 系列单片机和普通的 8051 单片机兼容？STC89 系列单片机主要在哪些方面增强了功能？

5. STC89 系列单片机是低电平复位还是高电平复位？图 2-12 中，如果 $R1$ 和 $R2$ 对换，能不能手动复位？为什么？

6. STC89 系列单片机的工作寄存器分成几个组？每组多少个单元？复位后，默认的工作寄存器是哪一组？

7. STC89 系列单片机的特殊功能寄存器中，哪些地址的特殊功能寄存器具有位寻址功能？复位后哪些特殊功能寄存器有效位不为"0"？

8. 程序状态字 PSW 的作用是什么？常用的状态标志有哪几位？作用是什么？

9. 什么是位地址？什么是字节地址？STC89 系列单片机 RAM 哪些字节单元能够定义位地址？

10. STC89 系列单片机的控制信号 EA∗、ALE、PSEN∗ 各有什么用途？

11. STC89 系列单片机的时钟周期、机器周期及指令周期是怎样形成的？STC89 系列单片机工作在 12T 模式时，当振荡频率为 12 MHz，一个机器周期为多少？

12. STC89 系列单片机的 P0~P3 口结构有什么不同？各有什么功能？

13. 作为通用 I/O 口使用，P1~P3 口输入数据时应注意什么？P0 口为什么要外接上拉电阻？

14. P3 口具有哪些第二功能？如何区别实现 P3 口是作为普通 I/O 口还是作为第二功能使用？

15. STC89 系列单片机有哪几种复位方式？怎么实现？

16. STC89 系列单片机片内 EEPROM 操作与哪些特殊功能寄存器有关？对片内 EEPROM 有哪些主要操作？

第3章 指令系统和汇编语言程序设计

3.1 汇编指令格式

计算机指令系统是一套控制计算机操作的编码，称为机器语言。机器语言自身的特点决定了其难于直接用于程序设计，为了既能保持机器语言的特点，又能方便编写程序和阅读程序，人们采用助记符来代替机器指令代码，助记符与机器指令代码一一对应，人们把这种编程语言称为汇编语言，汇编语言程序可通过汇编程序转换成机器语言。

MCS-51 单片机的指令由标号、操作码、操作数和注释 4 个部分组成，格式如下：

[标号：]操作码[目的操作数][，源操作数][，第三操作数][；注释]

例如：LOOP：MOV A，#31H ；将立即数 31H 送累加器 A 中

其中，带有方括号［……］的部分表示该项是可选项，不一定都有，根据指令不同和程序设计的意图而变化。［标号：］表示该指令所在的地址，需以英文字母开头；操作码是指令的功能，操作数是完成操作所需要的数据，例如单字节指令只有操作码，双字节指令有操作码和一个操作数，三字节指令有操作码、目的操作数和源操作数；［注释］是为了阅读程序方便而加注的说明。

3.2 寻址方式

寻址方式是计算机指令操作的基础，是指指令获取操作数的来源和目的地的方式。对不同的程序指令，来源和目的地的规定也会不同。MCS-51 指令的寻址方式有 7 种，即寄存器寻址、直接寻址、寄存器间接寻址、立即寻址、基寄存器加变址寄存器间接寻址、相对寻址和位寻址。

为了便于说明，对汇编指令中使用的符号约定如下。

Rn：n=0~7，代表单片机工作寄存器 R0~R7。

@Ri：代表工作寄存器 Ri 间接寻址存储单元，其中 i=0、1，Ri 代表工作寄存器 R0、R1。

direct：代表 8 位的直接地址单元，该地址可以是片内 RAM 地址，也可以是 SFR。

#data：为 8 位的立即数。

#data16：为 16 位的立即数。

addr16：为 16 位目的地址，可以实现在 64 KB 程序存储器范围内调用子程序或转移。

addr11：为 11 位目的地址，可以实现在下条指令地址所在的 2 KB 范围内调用子程序或转移。

rel：为带符号的 8 位偏移地址，可以在下条指令地址所在的 -128～+127 的程序存储

范围内转移。

DPTR：数据指针，可用作 16 位地址寄存器。

A：累加器 ACC。

B：通用寄存器，主要用于乘法 MUL 和除法 DIV 指令中。

Cy：进位标志位。

bit：位地址。片内 RAM 中的位寻址单元及 SFR 中的可寻址位。

/bit：在位操作指令中，表示对该位（bit）先取反，再参与运算。

(X)：表示 X 地址单元的内容。

((X))：表示以 X 地址单元中的内容作为新地址中的内容。

$：当前指令的地址。

←：数据传送的方向。

3.2.1 立即寻址

立即寻址也称立即数寻址，是指在指令操作中直接给出参加运算的 8 位或 16 位操作数。

例如：MOV A，#70H；A←70H，指将立即数 70H 传送到累加器 A 中。

3.2.2 直接寻址

直接寻址是指令中给出操作数地址的寻址方式，即指令中给出的数据作为地址，该地址对应存储单元中的数据才是真正的操作数。

例如：MOV A，60H；A←(60H)，指把 60H 单元中的数送到累加器 A 中，60H 为源操作数存放的地址单元。

3.2.3 寄存器寻址

操作数存储在寄存器中，寄存器可以是工作寄存器 R0~R7、DPTR、累加器 A、特殊功能寄存器、寄存器 B（仅在乘除法时）和布尔累加器 C。

例如：MOV A，R0；A_{CC}←R0，指工作寄存器 R0 中的数送到累加器 A 中。

3.2.4 寄存器间接寻址

寄存器间接寻址也称间接寻址，是将指令指定的寄存器 Ri 中的内容作为地址，将该地址所对应的存储单元中的数据作为操作数的寻址方式。间接寻址采用 R0 或 R1 前添加 "@" 符号来表示。

例如：MOV A，@R1 ；A_{CC}←(R1)，指 R1 中的数据作为存储单元，把该单元的数据传送到累加器。

3.2.5 变址寻址

变址寻址是指存放操作数单元的地址为基址寄存器和变址寄存器两者内容之和。其中累加器 A 作变址寄存器、程序计数器 PC，或寄存器 DPTR 作基址寄存器。

例如：MOVC A，@A+DPTR；A_{CC}←(A+DPTR)，该指令执行的操作是把累加器 A 的内容和基址寄存器 DPTR 的内容累加，相加结果作为操作数存放的地址，再将操作数取出来送到累加器 A 中。若 A 的内容为 50H，DPTR 的内容为 1000H，程序存储单元 1050H 中的内容是 A5H，则执行该指令后 A 的内容就是 A5H。

3.2.6 相对寻址

相对寻址是将程序计数器 PC 的当前值与指令第二字节给出的偏移量相加，从而形成转移的目标地址。偏移量为带符号的数，所能表示的范围为 +127~−128。这种寻址方式主要用于转移指令。

例如：JC 80H，指若 C=1 则跳转到 PC=PC+2+80H。

3.2.7 位寻址

位寻址是指对片内 RAM 中 20H~2FH 中的 128 个位地址，以及 SFR 中可进行位寻址的位地址寻址。这种寻址只是对指令指定的 1 位进行操作。

例如：MOV C,20H；C_y←(20H)，指将位地址 20H 中的数送给 C_y。

3.3 指令系统

STC89 系列单片机指令系统和普通的 8051 单片机一样，共有 111 条，按功能分类为数据传送类指令（29 条）、算术运算类指令（24 条）、逻辑运算类指令（24 条）、控制转移类指令（17 条）及位操作类指令（17 条）。

3.3.1 数据传送指令

数据传送是最基本、最主要的操作，共有 29 条，可分为内部 RAM 数据传送、外部 RAM 数据传送、程序存储器数据传送、数据互换和堆栈操作 5 组。

1. 内部 RAM 传送指令（16 条）

该组指令用于单片机内部数据存储区和寄存器之间的数据传送，指令格式见表 3-1。

表 3-1　内部 RAM 传送指令

指令名称	指令格式	功　能	字节数	周期数	示　例
以 A 为目的的操作数	MOV A,direct	A←(direct)	2	1	MOV A,40H
	MOV A,#data	A←data	2	1	MOV A,#40H
	MOV A,Rn	A←Rn	1	1	MOV A,R_6
	MOV A,@Ri	A←(Ri)	1	1	MOV A,@R_6
以 Rn 为目的的操作数	MOV Rn,A	Rn←A	1	1	MOV R_5,A
	MOV Rn,direct	Rn←(direct)	2	2	MOV R_2,54H
	MOV Rn,#data	Rn←data	2	1	MOV R_2,#54H
以直接地址为目的的操作数	MOV direct,A	(direct)←A	2	2	MOV 36H,A
	MOV direct,Rn	(direct)←Rn	2	2	MOV 36H,R1
	MOV direct1,direct2	(direct1)←(direct2)	3	2	MOV 50H,40H
	MOV direct,@Ri	(direct)←(Ri)	2	2	MOV 50,@R0
	MOV direct,#data	(direct)←data	3	2	MOV 54H,#54H

指 令 名 称	指 令 格 式	功　　能	字节数	周期数	示　　例
以寄存器间接导致为目的的操作数	MOV　@Ri,A	(Ri)←A	2	2	MOV　@R1,A
	MOV　@Ri,direct	(Ri)←(direct)	2	2	MOV　@R0,60H
	MOV　@Ri,#data	(Ri)←data	1	1	MOV　@R1,#FAH
16 位数据传送	MOV　DPTR,#data16	DPTR←data16	3	2	MOV　DPTR,#2000H

【例 3-1】 设片内 RAM 单元存放的数据是：(50H)= 55H，(51H)= 66H，(66H)= 77H。分析以下指令顺序执行的目的操作数。

```
MOV  A, #50H      ; A = 50H
MOV  A, 50H       ; A = 55H
MOV  R0, #51H     ; R0 = 51H
MOV  A, @R0       ; A = 66H
MOV  50H, 51H     ; (50H) = 66H
MOV  @R0, 66H     ; (51H) = 77H
```

2. 外部 RAM 传送指令 （4 条）

该组指令用于单片机外部数据存储区和寄存器之间的数据传送，指令格式见表 3-2。

表 3-2　外部 RAM 传送指令

指 令 格 式	功　　能	字 节 数	周 期 数	举　　例
MOVX　A,@Ri	A←(Ri)	1	2	MOVX　A,@R1
MOVX　A,@DPTR	A←(DPTR)	2	2	MOVX　A,@DPTR
MOVX　@Ri,A	(Ri)←A	1	2	MOVX　@R0,A
MOVX　@DPTR,A	(DPTR)←A	2	2	MOVX　@DPTR,A

这组指令采用了间接寻址方式，当采用 16 位数据指针 DPTR 间接寻址，完成 DPTR 所指定的片外数据存储器与 A 的数据传送时，可寻址范围达 64 KB。其中，低 8 位地址由 P0 口输出，高 8 位地址由 P2 口输出。当采用 Ri（R0 或 R1）间接寻址，完成以 R0 或 R1 为间接地址的片外数据存储器与 A 的数据传送时，低 8 位地址由 Ri 指出，由 P0 口输出，高 8 位地址需要事先用指令"MOV P2，#data"指定。

【例 3-2】 以下程序实现把片内 60H 单元的数送到片外 RAM 的 2000H 单元。

解 1：
```
MOV  A, 60H
MOV  DPTR, #2000H
MOV  @DPTR,  A
```
解 2：
```
MOV  A, 60H
MOV  R0, #00
MOV  P2, #20H
MOV  @R0, A
```

3. 程序存储器传送指令 （2 条）

该组指令用于从单片机内部 ROM 读取数据给累加器，指令格式见表 3-3。

表 3-3　程序存储器传送指令

指令格式	功　能	字　节　数	周　期　数
MOVC　A,@ A+DPTR	A←(A+DPTR)	1	2
MOVC　A,@ A+PC	A←(A+PC+1)	1	2

这组指令又叫查表指令，属于变址寻址方式，是对存放于程序存储器中的数据表格进行查找传送。

第一条指令 MOVC A,@ A+DPTR，以 DPTR 作为基址寄存器，用来存放表的起始地址，它可以指向外部 ROM 的 64 KB 范围内的任意一个地址单元，累加器 A 作为变址寄存器，在源操作数中作为数据表格起始地址的偏移地址。

第二条指令 MOVC A,@ A+PC，以 PC 作为基址寄存器，但指令中 PC 的地址是可以变化的，它随着指令在程序中位置的不同而不同，一旦指令在程序中位置确定以后，PC 中内容也被给定，累加器 A 作为变址寄存器，在源操作数中作为当前 PC 值到数据表格中要访问数据的偏移字节，由于 A 的长度为一个字节，使用能够寻找的偏移地址应在 FFH 之内。

【例 3-3】用查表指令把数据表 TAB 中第三个单元的数传给累加器 A，比较使用两种查表指令的不同。

1) 使用 MOVC A,@ A+PC

```
MOV A,#0AH          ;A 中的偏移指向 TAB 表的第 3 个单元
MOVC A,@ A+PC
……                ;这些省略的指令占 8 字节
TAB:DB 41H
    DB 42H
    DB 43H
……
```

2) 使用 MOVC A,@ A+DPTR

```
MOV DPTR,#TAB       ;取 TAB 表的起始地址
MOV A,#2            ;A 中的偏移指向 TAB 表的第 3 个单元
MOVC A,@ A+DPTR
……                ;不需计算这里的字节数
TAB: DB 41H
     DB 42H
     DB 43H
……
```

以上两段程序执行的结果，累加器 A 中的数都为 TAB 表第 3 个单元中的 43H。

4. 堆栈指令

"堆栈"就是在单片机内部 SRAM 中定义一块存储空间，对这块区间进行数据"先进出后"的操作，操作的单元由堆栈指针指定。堆栈操作有进栈（PUSH）和出栈（POP）两条，操作数由直接地址确定，属于直接寻址，指令格式见表 3-4。

表 3-4　堆栈指令

指令格式	功　能	字　节　数	周　期　数	示　例
PUSH　direct	SP←SP+1,(SP)←(direct)	2	2	PUSH　00H
POP　direct	(direct)←(SP),SP←SP-1	2	2	POP　DPH

【例 3-4】 通过堆栈，交换两个单元的数据。设（30H）=#12H，（31H）=#34H。

```
MOV SP,#40H      ;设置堆栈指针 SP＝40H,指向 40H 单元
PUSH   30H       ;SP＝40H+1,30H 单元的数 12H 进栈放在 41H 单元
PUSH   31H       ;SP＝41H+1,31H 单元的数 34H 进栈放在 42H 单元
POP    30H       ;42H 单元的数 34H 出栈放在 30H 单元,SP＝42H-1
POP    31H       ;41H 单元的数 12H 出栈放在 31H 单元,SP＝41H-1
```

5. 字节交换指令（5条）

该组指令用于字节交换和半字节交换，指令格式见表 3-5。

表 3-5　字节交换指令

指令格式	功能	字节数	周期数	示例
XCH A,Rn	$A \leftrightarrow Rn$	1	1	XCH A,R3
XCHA,Direct	$A \leftrightarrow (direct)$	1	1	XCHA,54H
XCH A,@Ri	$A \leftrightarrow (Ri)$	1	1	XCH A,@R1
XCHD A,@Ri	$A_{0-3} \leftrightarrow (Ri)_{0-3}$	1	1	XCHD A,@R0
SWAP A	$A_{0-3} \leftrightarrow A_{4-7}$	1	1	

【例 3-5】 设 A＝60H，R6＝A5H，（60H）＝69H，顺序执行以下指令的结果。

```
XCH    A, R6      ;A＝A5H, R6＝60H
XCHD   A, @R6     ;A＝A9H,（60H）＝65H
SWAP   A          ;A＝9AH
```

3.3.2　算术运算指令

算术运算指令共有 24 条，包括：加、减、乘、除、加1、减1 和 BCD 运算调整指令，执行结果将影响 PSW 中的标志位。其操作助记符有 ADD，ADDC，SUBB，DA，INC，DEC，MUL，DIV 共 8 种。

1. 加法指令（8条）

加法指令分为不带进位加和带进位加，运算结果将影响 PSW 中的 Cy、AC、OV、P 标志位。加法指令格式见表 3-6。

表 3-6　加法指令

指令名称	指令格式	功能	字节数	周期数	示例
不带进位加	ADD　A, Rn	$A \leftarrow A+Rn$	1	1	ADD　A,R5
	ADD　A,@Ri	$A \leftarrow A+(Ri)$	1	1	ADD　A,@R1
	ADD　A,direct	$A \leftarrow A+(direct)$	2	1	ADD　A,60H
	ADD　A,#data	$A \leftarrow A+data$	2	1	ADD　A,#60H
带进位加	ADDC　A, Rn	$A \leftarrow A+Rn+Cy$	1	1	ADDC　A,R5
	ADDC　A,@Ri	$A \leftarrow A+(Ri)+Cy$	1	1	ADDC　A,@R1
	ADDC　A,direct	$A \leftarrow A+(direct)+Cy$	2	1	ADDC　A,60H
	ADDC　A,#data	$A \leftarrow A+data+Cy$	2	1	ADDC　A,#60H

要注意进位标志 Cy 和溢出标志 OV 的区别：对于无符号数加法，当相加结果大于 255，会使 Cy=1；对有符号数加法，当相加结果超出（-128~+127）范围，会使 OV=C8⊕C7≈1，C8、C7 分别为最高位和次高位的进位。

【例 3-6】 设 A=76H，R3=66H，执行 ADD A，R3 指令对 PSW 有何影响？

解：
```
    78H     01110110
  + 66H     01100110
            11011100
```

指令执行后 Cy=0，AC=0，OV=C8⊕C7=0⊕1=1，P=1。

如果以上作为无符号数相加，由 Cy 判断无进位，结果是正确的。

如果以上作为有符号数相加，2 个正数相加结果是负数，结果是错误的，OV=1，所以，进行带符号数的加法运算时，溢出标志 OV 是一个重要的编程标志，利用它可以判断两个带符号数相加的和数是否溢出。

2. 减法指令（4 条）

MCS-51 单片机的减法指令只有带借位减法指令，其格式见表 3-7。

表 3-7　减法指令

指令格式	功　能	字　节　数	周　期　数	示　　例
SUBB A，Rn	A←A-Rn-Cy	1	1	SUBB A，R5
SUBB A，@Ri	A←A-(Ri)-Cy	2	1	SUBB A，@R1
SUBB A，direct	A←A-(direct)-Cy	1	1	SUBB A，60H
SUBB A，#data	A←A-data-Cy	2	1	SUBB A，#60H

【例 3-7】 设 A=C9H、((R_2))=54H、CY=1，分析执行 SUBB A，R2 指令的情况。

解：
```
    C9H     11001001
    54H     01010100
  -  Cy             1
            01110100
```

执行结果：A=74H，Cy=0，AC=0，OV=C8⊕C7=0⊕1=1，P=0。OV=1，说明是有符号数运算，结果发生溢出。

3. 乘、除法指令（2 条）

乘、除法指令各有 1 条，其格式见表 3-8。

表 3-8　乘、除法指令

指令名称	指令格式	功　能	字　节　数	周　期　数
乘法	MUL AB	B←(A×B)高字节 A←(A×B)低字节	1	4
除法	DIV AB	A←(A/B)商 B←(A/B)余数	1	4

乘、除法指令完成两个单字节的乘、除运算，执行指令前，要注意在累加器 A 和寄存器 B 中放入运算数据。运算对标志位的影响是：如果乘积超过 0FFH，则溢出标志 OV 置"1"，否则清 0，进位标志 Cy 总是被清 0；除法运算 Cy、OV 均为 0，但除数 B 为 0 则 OV=1。

4. 加1、减1指令（9条）

MCS-51 单片机有 5 条加 1 指令，4 条减 1 指令，执行不影响标志位。指令格式见表 3-9。

表 3-9　加 1、减 1 指令

指令名称	指令格式	功　能	字节数	周期数	示　例
加 1 指令	INC　A	A←A+1	1	1	INC　A
	INC　Rn	Rn←Rn+1	1	1	INC　R6
	INC　@Ri	(Ri)←(Ri)+1	1	1	INC　@R0
	INC　direct	(direct)←(direct)+1	2	1	INC　50H
	INC　DPTR	DPTR←DPTR+1	1	2	INC　DPTR
减 1 指令	DEC　A	A←A-1	1	1	DEC　A
	DEC　Rn	Rn←Rn-1	1	1	DEC　R7
	DEC　@Ri	(Ri)←(Ri)-1	1	1	DEC　@R1
	DEC　direct	(direct)←(direct)-1	2	1	DEC　60H

5. 十进制调整指令（1条）

该指令是对累加器 A 中十进制数运算的结果进行 BCD 码调整，指令格式见表 3-10。

表 3-10　十进制调整指令

指令格式	功　能	字　节　数	周　期　数
DA　A	将 A 中的内容转换为 BCD 码（对 A 的低、高半字节，若大于 9，则加 6）	1	1

【例 3-8】求十进制数 26+56 运算的结果。

解：

```
MOV  A, #26H     ;A←26 的 BCD 码
MOV  R0, #56H    ;R0←56 的 BCD 码
ADD  A, R0       ;A←相加结果 7CH  （结果不是 BCD 码）
DA   A           ;A←调整后的结果 82H
```

3.3.3　逻辑运算指令

逻辑运算指令共有 24 条，包括移位、与、或、非、异或、清除及求反等操作，指令格式见表 3-11。

表 3-11　逻辑运算指令

指令名称	指令格式	功　能	字节数	周期数	示　例
逻辑与指令	ANL　A, Rn	A←A∧Rn	1	1	ANL　A, R2
	ANL　A, @Ri	A←A∧(Ri)	1	1	ANL　A, @R1
	ANL　A, direct	A←A∧(direct)	2	1	ANL　A, 30H
	ANL　A, #data	A←A∧data	2	1	ANL　A, #30
	ANL　direct, A	(direct)←(direct)∧A	3	2	ANL45H, A
	ANL　direct, #data	(direct)←(direct)∧data	2	1	ANL62H, #62H

指令名称	指令格式	功　能	字节数	周期数	示　例
逻辑或指令	ORL　A，Rn	A←A∨Rn	1	1	ORL　A，R2
	ORL　A，@Ri	A←A∨（Ri）	1	1	ORL　A，@R1
	ORL　A，direct	A←A∨（direct）	2	1	ORL　A，30H
	ORL　A，#data	A←A∨data	2	1	ORL　A，#30
	ORL　direct，A	（direct）←（direct）∨A	3	2	ORL　45H，A
	ORL　direct，#data	（direct）←（direct）∨data	2	1	ORL　62H，#62H
逻辑异或指令	XRL　A，Rn	A←A⊕Rn	1	1	XRL　A，R2
	XRL　A，@Ri	A←A⊕（Ri）	1	1	XRL　A，@R1
	XRL　A，direct	A←A⊕（direct）	2	1	XRL　A，30H
	XRL　A，#data	A←A⊕data	2	1	XRL　A，#30
	XRL　direct，A	（direct）←（direct）⊕A	3	2	XRL　45H，A
	XRL　direct，#data	（direct）←（direct）⊕data	2	1	XRL　62H，#62H
累加器清0与取反	CPL　A	A←A′	1	1	
	CLR　A	A←0	1	1	
不带进位循环移位	RL　A	累加器A D7←D0	1	1	
	RR　A	累加器A D7→D0	1	1	
带进位循环移位	RLC　A	Cy 累加器A D7←D0	1	1	
	RRC　A	Cy 累加器A D7→D0	1	1	
空操作	NOP	空操作	1	1	

【例3-9】 设 Cy=1，执行下列程序后，A=?，（32H）=?

解：

```
MOV A,#7BH      ;A=7BH
MOV R0,#32H     ;R0=32H
MOV 32H,#0D9H   ;(30H)=0D9H
ANL A,R0        ;A=01111011B∧00110010B=00110010B
ORL A,#63H      ;A=00110010B∨01100011B=01110011B
XRL 32H,A       ;(32H)=11011001B⊕01110011B=10101010B
RLC A           ;A=11100111
```

执行程序后：A=0E7H，（32H）=0AAH。

3.3.4　控制转移指令

算术运算指令共有16条，包括无条件转移、累加器判0转移、比较转移、减1不为0转移、子程序调用及返回5类指令，指令格式见表3-12。

表 3-12 控制转移指令

指令名称	指令格式	功能	字节数	周期数	示例
无条件转移指令	LJMP addr16	PC←addr16	3	2	LJMP <标号>
	AJMP addr11	PC←PC+2, PC_{10-0}←addr11	2	2	AJMP <标号>
	SJMP rel	PC←PC+2+rel	2	2	SJMP <标号>
	JMP @A+DPTR	PC←(A+DPTR)	1	2	JMP @A+DPTR
累加器判0转移指令	JZ rel	若A=0,则PC←PC+2+rel 若A≠0,则PC←PC+2	2	2	JZ <标号>
	JNZ rel	若A≠0,则PC←PC+2+rel 若A=0,则PC←PC+2	2	2	JNZ <标号>
比较转移指令	CJNE A,direct,rel	若A≠(direct),则PC←PC+3+rel; 若A=(direct),则PC←PC+3; 若A≥(direct),则Cy←0	3	2	CJNE A,40H,<标号>
	CJNE A,#data,rel	若A≠data,则PC←PC+3+rel; 若A=data,则PC←PC+3; 若A≥data,则Cy←0	3	2	CJNE A,#40H,<标号>
	CJNE Rn,#data,rel	若Rn≠data,则PC←PC+3+rel; 若Rn=data,则PC←PC+3; 若Rn≥data,则Cy←0	3	2	CJNE Rn,#50H,<标号>
	CJNE @Ri,#data,rel	若(Ri)≠data,则PC←PC+3+rel; 若(Ri)=data,则PC←PC+3; 若(Ri)≥data,则Cy←0	3	2	CJNE @Ri,#60H,<标号>
减1不为0转移指令	DJNZ Rn,rel	若Rn-1≠0,则PC←PC+2+rel; 若Rn-1=0,则PC←PC+2;	2	2	DJNZ R5,<标号>
	DJNZ direct,rel	若(direct)-1≠0,则PC←PC+2+rel; 若(direct)-1=0,则PC←PC+2;	3	2	DJNZ 60H,<标号>
子程序调用及返回指令	LCALL addr16	PC值入栈(先低字节,后高字节); PC←addr16;	3	2	LCALL <标号>
	ACALL addr11	PC←PC+1, PC值入栈(先低字节,后高字节), PC←addr11;	3	2	ACALL <标号>
	RET	恢复调用时的PC值,程序返回	1	2	RET
	RETI	恢复断点的PC值,中断返回	1	2	RETI

在实际汇编语言程序中，转移指令的转移地址通常用位置的标识符号指出，这种<标号>对于不同的转移指令的含义是不同的，CPU 根据当前的 PC 值和偏移量计算转移到的目的地址。

1）对于 adrr16，<标号>可以是 64 KB 寻址范围内的任何位置，即 PC= <标号>的地址。

2）对于 adrr11，<标号>可以是本条指令结束后上下 2 KB 范围内的地址，即 PC_{10-0} 被<标号>地址的 10-0 位替代。

3）对于 rel，<标号>可以是本条指令结束后−128~127 的范围内的地址。

1. 无条件转移指令

无条件转移指令包括长跳转指令 LJMP addr16，绝对跳转指令 AJMP addr11，相对跳转指令 SJMP rel，基寄存器加变址寄存器间接转移指令（又称散转指令）JMP @A+DPTR。

【例3-10】设累加器 A 中存放的是散转命令表项索引，表项的起始单元为 JMP-TBL，根据命令索引，编写转向命令处理程序。

解：程序如下：

```
                MOV B,#02            ;每条 AJMP 指令占 2B 空间
                MUL AB               ;计算命令表项偏移
                MOV DPTR, #JMP_TBL   ;获取命令表项起始地址
                JMP @ A+DPTR         ;跳转到散转地址
    JMP-TBL: AJMP P0                 ;转处理程序 0
                AJMP P1              ;转处理程序 1
                AJMP P2              ;转处理程序 2
                AJMP P3              ;转处理程序 3
                …
```

2. 累加器判 0 转移

累加器判 0 转移包括累加器 A 为 0 转移 JZ rel 和累加器 A 不为 0 转移 JNZ rel。

【例3-11】编程实现从内存 50H 开始查找关键字 55H，找到第一个 55H 后停止寻找，且将该地址存放在 A 中。

解：程序如下：

```
                ORG 100H            ;程序从 100H 单元开始
    START：MOV R0,#50H              ;设起始查找单元
    LOOP1：CLR C                    ;清 Cy
                MOV A,#55H          ;被查找数送 A
                SUBB A,@ R0         ;A←A-(50H)
                JZ LOOP2            ;若 A=0,则跳转到 LOOP2
                INC R0              ;否则,查找地址加 1
                SJMP LOOP1          ;跳转到 LOOP1
    LOOP2：MOV A,R0                 ;找到的地址存放到 A
```

3. 比较转移

第一操作数与第二操作数比较，若二者相等，则不转移；若不等，则转移，且当第一操作数小于第二操作数时，对 Cy 置"1"，否则清 0。

【例3-12】判断内存 30H 单元中内容是否为 66H，若是则置 40H 单元为 55H，若不是则置 40H 单元为 AAH。

解：程序如下：

```
    ST：        MOV A,#66H          ;被查找数 66H 送 A
                MOV 40H,# 0AA H
                CJNE A,30H,ST1      ;若 A≠(30H),则结束
                MOV 40H,# 55H       ;若 A=(30H),则(40H)←55H
    ST1：       END
```

4. 减 1 不为 0 转移

这类指令通常用来构成循环操作。

【例3-13】将内存 30H~3FH 单元中的内容移送到 40H~4FH 单元中。

解：循环处理算法流程图如图 3-1 所示，因为要移送 16 个单元，用 R2 作循环控制变

量，程序如下：

```
START: MOV R0,#30H      ;源起始地址
       MOV R1,#40H      ;目的起始地址
       MOV R2,#10H      ;循环变量
LOOP1: MOV A,@R0        ;移送一个单元
       MOV @R1,A
       INC R0           ;源地址加1
       INC R1           ;目的地址加1
       DJNZ R2,LOOP1    ;移送没完成则跳转到LOOP1
       END
```

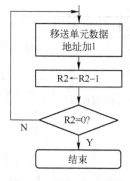

图 3-1　循环处理流程

5. 子程序调用及返回

子程序是具有一定功能的公用程序段，可以多次被其他程序调用，便于模块化程序设计。子程序调用可以嵌套，在子程序的末尾是一条返回指令（RET），在中断服务子程序的末尾是一条中断返回指令（IRET）。

子程序调用的示意图如图 3-2 所示。

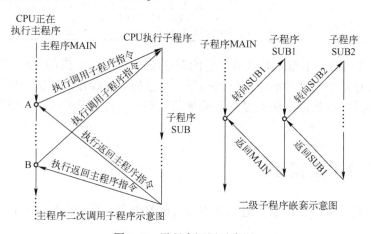

图 3-2　子程序调用示意图

3.3.5　位操作指令

该类指令共有 17 条，包括位传送、位状态控制、位逻辑运算以及位控制转移命令。指令格式见表 3-13。

表 3-13　位操作指令

指令名称	指令格式	功　能	字节数	周期数	示　例
位数据传送指令	MOV　C,bit	Cy←(bit)	2	1	MOV　C,00H
	MOV　bit,C	(bit)←Cy	2	1	MOV　7FH,C
位状态控制指令	CLR　C	Cy←0	1	1	CLR　C
	CLR　bit	(bit)←0	2	1	CLR　56H
	SETB　C	Cy←1	1	1	SETB　C
	SETB　bit	(bit)←1	2	1	SETB　65H

指令名称	指令格式	功　　能	字节数	周期数	示　　例
位逻辑操作指令	ANL　C,bit	Cy←Cy∧(bit)	2	2	ANL　C,60H
	ANL　C,/bit	Cy←Cy∧(bit)'	2	2	ANL　C,/50H
	ORL　C,bit	Cy←Cy∨(bit)	2	2	ORL　C,20H
	ORL　C,/bit	Cy←Cy∨(bit)'	2	2	ORL　C,/20H
	CPL　C	Cy←Cy'	1	2	CPL　C
	CPL　bit	(bit)←(bit)'	2	2	CPL　50H
位条件转移指令	JC　rel	若Cy=1，则PC←PC+2+rel 否则顺序执行，PC←PC+2	2	2	JC　<标号>
	JNC　rel	若Cy=0，则PC←PC+2+rel； 否则顺序执行，PC←PC+2	2	2	JNC　<标号>
	JB　bit,rel	若bit=1，则PC←PC+3+rel； 否则顺序执行，PC←PC+3	3	2	JB　6FH,<标号>
	JNB　bit,rel	若(bit)=0，则PC←PC+3+rel； 否则顺序执行，PC←PC+3	3	2	JNB　6FH,<标号>
	JBC　bit,rel	若(bit)=1，则PC←PC+3+rel，且 bit←0；否则顺序执行，PC←PC+3	3	2	JBC　66H,<标号>

MCS-51 单片机有一个布尔处理机，它能对进位标志位 Cy，内部 20H～2FH 的 128 位单元和特殊功能寄存器中的可寻址位进行位操作，对位的直接操作可以实现硬件逻辑电路软件化，减少系统中元件的数量，从而提高了系统的可靠性。注意表中的 bit 是指位地址，要和字节地址相区别。

3.4　汇编语言的伪指令

伪指令在形式上是一条指令，但它并不译成机器语言，只是为汇编时提供必需的控制信息命令。

1. 程序地址定位伪指令 ORG

基本格式：

　　[标号：]　ORG　16 位地址

功能：规定程序块或数据块存放的起始地址。在一个汇编语言程序中，可以多次定义 ORG 伪指令，但要求给定的地址由小到大安排，各段之间地址不能重叠。

2. 汇编结束伪指令 END

基本格式：

　　[标号：]　END　[表达式]

功能：结束汇编。汇编程序遇到 END 伪指令后即结束汇编。END 之后的程序不予以处理。

例如：

　　　　ORG　　100H

```
START: MOV   A,# 00H
       …
       END   START          ;标号 START 开始的程序段结束
```

3. 赋值伪指令 EQU

基本格式：

```
字符名称   EQU   项
```

功能：EQU 伪指令是把"项"赋给"字符名称"，这里的"字符名称"不同于标号（其后没有冒号），但它是必需的。用 EQU 赋过值的符号名可以用作数据地址、代码地址、位地址或是一个立即数。

4. 定义字节伪指令 DB

基本格式：

```
［标号：］  DB   8 位二进制数表
```

功能：从指定的地址单元开始，定义若干个 8 位内存单元的内容。该命令主要是在程序存储器的某一部分存入一组 8 位二进制数，或者是将一个数据表格存入程序存储器。这个伪指令在汇编以后，将影响程序存储器的内容。

例如：

```
ORG   1000H
DB    0AAH
ASCII16：DB'0123456789ABCDEF'
```

经汇编后，从地址 1000H 处存储器的内容依次为 0AAH 和 0~F 的 ASCII 码。

5. 定义字伪指令 DW

指令格式：

```
［标号：］  DW   16 位二进制数表
```

功能：从指定的地址单元开始，定义若干个 16 位二进制数据，每个字占用两个单元，先存高 8 位，再存低 8 位。用法同 DB 伪指令。

6. 定义空间伪指令 DS

指令格式：

```
［标号：］  DS   <表达式>
```

功能：从标号指定的单元开始保留表达式所代表的存储单元数。

例如：

```
       ORG 1000H
       DS 06H              ;从 1000H 开始,保留 6 个单元
START：…                   ;程序从 1006H 地址开始
       RET
```

7. 位地址赋值指令 BIT

基本格式：

[标号：]　BIT　位地址

功能：将位地址赋给本语句的标号。经赋值的标号可以代替指令中的位，即在程序中，标号和该位地址是等价的。

例如：

```
LED1：    BIT 31H
LED2：    BIT 32H
```

经过上述定义后，在程序中，可以把 LED1 和 LED2 当作位地址 31H 和 32H。

8. 数据地址赋值伪指令 DATA

基本格式：

字符名称　DATA　表达式

功能：把"表达式"的值赋给字符名称。DATA 伪指令与 EQU 伪指令的主要区别是：EQU 定义的"字符名称"必须先定义后使用，而 DATA 定义的"字符名称"没有这种限制，故 DATA 伪指令通常用在源程序的开头。

例如：

```
ORG     0100H
AA      DATA    35H
DPTRA   DATA    0AA00H
MOV     A,AA              ;A←(35H)
MOV     DPTR,#DPTRA      ;DPTR ←0AA00H
```

3.5　汇编语言程序设计

3.5.1　程序设计步骤和基本结构

1. 汇编语言程序设计的步骤

1）分析题意。明确课题要达到的目的、技术指标等。

2）确定算法。根据要求和条件，确定所采用的计算公式和计算方法。这是程序设计的依据。

3）画程序流程图。程序流程图是用流程图的方式使程序的算法具体化的表示，它直观清晰地表现了程序的设计思路。对于较大的程序，流程图有助于对程序进行高效的设计和调试。程序流程图的常用符号如图 3-3 所示，用这些符号可以构成不同算法的程序流程。

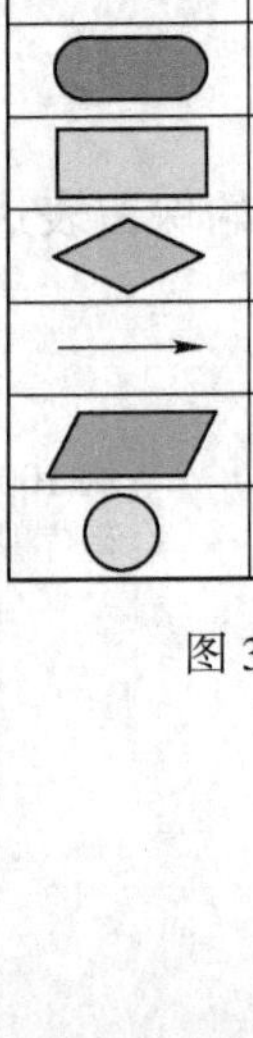

4）分配内存工作单元，确定程序与数据区的存放地址。

符号	名称	作用
	起止框	流程的开始和结束
	处理框	要执行的处理
	判断框	程序流程方向的判断
	流程线	表示执行的方向与顺序
	I/O框	表示数据的输入/输出
	连接点	不便于直接连接的连接点

图 3-3　程序流程图常用符号

5）编写源程序代码。按照汇编语言程序设计格式，用指令和伪指令实现流程图的功能代码，形成完整的程序。

6）程序优化。主要是指缩短程序代码长度、减少程序执行时间及节省内部工作单元。

7）上机调试、修改和最后确定源程序。利用软件仿真技术和系统仿真方法对程序仿真运行，并对程序进行测试和修改，直至满足要求。

2. 结构化程序设计

单片机的结构化程序主要包括 5 种结构：顺序结构、分支机构、循环结构、子程序及中断服务程序。其中，中断服务程序将在第 7 章介绍。

（1）顺序结构

顺序结构是指程序中的语句由前往后顺序执行，如图 3-4a 所示。

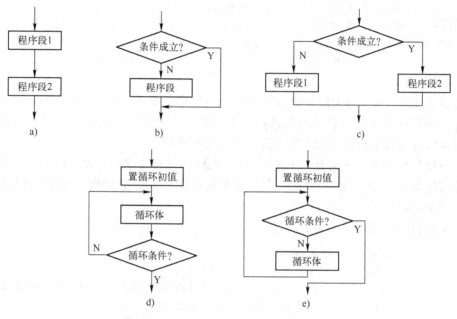

图 3-4　三种基本的程序结构

（2）分支结构

分支结构程序的特点是程序中含有转移指令。由于转移指令有无条件转移（LJMP、AJMP、SJMP、JMP）和条件转移（JZ、JNZ、CJNE、JC、JNC、JB、JNB）之分，因此分支程序也可分为无条件分支程序和条件分支程序两类。

分支结构程序首先要对问题的条件进行判断，根据判断结果转向不同的分支程序段。图 3-4b、c 是常用的两种分支情况，相对于顺序执行的程序而言，图 3-4b 是一种"单分支"，图 3-4c 是一种"双分支"，对于多分支，可以通过多次应用"双分支"或"散转"方法实现。

【例 3-14】编程实现如下分段函数，设自变量 X 放在 30H 单元，并将 Y 存入 FUNC 单元。

$$Y=\begin{cases} 1 & X>0 \\ 0 & X=0 \\ -1 & X<0 \end{cases}$$

解：这是一个三分支归一的条件转移问题，程序实现通常可分为"先分支后赋值"和"先赋值后分支"两种求解办法。这里用"先分支后赋值"方法编程。程序流程图如图 3-5 所示。

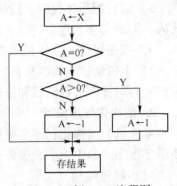

图 3-5　例 3-14 流程图

```
      ORG    1000H
VAR   DATA   30H
FUNC  DATA   31H
      MOV    A,VAR       ; X 送 A
      JZ     DONE        ; 若 X=0,转 DONE
      JNB    ACC.7,POSI  ; 若 X>0,转 POSI
      MOV    A,#0FFH     ; 若 X<0,-1 送 A
      SJMP   DONE        ; 转 DONE
POSI：MOV    A,#01H      ; 1 送 A
DONE：MOV    FUNC,A      ; 存 Y 值
      SJMP   $
      END
```

散转指令 JMP　@A+DPTR 可以实现无条件转移。其中，DPTR 装入多分支转移程序的首地址，用累加器 A 的内容来动态选择其中的某一个分支予以转移。这样一条指令可实现以 DPTR 内容为起始地址的 256 字节范围内的选择转移。

【例 3-15】 设有一个键值处理子程序 KEYREAD，能把读取的按键"0~9"转换为对应的数值并传给累加器 A。编写程序对读入的不同键值 0~9，分别转入对应的键控程序段 KEY0 ~ KEY9 执行。

解：按题目要求编写程序如下：

```
          ORG      1000H
          ACALL    KEYREAD      ; 读键值程序
          RL       A            ; 左移 1 位相当于键值乘 2,对应每个 AJMP 指令占 2B
          MOV      DPTR,#TABLE  ; 表首址送 DPTR
          JMP      @A+DPTR      ; 以 A 中内容为偏移量跳转
          ……………
TABLE：   AJMP  K0              ; 读入键为第 1 个键,转 K0 执行
          AJMP  K1              ; 读入键为第 2 个键,转 K1 执行
          ……………
          AJMP  K9              ; 读入键为第 9 个键,转 K9 执行
          ……………………
K0：      [ 0 键处理程序段 ]
K1：      [ 1 键处理程序段 ]
          ……………………
K9：      [ 9 键处理程序段 ]
```

（3）循环结构

对于需要重复执行的同类操作，如统计数据个数等，可采用循环程序实现。

循环程序结构有"先处理后判断"和"先判断后处理"两种，如图 3-4d、e 所示。

循环程序一般由 4 部分组成，即循环变量初值、循环变量变化方式（每执行一次循环体加 1 或减 1）、循环体（重复执行部分）及循环变量终值（循环结束的条件）。

【例3-16】将外部 RAM 的 1000H 单元开始的 10 个数据传送到内部 RAM 中 50H 起始的连续单元。

解：为了使读者对两种循环结构有一个全面了解，以便进行分析比较，现给出两种设计方案。

方案一："先处理后判断"

```
        ORG     1000H
        MOV     DPTR,#1000H     ;DPTR 指向外部 RAM 1000H 单元
        MOV     R1,#50H         ;R1 指向内部 RAM 50H 单元
        MOV     R6,#0AH         ;循环次数 10 送循环变量 R6
NEXT：  MOVX    A,@DPTR         ;A←(DPTR)
        MOV     @R1,A           ;(R1)←A
        INC     DPTR            ;修改外部地址指针 DOTR
        INC     R1              ;修改内部地址指针 R1
        DJNZ    R6,NEXT         ;判断循环结束条件:若 R6≠0,则转 NEXT
        SJMP    $
        END
```

方案二："先判断后处理"

```
        ORG     1000H
        MOV     DPTR,#1000H     ;DPTR 指向外部 RAM 1000H 单元
        MOV     R1,#50H         ;R1 指向内部 RAM 50H 单元
        MOV     R6,#0BH         ;循环次数 11 送循环变量 R6
LP：    DJNZ    R6,NEXT         ;判断循环结束条件:若 R6≠0,则转 NEXT
        SJMP    $
NEXT：  MOVX    A,@DPTR         ;A←(DPTR)
        MOV     @R1,A           ;(R1)←A
        INC     DPTR            ;修改外部地址指针 DOTR
        INC     R1              ;修改内部地址指针 R1
        SJMP    LP
        END
```

（4）子程序

在汇编语言程序设计时，对于一些经常需要执行的程序段，为避免重复编制程序，节省程序代码所占的存储空间，可将其编制成独立的子程序段，在需要的位置采用特定的指令调用该子程序，执行后再返回到调用位置继续执行后序程序指令。

子程序结构：

```
<子程序标号:>
        [子程序程序段]
        RET
```

子程序可以和主程序之间传递参数，主程序传给子程序的参数为入口参数，通过约定的工作寄存器 R0～R7、特殊功能寄存器 SFR、内存单元或堆栈等传送给子程序使用；子程序执行的结果传给主程序的参数为出口参数，通过约定的 R0～R7、SFR、内存单元或堆栈等传递给主程序使用。

【例 3-17】 请编程实现 $c = a^2 + b^2$。设 a 放在 30H 单元，b 放在 31H 单元，运算结果放在 32 单元，a 和 b 皆为小于 10 的整数。

解： 本程序由主程序和子程序两部分组成。主程序通过累加器 A 传送子程序的入口参数 a 或 b，子程序也通过累加器 A 传送出口参数 a^2、b^2 给主程序，子程序为求一个数的平方的通用子程序。程序如下：

```
          ORG      1000H
          MDA      DATA   30H
          MDB      DATA   31H
          MDC      DATA   32H
          MOV      A,MDA              ;入口参数 a 送 A
          ACALL    SQR                ;调用子程序 SQR 求 a2
          MOV      R1,A               ; a2 送 R1
          MOV      A,MDB              ;入口参数 b 送 A
          ACALL    SQR                ;调用子程序 SQR 求 b2
          ADD      A,R1               ; a2 + b2 送 A
          MOV      MDC,A              ;结果存入 MDC
          SJMP     $                  ;结束
   SQR:   ADD      A,#01H             ;地址调整（RET 指令占 1 字节）
          MOVC     A,@A+PC            ;查平方表
          RET                         ;返回
SQRTAB:   DB       0,1,4,9,16
          DB       25,36,49,64,81
          END
```

上述程序采用了查表法求一个 1 位十进制数的平方，并且通过子程序调用求两个数的平方和。

【例 3-18】 请编写一个延时子程序，延时时间系数放在 30H 单元（设 $f_{osc}=6MHz$）。

解： 本子程序入口参数是延时时间系数，延时的时间由程序指令的执行时间确定。程序如下：

```
DELAY:        MOV      R6,30H
L0:           MOV      R5,#250
L1:           DJNZ     R5,L1          ;循环时间:2×2×250μs＝1ms
              DJNZ     R6,L0
              RET
```

上述子程序采用二层循环。由 $f_{osc}=6$ MHz 知道机器周期为 $2\mu s$，DJNZ 指令执行 1 次要 2 个周期，所以内循环的时间为 1ms。外循环次数由入口参数确定，若入口参数为 N，则调用一次 DELAY 子程序，延时时间约为 N ms，改变入口参数，可以得到不同的时延。

3.5.2 汇编程序设计举例

1. 查找、排序程序

【例 3-19】 设片内 RAM 中有一数据块，R0 指向块首地址，R1 中为数据块长度，请在该数据块中查找关键字，关键字存放在累加器 A 中，若找到关键字，则把关键字在数据块中的序号存放到 A 中，若找不到关键字，则在 A 中存放序号 00H。

解：程序流程图如图 3-6 所示，程序代码如下：

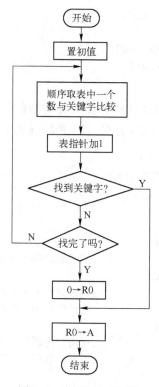

图 3-6 例 3-19 流程图

```
;程序名:FIND
;功能:片内 RAM 中数据检索
;入口参数:R0 指向块首地址,R1 中为数据块长度,关键字存放在累加器 A 中
;出口参数:若找到,则把关键字在数据块中的地址存放到 A 中,若找不到,则在 A 中存放 00H
FIND:       PUSH      ACC
LOOP:       POP       ACC
            PUSH      ACC
            XRL       A,@ R0          ;关键字与查找的数据进行异或操作
            INC       R0              ;指向下一个数
            JZ        LOOP1           ;找到则转到 LOOP1
            DJNZ      R1,LOOP
            MOV       R0,#00H         ;找不到,R0 中存放 00H
LOOP1:      MOV       A,R0
            RET
```

2. 代码转换程序

【例 3-20】 编程实现 50H 单元的压缩 BCD 码转换成二进制数。

解： 按题意有 2 位 BCD 码，根据公式 $Y = X_1 \times 10 + X_0$，编写子程序如下：

```
;入口参数:待转换的 BCD 码存于 50H 单元中
;出口参数:结果放在累加器 A 中
BCDBI1:     MOV       A,50H
```

```
        ANL       A,#0F0H
        SWAP      A
        MOV       B,#0AH
        MUL       AB
        ANL       50H,#0FH
        ADD       A,50H
        RET
```

【例 3-21】编程实现数字的 ASCII 码转换为二进制数

解：因为 0~9 的 ASCII 码是 30H~39H，A~F 的 ASCII 码是 41H~46H，程序如下：

```
        ;入口参数:转换前 ASCII 在 R2 中
        ;出口参数:转换后的二进制数存于 R2
        ORG       1000H
BCDB1:  MOV       A,R2
        CLR       C
        SUBB      A,30H          ;ASCII 码减 30H
        MOV       R2,A           ;二进制数据保存于 R2
        SUBB      A,#0AH
        JC        LOOP           ;若该数<10,若是数 0~9,返回主程序
        MOV       A,R2           ;若该数≥10,若是数 A~F,再减 7
        SUBB      A,07H
        MOV       R2,A           ;所得二进制数送 R2
LOOP:   RET                      ;返回主程序
```

3. I/O 控制程序

【例 3-22】已知电路如图 3-7 所示，要求实现：

1）S0 单独按下，红灯亮。

2）S1 单独按下，绿灯亮。

3）S0、S1 均按下，红绿黄灯全亮。

4）其余情况黄灯亮。

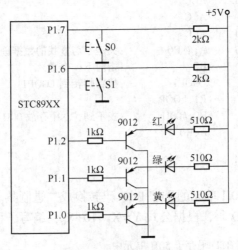

图 3-7　信号灯电路

解：由图分析，当外接 LED 引脚 P1.0～P1.2 为低电平时，对应 LED 发亮；当按钮按下时，对应引脚 P16、P1.7 为低电平。

程序如下：

```
SGNL：   ORL   P1,#11000111B        ;准备按键输入;灯全灭
SL0：    MOV   A,P1
         ANL   A,#0C0H
         CJNE  A,#80H,SL1           ;S1 按下
         CLR   P1.1                 ;绿灯亮
         SETB  P1.2                 ;红灯灭
         SETB  P1.3                 ;黄灯灭
         SJMP  SL0                  ;转循环
SL1：    CJNE  A,#40H,SL2           ;S0 按下
         CLR   P1.2                 ;红灯亮
         SETB  P1.1
         SETB  P1.3
         SJMP  SL0
SL2：    CJNE  A,#0,SL3                         ;S0, S1 都按下
         CLR       P1.1                         ;红灯亮
         CLR       P1.2                         ;绿灯亮
         CLR       P1.3                         ;黄灯亮
         SJMP      SL0
SL3：    CLR       P1.3                         ;黄灯亮
         SETB      P1.1
         SETB      P1.2
         SJMP      SL0
```

【例 3-23】电路如图 3-8 所示，单片机 P1 口通过生态缓冲器 74LS240 外接 8 个 LED。编制一个循环闪烁灯的流水灯程序，要求 8 只发光二极管依次循环点亮，点亮时间为 250 ms，设 $f_{osc}=6$ MHz。

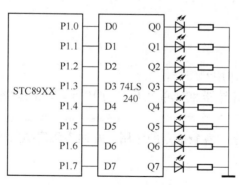

图 3-8　LED 控制电路

解：编程如下：

```
FLASH：   MOV     A, #80H      ;置初值
FLOP：    MOV     P1,A         ;输出
          LCALL   DY250        ;延时 250 ms
          RR      A            ;Acc 右移 1 位
```

	SJMP	FLOP	;循环
DY250：	MOV	R7,#250	;延时 250 ms 子程序
DY251：	MOV	R6,#250	;
DY252：	DJNE	R6,DY252	;250×2×2 = 1 ms
	DJNE	R7,DY251	;1 ms×250 = 250 ms
	RET		

3.6 习题

1. 简述下列基本概念：指令、指令系统、程序、汇编语言、汇编及反汇编。

2. MCS-51 单片机有哪几种寻址方式，各进行什么操作？

3. MCS-51 单片机指令系统有哪几类指令？各类指令实现的主要功能是什么？

4. MCS-51 单片机指令格式如何？某条指令的字节数和周期数是什么意思？

5. 比较下面每一组中两条指令的区别。

1) MOV   A,@ R0   MOV   A,R0

2) MOVX   @ R0,A   MOVX   @ DPTR,A

3) MOVC   A,@ A+DPTR   MOVX   A,@ A+PC

4) MOV A,20H   MOV C,20H

5) ANL A,2FH   ANL C,2FH

6) DJNZ R2,L1   CJNE R2,#30H,L1

6. 在 8051 片内 RAM 中，已知（30H）= 38H，（38H）= 40H，（40H）= 48H，（48H）= 90H，试分析下段程序中各条指令的作用，说出按顺序执行完指令后的结果。

MOV A,40H

MOV R1,A

MOV P1,#0FH

MOV @ R1,30H

MOV 48H,R1H

MOV A,@ R1

MOV P2,P1

7. DA   A 指令有什么作用？怎样使用？

8. 试编程将片外数据存储器 80H 单元开始的 10 个单元的内容送到片内 RAM 的由 2BH 开始的单元。

9. 试分析以下两段程序中各条指令的作用，并回答程序执行完后转向何处？

1) MOV P1,#0CAH

MOV A,#56H

JB P1.2,L1

JNB ACC.3,L2

L1：

　　⋮

L2：

　　⋮

2) MOV A,#43H

```
        JBC ACC.2,L1
        JBC ACC.6,L2
    L1：
          ⋮
    L2：
          ⋮
```

10. 试编程将片外 RAM 中 30H 和 31H 单元中的内容相乘，结果存放在 32H（高位）和 33H（低位）单元中。

11. 试编程将 20H 单元中的压缩 BCD 数拆开并变成相应的 ASCII 码存入 30H 和 31H 单元。

12. 试编程将片内 RAM 30H 单元中 8 位无符号二进制数转换成 BCD 码，并存入片内 RAM40H（百位）和 41H（十位，个位）两个单元中。

13. 编写一段软件延时 1s 的程序。

14. 编程设计计算片内 RAM 区 50H～57H 共 8 个单元中数的算术平均值，结果存放于 58H 单元中。

15. 试编程把以 2000H 为首地址的连续 50 个单元的内容按升序排列，存放到以 3000H 为首地址的存储区中。

16. 设有 100 个无符号数，连续存放在以 2000H 为首地址的存储区中，试编程统计奇数和偶数的个数。

17. 用汇编语言编程实现如下分段函数，设自变量 X 放在 50H 单元，并将 Y 存入 FUNC 单元。

$$Y = \begin{cases} X^2 & X>0 \\ 0 & X=0 \\ -X & X<0 \end{cases}$$

18. 电路如图 3-8 所示。用汇编语言编制一个程序，实现 8 只发光二极管循环显示二进制不断加 1 运算的结果，每次加 1 间隔时间为 0.5 s。设 $f_{osc}=12$ MHz。

第 4 章　C51 程序设计

4.1　C51 简介

C51 编程语言是目前在 8051 单片机应用开发中，普遍使用的单片机高级程序设计语言，它在标准 C 语言基础上针对 8051 单片机硬件特点进行扩展，并向 8051 上移植，已成为公认的高效、简洁的 8051 单片机的实用高级编程语言。与 8051 汇编语言相比，C51 语言在功能上、结构性、可读性及可维护性上有明显优势，易学易用。

4.1.1　C51 语言特点

1）C51 与 8051 汇编语言相比，有如下优点。

① 可读性好，编程效率高，便于修改、维护以及升级。

② 有大量标准 C 语言程序资源与丰富的库函数，便于模块化开发与资源共享。

③ 可移植性好，可方便地移植到其他型号的支持 C 语言的单片机上应用。

④ 生成的代码效率高，编译系统生成的代码效率只比汇编语言低 10%左右。

2）C51 与标准 C 语言相比，主要差别如下。

① 库函数不同。标准 C 语言中不适合于嵌入式控制器系统的库函数，被排除在 C51 语言之外，如字符屏幕和图形函数。

② 数据类型有一定区别。C51 语言在标准 C 语言的基础上又扩展了 4 种类型：bit、sfr、sfr16、sbit。

③ 变量存储模式不一样。标准 C 语言最初是为通用计算机设计的，在通用计算机中只有一个程序和数据统一寻址的内存空间，而 C51 语言中变量的存储模式与 8051 单片机的各种存储区紧密相关。

④ 数据存储类型不同。8051 存储区可分为内部数据存储区（DATA、IDATA 和 BDATA）、外部数据存储区（XDATA 和 PDATA）以及程序存储区（CODE）。

⑤ 中断函数。C51 语言中有专门的中断函数。

⑥ 头文件不同。C51 语言头文件必须把单片机片内的外设资源写入到头文件内。

⑦ 程序结构的差异。由于 8051 单片机的硬件资源有限，它的编译系统不允许太多的程序嵌套。C51 语言也不支持递归。

4.1.2　C51 程序结构

以【例 3-23】为例，用 C51 编程实现流水灯程序如下：

```
/* ----------------------------------------------------------
```

程序名称:流水灯
程序功能:对 P1 口外接的 8 个 LED 实现显示间隔为 250 ms 的流水灯控制
--- * /

```
#include <reg52. h>            //预处理区:头文件#include 和宏定义#define
unsigned char led=0x80;        //全局变量定义区:在多个函数中要使用的变量
void delay250ms(void)          //250 ms 延时子程序程序:(6 MHz)
{
    unsigned char i;
    unsigned char j;
    for(i=250;i>0;i--)         //i--循环 1 次 2 个机器周期,总延时=(2×2×250)×250 ms=250 ms
        for(j=250;j>0;j--) ;
}
void main()                    //主程序
{
    while(1)
    {
        P1=led;
        delay250ms();
        led=led>>1;            //LED 发光右移 1 位
        if(led==0)
            led=0x80;          //一遍流水灯完成后重新从最左 1 位发光
    }
}
```

由以上 C51 程序可见,它由预处理区、全局变量定义区和程序区构成。一般,程序区由若干个函数组成,每个函数都是完成某个特殊任务的子程序段。组成一个程序的若干个函数可以保存在一个源程序文件中,也可以保存在几个源程序文件中,最后再将它们连接在一起。C 语言源程序文件的扩展名为".c",如 hello.c,nihao.c 等。

一个 C 语言程序必须有而且只能有一个名为 main()的函数,它是一个特殊的函数,也称为该程序的主函数,程序的执行都是从 main()函数开始的。子函数一般放在主函数前面,如果放在后面,则在主函数前面要加子函数的说明。

和汇编语言一样,为了便于理解程序,C 语言也可以给程序加上注释。C51 程序有 2 种注释方法,一种是用/ * 注释内容 * /,即在符号"/ *"和" * /"之间可以加入多行的注释内容;另一种是在一行中,用符号"//"后面加注释内容。

4.2   C51 程序设计基础

对单片机用 C51 语言编程,绝大部分设计方法和标准 C 语言是一致的,但是由于单片机硬件方面的一些特点,C51 语言进行了相应的扩展,这是特别应该注意的。

4.2.1   C51 的数据类型

数据的不同格式就称为数据类型。Keil C51 支持的基本数据类型见表 4-1。C51 语言在标准 C 语言基础上,扩展了 4 种数据类型:bit,sbit,sfr,sfr16。

表 4-1 Keil C51 的数据类型

数据类型	位数	字节数	值域
signed char	8	1	-128~+127，有符号字符变量
unsigned char	8	1	0~255，无符号字符变量
signed int	16	2	-32768~+32767，有符号整型数
unsigned int	16	2	0~65535，无符号整型数
signed long	32	4	-2147483648~+2147483647，有符号长整型数
unsigned long	32	4	0~4294967295，无符号长整型数
float	32	4	$\pm 1.175494E-38 \sim \pm 3.402823E+38$
double	32	4	$\pm 1.175494E-38 \sim \pm 3.402823E+38$
*	8~24	1~3	对象指针
bit	1		0 或 1
sfr	8	1	0~255
sfr16	16	2	0~65535
sbit	1		可进行位寻址的特殊功能寄存器的某位的绝对地址

bit：位变量，其值可以是 1（True），也可是 0（False）。

sfr：特殊功能寄存器。"sfr"数据类型占用一个内存单元。利用它可访问 8051 单片机内部的所有特殊功能寄存器。例如：sfr P1 = 0x90 定义了 P1 端口在片内的寄存器。

sfr16：16 位的特殊功能寄存器。"sfr16"数据类型占用两个内存单元，用于操作占两个字节的特殊功能寄存器。例如："sfr16 DPTR = 0x82"，其低 8 位字节地址为 82H，高 8 位字节地址为 83H。

sbit：特殊功能位。sbit 是指片内特殊功能寄存器的可寻址位。例如：

    sbitCY = PSW^7;   //定义 CY 位为 PSW.7

注意区分 sbit 与 bit，bit 定义普通的位变量，sbit 是定义特殊功能寄存器的位变量。

4.2.2　数据的存储器类型

由于硬件方面的特点，C51 语言定义的任何数据类型有片内、片外数据存储区，还有程序存储区。

片内的数据存储区是可读写的，可分为 3 个不同的数据存储类型：data、idata 和 bdata。

片外数据存储区提供两种不同的数据存储类型 xdata 和 pdata。访问片外数据存储区比访问片内数据存储区慢，因为访问片外数据存储区要通过对数据指针加载地址来间接寻址访问。

程序存储区只能读不能写，C51 语言提供了 code 存储类型来访问程序存储区。

C51 存储类型与 8051 实际的存储空间的对应关系见表 4-2。

表 4-2　C51 存储类型及存储空间

存 储 区	存 储 类 型	存 储 空 间
DATA	data	片内 RAM 直接寻址区，位于 RAM 低 128 字节
BDATA	bdata	片内 RAM 位寻址区，位于 20H~2FH 字节
IDATA	idata	片内 RAM 的 256 字节，必须简洁寻址
XDATA	xdata	片外 64 KB 的 RAM 空间，用@ DPTR 寻址
PDATA	pdata	片外 RAM 的 256B 空间，用@ Ri 寻址
CODE	code	程序存储区

1）DATA 区。DATA 区包含程序变量、堆栈和寄存器组，通常指片内 RAM128 字节的内部数据存储的变量，可直接寻址。寻址最快，应把常使用的变量放在该区。例如：

```
unsigned char data system_status=0;   //定义一个存储类型 data 的无符号字符变量 system_status
unsigned int data unit_id[8];          //定义一个存储类型 data 的无符号整型数组变量 unit_id[8]
```

2）BDATA 区。DATA 中的位寻址区。BDATA 区声明中的存储类型标识符为 bdata，指的是片内 RAM 可位寻址的 16 字节存储区（字节地址为 20H~2FH）中的 128 个位。例如：

```
unsigned char bdata status_byte;      //定义一个存储类型 bdata 的无符号字符变量 status_byte
unsigned int bdata status_word;       //定义一个存储类型 bdata 的无符号整型变量 status_word
bit stat_flag=status_byte^4;          //定义变量 status_byte 的第四位为位变量 stat_flag
```

C51 编译器不允许在 BDATA 区中声明 float 和 double 型变量。

3）IDATA 区。该区使用寄存器作为指针来对片内 RAM 进行间接寻址，常用来存放间接寻址使用比较频繁的变量。与外部存储器寻址相比，它的指令执行周期和代码长度相对较短。

IDATA 区声明中的存储类型标识符为 idata，指的是片内 RAM 的 256 字节的存储区，只能间接寻址，速度比直接寻址慢。

4）PDATA 区和 XDATA 区位于片外存储区，PDATA 区和 XDATA 区声明中的存储类型标识符分别为 pdata 和 xdata。

PDATA 区只有 256B，仅指定 256B 的外部数据存储区。

XDATA 区最多可达 64 KB，对应的 xdata 存储类型标识符可指定外部数据区 64 KB 内的任何地址。

对 PDATA 区寻址，只需装入 8 位地址，而对 XDATA 区寻址要装入 16 位地址，所以对 PDATA 区的寻址要比对 XDATA 区寻址快，所以尽量把外部数据存储在 PDATA 区中。

对 PDATA 区和 XDATA 区的声明举例如下：

```
unsigned char xdata system_status=0;  //定义一个存储类型 xdata 的无符号字符变量 system_status
unsigned int pdata unit_id[8];         //定义一个存储类型 pdata 的无符号整型数组变量 unit_id[8]
char xdata inp_string[16];             //定义一个存储类型 xdata 的字符数组变量 inp_string[16]
float pdata out_value;                 //定义一个存储类型 pdata 的浮点变量 out_value
```

5）程序存储区 CODE。程序存储区 CODE 声明的标识符为 code，存储的数据是不可改变的。在 C51 编译器中可以用存储区类型标识符 code 来访问程序存储区。例如：

```
unsigned char code     a[ ] = {0x00,0x01,0x02,0x03,0x04,0x05,0x06,0x07,0x08};
//定义一个存储类型 code 的数据表 a[ ] = {0x00,0x01,0x02,0x03,0x04,0x05,0x06,0x07,0x08}
```

4.2.3 存储模式

如果在变量定义时略去存储类型标识符，编译器会自动默认存储类型。而默认的存储类型和存储模式有关。Keil C51 定义了 SMALL、COMPACT 和 LARGE 三种存储模式。例如，若声明 char var1，则在使用 SMALL 存储模式下，var1 被定位在 DATA 存储区；在使用 COMPACT 模式下，var1 被定位在 PDATA 存储区；在 LARGE 模式下，var1 被定位在 XDATA 存储区中。

1）SMALL 模式：所有变量都默认位于 8051 单片机内部的数据存储器，与使用 data 指定存储器类型的方式一样。在此模式下，变量访问的效率高，但是所有数据对象和堆栈必须使用内部 RAM。

2）COMPACT 模式：本模式下所有变量都默认在外部数据存储器的 1 页（256B）内，这与使用 pdata 指定存储器类型是一样的。该类型适用于变量不超过 256B 的情况，此限制是由寻址方式决定的，相当于使用数据指针@ Ri 寻址。与 SMALL 模式相比，该存储模式的效率比较低，对变量访问的速度也慢一些，但比 LARGE 模式快。

3）LARGE 模式：所有变量都默认位于外部数据存储器，相当于用@ DPTR 寻址。通过数据指针访问外部数据存储器的效率较低，特别是当变量为 2B 或更多字节时，该模式要比 SMALL 和 COMPACT 产生更多的代码。

4.2.4 常量和变量

1. 常量

在程序运行中不能改变的量称为常量。C51 中常量一般放在程序存储器中。

1）整型常量。可以表示为十进制，如 0、256、-30 等。十六进制则以 0x 开头，如 0x68。长整型则数字后面加 L，如 20L、0x3e4fL 等。

2）字符型和字符串型常量。字符型常量用单引号表示，如'A''2'等；字符串型常量用双引号表示，如"BOOK""WORK""单片机"等。

3）浮点型常量。分为十进制形式和指数形式。如 0.345、26.78、-13.69、123e2、6e8、-2.0e3 等。

2. 变量

在程序运行中可以改变的量称为变量。

（1）变量定义

C51 变量定义的格式：

[存储种类] 数据类型 [存储器类型] 变量名列表；

其中，方括号为可选项，存储种类有动态（auto）、外部（exterm）、静态（static）和寄存器（register），默认为 auto。数据类型和存储类型前面已介绍，这里不重复。

变量的存储种类按照其使用的范围可分为局部变量和全局变量。

1）局部变量。是某一个函数中存在的变量，它只在该函数内部有效。

2）全局变量。在整个源文件中都存在的变量。有效区间是从定义点开始到源文件结束，其中的所有函数都可直接访问该变量。如果定义前的函数或全局变量声明文件之外的源文件需要访问该变量，则需要使用 extern 关键词对该变量进行说明。全局变量也可以使用 static 关键词进行定义，该变量只能在变量定义的源文件内使用，不能被其他源文件引用，这种全局变量称为静态全局变量。

由于全局变量在程序运行期间一直存在，占用了大量的内存单元，且加大了程序的耦合性，不利于程序的移植或复用。

（2）绝对地址变量的访问

为了直接对 8051 片内 RAM、片外 RAM 及 I/O 空间进行访问，C51 提供两种访问绝对地址的方法。

1）绝对宏。

编译器提供了一组宏定义对 code、data、pdata 和 xdata 空间进行绝对寻址。

C51 提供的宏定义头文件 absacc. h 中定义了绝对地址变量，包括 CBYTE、CWORD、DBYTE、DWORD、XBYTE、XWORD、PBYTE、PWORD，定义的格式如下：

```
#unclude<absacc. h>
#define   变量名   CBYTE[绝对地址]；   //以字节形式对 code 区寻址
#define   变量名   CWORD[绝对地址]；   //以字形式对 code 区寻址
#define   变量名   DBYTE[绝对地址]；   //以字节形式对 data 区寻址
#define   变量名   DWORD[绝对地址]；   //以字形式对 data 区寻址
#define   变量名   XBYTE[绝对地址]；   //以字节形式对 xdata 区寻址
#define   变量名   XWORD[绝对地址]；   //以字形式对 xdata 区寻址
#define   变量名   PBYTE[绝对地址]；   //以字节形式对 pdata 区寻址
#define   变量名   PWORD[绝对地址]；   //以字形式对 pdata 区寻址
```

【例 4-1】 片内 RAM、片外 RAM 及 I/O 定义的程序如下：

```
#include<absacc. h>
#define PORTA XBYTE[0xFFB0]       //将 PORTA 定义为外部 I/O 口,地址为 0xFFB0,长度 8 位
#define NRAM    DBYTE[0x60]        //将 NRAM 定义为片内 RAM,地址为 0x60,长度 8 位
main(   )
{
    PORTA = 0x3d;                 //将数据 3DH 写入地址为 0xffc0 的外部 I/O 口 PORTA 中
    NRAM = 0x56;                  //将数据 56H 写入片内 RAM 的 0x60 单元
}
```

2）_at_ 关键字。

关键字 _at_ 可对指定的存储器空间的绝对地址访问，格式如下：

[存储器类型] 数据类型说明符 变量名 _at_ 地址常数

其中，存储器类型为 C51 能识别的数据类型；数据类型为 C51 支持的数据类型；地址常数用于指定变量的绝对地址，必须位于有效的存储器空间之内；使用 _at_ 定义的变量必须为全局变量。

【例 4-2】 使用关键字 _at_ 实现绝对地址的访问，程序如下：

```
void  main(void)
{
    data unsigned char y1 _at_ 0x50;          //在 data 区定义字节变量 y1,地址为 50H
    xdata unsigned int y2 _at_ 0x4000;        //在 xdata 区定义字变量 y2,地址为 4000H
    y1 = 0xff;
    y2 = 0x1234;
    …
    while(1);
}
```

【例 4-3】 将片外 RAM 2000H 开始的连续 20Byte 的数据移动到片内 RAM 40H 开始的单元，程序如下：

```
xdata unsigned char buffer1[20] _at_ 0x2000;
data unsigned char buffer2[20] _at_ 0x40;
void main(void)
{
    unsigned char i;
    for(i=0; i<20; i++)
    {
        buffer2[i] = buffer1[i]
    }
}
```

4.2.5 C51 的运算符与表达式

C51 的运算与标准 C 语言类似，主要包括算术运算、关系运算、逻辑运算、位运算和赋值运算及其表达式。各种运算符的功能及其特性见表 4-3。

表 4-3 C51 运算符

类型	符号	说明	结合性	举例和说明
算术运算	+	加法	右结合	x=15;y=4;z=x+y; //z=19
	−	减法		x=15;y=4;z=x−y; //z=11
	*	乘法		x=15;y=4;z=x*y; //z=60
	/	除法		x=15;y=7;z=x/y; //z=2
	%	取余数		x=15;y=7;z=x%y; //z=1

	++	自增 1	左结合	x=6;x++; //x=7
				x=6;y=x++; //y=6,x=7, 先赋值后加 1
				x=6;y=++x; //y=7,x=7, 先加 1 后赋值

	−−	自减 1		x=6;x−−; //x=5
				x=6;y=x−−; //y=6,x=5, 先赋值后减 1
				x=6;y=−−x; //y=5,x=5, 先减 1 后赋值

逻辑运算	&&	逻辑与	右结合	0x56&&0xa9=0
	‖	逻辑或		0x56‖0xa9=1
	!	逻辑非	左结合	!(0x56&&0xa9)=1

类型	符 号	说 明	结合性	举例和说明
关系运算	>	大于		a=6；b=7；c=a>b； //c=0
	<	小于		a=6；b=7；c=a<b； //c=1
	>=	大于等于		a=6；b=7；c=a>=b； //c=0
	<=	小于等于		a=6；b=7；c=a<=b； //c=1
	==	等于		a=6；b=7；c=a==b； //c=0
位运算符	!=	不等于	右结合	a=6；b=7；c=a!=b； //c=1
	&	按位逻辑与		0x67&0x036=0x26
	|	按位逻辑或		0x67|0x036=0x77
	^	按位异或		0x67^0x036=0x51
	~	按位取反		x=0x0f，则~x=0xf0
	<<	位左移（高位丢弃，低位补0）		x=ox55；x<<2； //x=0xa8
	>>	位右移（低高位丢弃，高位补0）		x=oxf2；x>>2； //x=0x3c
指针运算	*指针变量	取变量的内容		x=*p //x=p所指单元的内容
	&指针变量	取变量的地址	左结合	x=&p //x=p所对应的单元的地址
赋值运算	=	赋值		x=<表达式> //x=表达式的值
	op=	复合赋值		是在赋值符号前面加上其他运算符：+=、-=、*=、/=、%=、>>=、&=、|=、^=、~=、<<=

运用 C51 的运算符可以构成不同形式的表达式，通常有赋值语句表达式、条件判断表达式及循环控制表达式等。赋值语句表达式是最常用的表达式形式，其格式为：

变量 = <表达式>

其中，表达式是常量、变量、函数和运算符组合起来的式子。在运用表达式实现各种运算时，应该注意以下问题。

1. 运算优先级问题

表达式求值按运算符的优先级和结合性规定的顺序进行，在表达式中，优先级高的先于优先级低的进行运算。而在一个运算量两侧的运算符优先级相同时，则按运算符的结合性所规定的结合方向处理。

优先级顺序：（ ）→单目运算→算术运算→移位运算→关系运算→位运算→逻辑运算→赋值运算。

其中，单目运算是指逻辑非、增减 1、指针运算；算术运算本身还按照"先乘除、后加减"的规则；关系运算本身分为两级，>、>=、<、<=的优先级大于==、!=。

例如：若 a=0x12、b=0x34、c=0x56、d=0x58，则~0xaa&（b-a）*（d-c）=0x55&0x22 *0x02=0x55&0x44=0x44。

2. 逻辑运算和位运算的区别

逻辑运算的结果只有"真"和"假"两种，"1"表示真，"0"表示假，只要结果不是全 0 就为逻辑 1。而位运算的结果是按各位运算的实际结果，是数值而不是逻辑值。

例如：a=0x66，b=0x27，则 a&&b=1，a&b=0x26，a‖b=1，a｜b=0x67。

3. 复合赋值运算

复合赋值是在赋值符号前面加上其他运算符：+=（加法赋值）、-=（减法赋值）、*=（乘法赋值）、/=（除法赋值）、%=（取模赋值）、>>=（右移赋值）、<<=（左移赋值）、&=（位与赋值）、|=（位或赋值）、^=（位异或赋值）、~=（位取反赋值）。

复合赋值的格式为

      变量　复合赋值运算符　表达式

要注意，应先计算表达式的值，再进行复合赋值运算。

例如：a+=6　　等价于 a=a+6

        c/=a+b　等价于 c=c/（a+b）

4.2.6 C51 的程序流程控制

在第 3 章汇编语言程序设计中介绍了 MCS-51 单片机的三种基本的程序结构，即顺序、分支和循环结构。这里仅介绍 C51 如何实现分支结构和循环结构。

1. 分支控制语句

分支控制语句有 if 语句和 switch 语句。

（1）if 语句

C51 提供 3 种形式的 if 语句。

1）形式 1：

      if（表达式）｛语句｝

括号中的表达式成立时，程序执行大括号内的语句，否则程序跳过大括号中的语句部分，而直接执行下面的语句。

例如：

      if（x>y）｛P1=0xff；count++；｝

即如果 x>y，则 P1 口输出全 1 信号，count 变量加 1。如果 x>y 不成立，则执行大括号后面语句。

2）形式 2：

      if（表达式）｛语句 1；｝　else｛语句 2；｝

本形式是双分支选择结构，表达式成立时，执行语句 1 程序段，否则执行语句 2 程序段。

例如：

      if（x>y）｛P1=0xff；count++；｝

      else　　　P1=0；

3）形式 3：

      if（表达式 1）｛语句 1；｝

```
    elseif（表达式2）{语句2;}
        else  if（表达式3）{语句3;}
        ……
            else  {语句n;}
```

本形式是串行多分支选择结构。在 if 语句中又含有 if 语句，这称为 if 语句的嵌套。应当注意 if 与 else 的对应关系，else 总是与它前面最近的一个 if 语句相对应。在书写格式上，一般对齐对应的 if 和 else，使程序结构分明。

例如：

```
    if（x>100）{y=1;}
    elseif（x>50）{y=2;}
        elseif（x>30）{y=3;}
            elseif（x>20）{y=4;}
                else  {y=5;}
```

（2）switch 语句

switch 语句是多分支选择语句，语句的一般形式如下：

```
switch  （表达式）
{
    case 常量表达式1:{语句1;}break;
    case 常量表达式2:{语句2;}break;
    ……
    case 常量表达式n:{语句n;}break;
    default:{语句n+1;}
}
```

上述 switch 语句说明如下。

1）switch（表达式）的表达式结果与某 case 后面的常量表达式的值相同时，就执行它后面的语句，遇到 break 语句则退出 switch 语句。若所有的 case 中的常量表达式的值都没有与 switch 语句表达式的值相匹配时，就执行 default 后面的语句。

2）各常量表达式的值必须互不相同。

3）各个 case 出现次序，不影响程序执行的结果。

4）如果在 case 语句中遗忘了 break 语句，则程序执行了本行之后，不会退出 switch 语句，而是将执行后续的 case 语句。switch 语句的最后一个分支可以不加 break 语句，结束后直接退出 switch 结构。

【例 4-4】用 C51 编写一个函数，实现例 3-22 汇编语言实现的功能。

解：用按键控制信号灯的 C51 程序如下：

```
void  keyscan( void)
    {   unsigned char keynum;
        P1 = 0xff;                        //避免 P1 引脚的钳位效应
        keynum = P1&0xc0;                 //读取 P1 口,并只保留按键对应位
        switch(keynum)
        {
            case 0x00:    P1 = 0xf8; break;    //如果按下键为 s0、s1 键,则红、黄、绿灯全亮
```

```
            case 0x40:        P1=0xfb; break;       //如果按下键为 s0 键,则红灯亮
            case 0x80:        P1=0xfd; break;       //如果按下键为 s1 键,则绿灯亮
            case 0xc0:        P1=0xfe; break;       //如果无键按下,则黄灯亮
            default:break;
        }
    }
```

2. 循环控制语句

C51 实现循环结构的语句有以下 3 种：while 语句、do-while 语句和 for 语句。

（1）while 语句

语法形式为

```
while(表达式)
    {
        循环体语句；
    }
```

while 表达式是循环能否继续的条件，该循环是"先判断，后执行"，即首先必须进行循环条件的测试，如果表达式为真，就执行循环体语句；反之，则退出循环，执行后面的语句。

例如：

```
while((P1&0x80)==0)
    {;}
```

while 中的条件语句对 51 单片机 P1 口的 P1.7 位进行测试，如果 P1.7 为 0，则空循环等待，一旦 P1.7 的电平为 1，则循环终止。

（2）do-while 语句

语法形式为

```
do
    {
        循环体语句；
    }
while(表达式)；
```

do-while 语句是"先执行、后判断"，即先执行 1 次循环体语句，再计算表达式，如表达式的值为非 0，则继续执行循环体语句，直到表达式的值为 0 时结束循环。

do-while 循环与 while 循环的区别是：while 循环的控制出现在循环体之前，只有当 while 后面表达式的值非 0 时，才可能执行循环体；do-while 构成的循环中，总是先执行一次循环体，然后再求表达式的值，因此无论表达式的值是 0 还是非 0，循环体至少要被执行一次。

【例 4-5】实型数组 sample 存有 10 个采样值，编写程序段，要求返回其平均值（平均值滤波）。程序如下：

```
float avg(float * sample)
    {
```

```
float sum=0;
char n=0;
do
    {
      sum+=sample[n];
          n++;
    } while(n<10);
        return(sum/10);
    }
```

（3）基于 for 语句的循环

3 种循环常用的是 for 循环。不仅可用于循环次数已知的情况，也可用于循环次数不确定而只给出循环条件的情况。

for 循环的一般格式为

```
for(表达式 1;表达式 2;表达式 3)
    {
        循环体语句;
    }
```

括号中 3 个表达式，各表达式间用 “;” 隔开。这 3 个表达式可以是任意形式的表达式，通常主要用于 for 循环控制。紧跟在 for( )之后的循环体，可以是单条语句，也可以是复合语句。

“表达式 1” 为 “初值设定表达式”，在循环开始时对循环变量赋初值。

“表达式 2” 为 “终值条件表达式”，每次循环之前都要对循环变量值进行判断，若满足条件，执行 1 次 for 循环体，若不满足条件，则结束循环，执行 for 循环之后的语句。

“表达式 3” 为 “更新表达式”，每循环 1 次后，都要按照表达式对循环变量进行更新。

下面对 for 语句的几个特例进行说明。

1）for 语句中的小括号内的 3 个表达式全部为空。例如：

```
for( ; ; )
    {
        循环体语句;
    }
```

在小括号内只有两个分号，无表达式，这意味着没有设置循环变量，它的作用相当于 while(1)，将导致一个无限循环。需要无限循环时可采用这种形式。

2）for 语句的表达式 1 默认。例如：

```
for( ;i<=100;i++)sum=sum+i;
```

即不对 i 设初值，i 值可以事先由程序运行的其他因素确定。

3）for 语句的表达式 2 默认。例如：

```
for(i=1;;i++)sum=sum+i;
```

即不判断循环条件，认为表达式始终为真，循环将无休止地进行下去。

4）for 语句的 3 个表达式中，表达式 1、表达式 3 省略。例如：

```
for( ;i<=100; ) {sum=sum+i;i++;}        //可见表达式 3 在循环体中
```

5）没有循环体的 for 语句。例如：

```
for(t=0;t<1000;t++) {;}
```

一般用来软件延时，即循环执行指令，获取一段估算的时间。

【例 4-6】 求 1+2+3…+100 的累加和。

解：用 for 语句编写的程序如下：

```
#include <reg51. h>
#include <stdio. h>
main( )
{
    int  nvar1, nsum;
    for( nvar1=0,nsum=0;nsum<=100;nsum++)
    nVar1+=nsum;                    //累加求和
    while(1);
}
```

3. break 语句、continue 语句和 goto 语句

在循环体执行中，有时可以使用 break 语句、continue 语句或 goto 语句控制循环的走向。

（1）break 语句

跳出本层循环体，结束本层循环。

【例 4-7】 用 break 语句跳出循环程序。

```
void   sum(unsigned char s0 )
{    unsigned char i;
    for(i=1;i<=20;i++)
    {    s0=s0+i;
        if( s0>100) break;
    print("s0=%d\n", s0);          //通过串口向计算机屏幕输出显示 s0
    }
}
```

本例子程序的 for 循环，不仅受到循环变量 i 的影响，还受到被调用时入口参数 s0 的影响，当 i<=20 时执行循环体，而在循环中计算 s0>100 时会执行 break 语句，强行退出 for 循环，从而提前终止循环。

（2）continue 语句

continue 用在循环体内，若执行它，则停止当前这一层循环，然后跳到循环条件处，继续下一层的循环。可见，continue 并不结束整个循环，而仅仅是中断这一层循环。

【例 4-8】 输出整数 1~100 的累加值，但要求跳过所有个位为 3 的数。

解：根据题意，判断一个数的个位为 3，可以用求余数的运算符"%"将该数除以 10 后，余数是 3，就说明这个数的个位为 3。

参考程序如下：

```
void   main(void)
```

74

```
{       int i, sum=0;
        sum=0;
        for(i=1;i<=100;i++)
{       if(i%10==3)
        continue;               //若个位数是3,则不执行循环体下面的语句,而进入下一轮循环
        sum=sum+i;
}
        print("sum=%d\n", sum);     //在计算机屏幕显示 sum 值
}
```

（3）goto 语句

无条件转移语句，当执行 goto 语句时，将程序指针跳转到 goto 给出的下一条代码。
基本格式：

> goto   标号

goto 语句在 C51 中可用于无条件跳转某条必须执行的语句以及在死循环程序中退出循环。在程序设计中要慎重使用 goto 语句，避免破坏程序结构化设计。

4.2.7 C51 的数组、结构体、联合体

1. 数组简介

数组是同类数据的一个有序结合，用数组名来标识。整型变量的有序结合称为整型数组，字符型变量的有序结合称为字符型数组。数组中的数据称为数组元素。

数组有一维、二维、三维和多维数组之分。C51 语言中常用的是一维、二维数组和字符数组。数组中各元素的顺序用下标表示。

（1）一维数组

具有一个下标的数组元素组成的数组称为一维数组。

一维数组定义格式：

> 数据类型［存储器类型］数组名[下标]；

其中，数组名是一个标识符；下标指定数组元素的个数，是一个常量表达式，不能含变量。例如：

> int array［6］

定义名为 array 的数组，包含下标为 0~5 的 6 个整型元素，在定义数组时，可对数组进行整体初始化，若定义后对数组赋值，则只能对每个元素分别赋值。例如：

> int a[3]={2,4,6}；   /*给全部元素赋值,a[0]=2,a[1]=4,a[2]=6 */
> int b[4]={5,4,3,2}；   /*给全部元素赋值,b[0]=5,b[1]=4,b[2]=3,b[3]=2 */

（2）二维数组或多维数组

具有两个或两个以上下标的数组称为二维数组或多维数组。

二维数组定义格式：

> 数据类型［存储器类型］数组名[行数]［列数]；

其中，行数和列数都是常量表达式。例如：

　　　float　array2 [3] [4] / * array2 数组,3 行 4 列共 12 个浮点型元素 * /

二维数组可以在定义时进行整体初始化，也可在定义后单个地进行赋值。例如：

　　　int a[3][4]={1,2,3,4},{5,6,7,8},{9,10,11,12};　　　/ * a 数组全部初始化 * /
　　　int b[3][4]={1,3,5,7},{2,4,6,8},{ };　　　/ * b 数组部分初始化,未初始化的元素为 0 * /

（3）字符数组

若一个数组的元素是字符型的，则该数组就是一个字符数组。字符数组可以用单引号'字符'方式或双引号"字符串"方式赋值。例如：

　　　char a[14] = {'J','X',' ','T','E','L','L','H','O','W','\0'};
　　　char a[14] = {"江西泰豪动漫"};

用双引号括起来的一串字符称为字符串常量，C51 编译器会自动地在字符串末尾加上结束符'\0'。

一个字符串可以用一维数组来装入，但数组的元素数目一定要比字符多一个，以便 C51 编译器自动在其后面加入结束符'\0'。

2. 数组的应用

（1）查表

在 C51 的编程中，数组一个非常有用的功能是查表，所谓"表"，就是事先准备好后装入程序存储器的数组或数组集合。例如在实际工程中，对于热电偶的非线性温度–电压转换，不能用公式直接计算，往往使用查表法处理。再如，用单片机控制 LCD 显示汉字，显示程序根据要显示的内容，用查表的方法控制显示。

【例 4-9】使用查表法，计算数 0~9 的平方。

解：

```
#define uchar unsigned char
uchar code square[0,1,4,9,16,25,36,49,64,81];           //0~9 的平方表
uchar key( )                                            //返回一个数字按键值函数
{      ......  ; }
main( )
{   .........
     key_value=key( )
     result= square[key_value];     //根据函数 key( )返回的键值查表获得其平方存入 result 单元
}
```

程序中，"uchar code square[0,1,4,9,16,25,36,49,64,81];"定义了一个无符号字符型的数组 square[ ]，并将数 0~9 的平方值赋予了数组 square[ ]，并将平方表放在 CODE 区中。

主函数调用 key( )，获得 1 个数字键的值，该值作为 square[ ]数组下标，通过查表得到该数平方。

3. 数组与存储空间

当程序中设定了一个数组时，C51 编译器就会在系统的存储空间中开辟一个区域，用于存放数组的内容。数组元素的数据类型和数量决定占用存储空间的大小，其大小等于数组长

度乘以数据类型长度（字节），每个字符元素都是用其 ASCII 码表示，占 1 字节；汉字则用标准国标码 GB 2312，1 个汉字占 2 字节；每个整型（int）数组元素占 2 字节；长整型（long）数组元素或浮点型（float）数组元素占 4 字节。

对于二维数组 a[m][n]而言，其存储顺序是按行存储，先依次存第 0 行的 0~n−1 列元素，再依次存第 1 行的 0~n−1 列元素，……，依此顺序存储，直到第 m−1 行的第 n−1 列元素。

对于 51 单片机，由于存储空间有限，因此在进行 C51 语言编程开发时，要注意选择数组的大小，避免影响存储空间的使用。

4. 结构体

有些变量类型不一样，但由于它们之间相互关联需要组合在一起，这种组合叫作结构体。

（1）定义结构体

定义一个结构的一般形式为

```
struct   结构体名
    {成员表};
```

成员表由若干个成员组成，每个成员都是该结构的一个组成部分。对每个成员也必须作类型说明，其形式为

```
类型说明符   成员名;
```

例如：

```
struct   stu
{
    int num;
    char name[20];
    char sex;
    float score;
};//结构体成员表括号后的";"号不能少
```

定义结构体之后，还需要定义结构体变量，通过结构体变量来使用结构体。结构体变量定义有以下三种方法。

1）先定义结构，再说明结构变量。

```
struct stu                    //定义结构体
{成员表;}
struct stu boy1,boy2;         //说明结构体变量 boy1、boy2
```

2）在定义结构类型的同时说明结构变量。

```
struct stu
{成员表;}boy1,boy2;
```

3）直接说明结构变量，省去了结构名。

```
struct
```

{成员表};boy1,boy2;

（2）结构体变量的初始化

结构体变量可以在定义时进行初始化赋值，初始化格式如下：

struct 结构体名 结构体变量名＝{初始化值};

例如：

struct   stu boy1＝{22,"LiPing",'B',85};//初始化变量与结构体成员数量和类型一致

（3）结构体成员的访问

访问结构体成员格式如下：

结构体变量 . 成员名,

例如：

boy1. num＝26;
boy1. name＝"WangFeng"

5. 联合体

联合体又称共用体，用来表示几个不同的数据类型变量分时共用相同的内存空间。联合体定义格式如下：

union   联合名   {成员列表}

例如：

```
union abc
{
    unsigned char    ch;              //无符号数
    unsigned char    array1[4];       //无符号数组
    unsigned long i;                  //无符号整型数
    long l;                           //有符号长整型数
    float    fl;                      //浮点数
};
```

当一个联合体被说明时，编译程序自动产生一个变量，其所占空间为联合体中最大的变量长度。任何时刻，该空间只由 1 个被使用的变量占用，联合体中不同的成员赋值，意味着对联合体中其他成员原来的赋值不存在了。如上面定义的 abc 联合体，最大的变量长度为 4 字节，所以该联合体只占 4 字节，而不是所有变量加起来的长度。

联合体的使用方法和结构体相同。

4.2.8 C51 的指针

C51 支持两种指针类型：①通用指针：定义指针时未给出其所指向的对象的存储类型为通用指针；②基于存储器指针：定义指针时给出了它所指向对象的存储类型为基于存储器的指针，指针类型由 C51 语言源代码中存储类型决定。

通用指针占用 3 字节：1 字节为存储器类型，2 字节为偏移量，偏移量指向实际地址。

基于存储器的指针只需 1~2 字节，可以高效访问对象。

1. 通用指针

通用指针声明和使用与标准 C 语言完全一样。通用指针的形式如下：

　　　数据类型 ＊指针变量；

例如：unsigned char ＊pz

pz 就是通用指针，用 3 字节来存储指针，第 1 个字节表示存储器类型，第 2、3 个字节分别是指针所指向数据地址的高字节和低字节，这种定义很方便但速度较慢，通常在目标存储器空间不明确时使用。

2. 基于存储器的指针

存储器指针在定义时指明了存储器类型，并且指针总是指向特定的存储器空间。例如：

　　　char xdata ＊str;　　　　　//str 指向 XDATA 区中的 char 型数据
　　　int xdata ＊pd;　　　　　　//pd 指向外部 RAM 区中的 int 型整数

由于定义中已经指明了存储器类型，因此，相对于通用指针而言，指针第 1 个字节省略，对于 data、bdata、idata 与 pdata 存储器类型，指针仅需要 1B，因为它们的寻址空间都在 256B 以内，而 code 和 xdata 存储器类型则需要 2B 指针，因为它们的寻址空间最大为 64 KB。

使用存储器指针的好处是节省了存储空间，编译器不用为存储器选择和决定正确的存储器操作指令来产生代码，使代码更加简短。通用指针产生的代码执行速度比指定存储区的指针要慢，因为存储区在运行前是未知的，编译器不能优化存储区访问，必须产生可以访问任何存储区的通用代码。所以，在存储器空间明确时，建议使用存储器指针，如果存储器空间不明确，则使用通用指针。

4.3　C51 的函数

函数是一个完成一定相关功能的执行代码段。C51 中函数的数目是不限制的，但是一个 C51 程序必须有一个以 main 为名的主函数，整个程序从这个主函数开始执行，其他的函数称为普通函数，在汇编语言程序中称为主程序和子程序。

4.3.1　函数的分类及定义

从结构上分，C51 语言函数可分为主函数 main( ) 和普通函数两种。而普通函数又可分为标准库函数和用户自定义函数。

1. 标准库函数

标准库函数是由 C51 编译系统提供的已经编写好的实现专门功能的函数。C51 提供了功能强大、资源丰富的标准库函数资源，用户可直接调用 C51 库函数而不需为这个函数写任何代码，只需要在程序的预处理区指出包含具有该函数说明的头文件即可。

2. 用户自定义函数

用户自定义函数是用户根据需要所编写的函数。从函数定义的形式分为无参函数、有参函数和空函数。

（1）无参函数

此种函数无入口参数和出口参数，只为完成某种操作功能。无参函数的定义形式为

```
返回值类型标识符 函数名()//无返回值时可省略返回值类型标识符,默认为 int
{
    函数体;
}
```

（2）有参函数

此种函数有入口参数。函数的定义形式为

```
返回值类型标识符   函数名(形式参数列表)
形式参数说明
{
    函数体;
}
```

【例4-10】定义一个函数 max()，用于求两个数中的大数。

```
int a,b
int max(a, b)
{
        if(a>b)return(a);
        else    return(b);
}
```

程序段中，a、b 为形式参数，调用时与实际入口参数结合。return()为返回出口参数。

（3）空函数

C51 允许函数体内（即函数的大括号内）是空白的函数。这是为了以后程序功能的扩充，先将一些基本模块的功能函数定义成空函数，占好位置，并写好注释，以后再逐一编写内部的语句。这样整个程序的结构清晰，可读性好，对于较多功能的程序，便于模块化设计。

4.3.2　函数的调用和参数传递

1. 函数的调用

在一个函数中去执行另一个函数来实现某些功能叫作函数的调用，即主调函数调用被调函数。

（1）函数调用的一般形式

函数调用的一般形式如下：

```
函数名(实际参数列表);
```

若被调函数是有参函数，则主调函数必须把被调函数所需的参数传递给被调函数。传递给被调函数的数据称为实际参数（简称实参），必须与形参的数据在数量、类型和顺序上都一致。实参可以是常量、变量和表达式。实参对形参的数据是单向的，即只能将实参传递给

形参。

函数调用有以下 3 种方式。

1) 函数调用语句。把被调用函数的函数名作为主调函数的一个语句。例如：

  delay500 ms( );   //调用一个 500 ms 延时函数,无须返回结果

2) 函数结果作为表达式的一个运算对象。例如：

  result＝2 * gcd(a,b); //被调用函数 gcd 为表达式的一部分,它的返回值乘 2 再赋给变量 result

这要求被调用函数带有 return 语句，以便返回一个明确的数值参加表达式的运算。

3) 函数参数。即被调用函数作为另一个函数的实际参数。例如：

  m＝max(a,gcd(c,d)); //被调用函数 gcd(c,d)的值作为另一个函数的 max( )的实际参数之一

（2）函数调用的条件

函数调用须具备以下条件。

1) 被调用函数必须是已经存在的函数（库函数或用户自定义的函数）。

2) 如果程序中使用了库函数，或使用了不在同一文件中的另外自定义函数，则应该在程序的预处理区使用#include 包含语句指明相关的头文件。在程序编译时，系统会自动将头文件中的有关函数调入程序中去，编译出完整的程序代码。

3) 如果程序中使用了自定义函数，且该函数与调用它的函数同在一个文件中，被调用函数一般放在主函数前面，如果放在后面，则在主函数前面要对被调用函数的返回值类型做出说明。

2. 函数的参数传递

C51 语言采用函数之间的参数传递方式，使一个函数能对不同的变量进行功能相同的处理，从而大大提高了函数的通用性与灵活性。

函数之间的参数传递包括入口参数和出口参数，入口参数由主函数调用时主调函数的实际参数与被调函数的形式参数之间进行数据传递来实现；出口参数是被调用函数的最后结果由 return 语句返回给调用函数。

1) 形式参数：函数的函数名后面括号中的变量名称为形式参数，简称形参。

2) 实际参数：在函数调用时，主调函数名后面括号中的表达式称实际参数，简称实参。

实参与形参之间的数据传递是单向进行的，只能由实参传递给形参。实参与形参的类型必须一致，否则会发生类型不匹配的错误。形参在函数未调用之前，并不占用实际内存单元。当函数调用发生时，被调用函数的形参才被分配内存单元，此时实参与形参位于不同的存储单元。调用结束后，形参所占有的内存被释放，而实参所占有的内存单元仍保留并维持原值。

函数返回值是通过 return 语句获得的。一个函数可有一个以上的 return 语句，但是只有一个 return 能被执行。函数返回值的类型由返回值的标识符来指定，默认返回值为整型类型 int。

当函数没有返回值时，则使用标识符 void 进行说明。

4.3.3 中断服务函数

由于标准 C 语言没有处理单片机中断的定义，为能进行 8051 的中断处理，C51 增加了中断服务函数功能。使用 interrupt 可将一个函数定义成中断服务函数。由于 C51 编译器在编译时对声明为中断服务程序的函数自动添加了相应的现场保护、保护断点以及返回时自动恢复现场等处理的程序段，因而在编写中断服务函数时可不必考虑这些问题。

中断服务函数的一般形式为

　　　　函数类型　　函数名(形式参数表) interrupt n　　using m

关键字 interrupt 后面 n 是中断号，对于 51 单片机，n 取值为 0~7，依次对应外部中断 0、定时器 0 中断、外部中断 1、定时器 1 中断、串行通信中断、定时器 2 中断、外部中断 2、外部中断 3。

关键字 using 后的 m 是所选择的单片机内部的工作寄存器组 0~3，using 是一个选项，默认为 0。

有关中断服务函数的具体使用，将在第 7 章中详细介绍。

4.3.4 宏定义、库函数和头文件

在 C51 程序设计中要经常用到宏定义、文件包含与条件编译。

1. 宏定义

宏定义语句属于 C51 语言的预处理指令，使用宏可以使变量书写简化，增加程序的可读性、可维护性和可移植性。宏定义可以出现在程序的任何地方，宏定义分为简单的宏定义和带参数的宏定义。

(1) 简单的宏定义

格式：

　　　　#define 宏替换名 宏替换体

#define 是宏定义指令的关键词，宏替换名一般用大写字母来表示，而宏替换体可以是数值常数、算术表达式、字符和字符串等。例如，在某程序的开头处，进行了 3 个宏定义：

```
#define uchar unsigned char        /* 宏定义无符号字符型变量 */
#define uint unsigned int          /* 宏定义无符号整型变量 */
#define gain 6                     /* 宏定义增益 */
……
```

在程序中可用 "uchar" 来替代 "unsigned char"，用 "uint" 来替代 "unsigned int"，当增益需要变化时，只需要修改增益 gain 的宏替换体 6 即可。可见，宏定义不仅可以方便变量定义的书写，还可以方便多处使用的常量数据修改，大大增加了程序的可读性和可维护性。

(2) 带参数的宏定义

格式：

#define　　宏替换名(形参)　　带形参宏替换体

　　宏替换体可以是数值常数、算术表达式、字符和字符串等。带参数的宏定义可以出现在程序的任何地方，在编译时可由编译器替换为定义的宏替换体，其中的形参用实际参数代替，由于可以带参数，这就增强了带参数宏定义的应用。

2. 库函数及文件包含

　　C51 库函数位于 KEIL/C51/LIB 文件夹下，每个库文件都包含丰富的库函数和宏定义。库函数通过头文件进行分类说明，一个头文件通常包含某一类库函数。文件包含的一般格式为

　　　　#include <文件名>　　或　　#include"文件名"

　　上述两种格式的差别：采用<文件名>格式时，在头文件目录中查找指定文件。采用"文件名"格式时，应在当前的目录中查找指定文件，一般是用户自定义的头文件。

　　当程序中需调用编译器提供的各种库函数时，需在文件的开头使用#include 命令将相应函数的说明文件包含进来。

　　C51 提供了丰富的可直接调用的库函数，这些库函数分为 7 类，分别用 7 个头文件对库函数原型进行说明。下面介绍这些库函数。

　　ctype. h：字符操作函数；

　　math. h：数学运算函数；

　　string. h：字符串和内存操作函数；

　　stdio. h：标准输入/输出函数，默认 8051 的串口来作为数据的输入/输出；

　　stdlib. h：动态内存分配函数、数据类型转换函数、随机数函数；

　　setjump. h：长跳转函数；

　　intris. h：内联函数，如_nop_( )、_iror_( )、_irol_( )、_cror_( )等。

　　为了适合单片机操作，C51 还提供了以下几类重要的包含文件。

　　1）特殊功能寄存器包含文件 reg51. h 或 reg52. h。reg51. h 中包含所有的 8051 的 sfr 及其位定义。reg52. h 中包含所有 8052 的 sfr 及其位定义，一般系统都包含 reg51. h 或 reg52. h。

　　2）绝对地址包含文件 absacc. h：该文件定义了几个宏，以确定各类存储空间的绝对地址。

4.4　汇编语言和 C51 混合编程

　　由于 C51 语言通用性好、库函数丰富、编程效率高及处理能力强等特点，在一般的单片机系统设计时通常采用 C51 编写系统程序。但在一些情况下，如对程序代码的长度、执行效率和程序执行的时序要求比较高的外设接口程序，则需要采用汇编语言编写。所以有时需要"取长补短"，进行 C51 函数与汇编子程序之间的混合编程以及 C51 对汇编程序的调用。

4.4.1 C51 函数的内部转换规则

1. C51 函数名的转换

编译器对 C51 函数进行编译时，会将 C51 函数名按表 4-4 规则自动转换，然后才能与汇编子程序进行混合连接。

表 4-4 函数名转换规则

C51 函数声明	转换后函数名	说　明
void func(void)	FUNC	无参数传递或参数不通过寄存器传递的函数，其函数名不作改变转入目标文件中，名字转为大写形式
Void func(char)	_FUNC	带寄存器传递参数的函数，转换后在其名字前加上前缀 "_"
Voidfunc(void) reentrant	_? FUNC	可重入的函数，采用堆栈传递参数，转换后在其名字前加上前缀 "?"

2. C51 函数的段命名规则

C51 函数经编译器编译后，每个函数都将采用 "？PR？函数名？模块名" 的命名格式分配到独立的代码（CODE）段中。对于函数中的变量，也将采用类似的格式来建立数据段，并将变量分配其中。这些代码段和数据段都是公开的，可供其他模块访问，因此可被连接器进行覆盖分析，实现相互调用。段的命名依据所采用的存储器模式而有所变化，见表 4-5。汇编语言子程序编写时也要按照此规则来建立段。

表 4-5 段名的命名规则

段的内容	段类型	段名
程序代码	CODE	? PR? 函数名? 模块名（所有存储模式）
变量	DATA	? DT? 函数名? 模块名(SMALL)模块
	PDATA	? PD? 函数名? 模块名(COMPACT)模块
	XDATA	? XD? 函数名? 模块名(LARGE)模块
BIT 变量	BIT	? BI? 函数名? 模块名(所有存储模式)

3. C51 函数的参数传递

当 C51 函数与汇编语言子程序进行混合调用时，如果要相互传递参数，则必须按照 C51 函数的参数传递规则进行操作。C51 中参数传递方法有两种。

（1）通过寄存器传递函数参数

最多只能有 3 个参数通过寄存器传递，表 4-6 是传递参数的规则，表 4-7 是返回参数的规则。

表 4-6 通过寄存器传递函数参数

参数编号	数据类型			
	char	int	long, float	一般指针
1	R7	R6R7	R4~R7	R1R2R3
2	R5	R4R5	R4~R7	R1R2R3
3	R3	R2R3	无	R1R2R3

表 4-7　通过寄存器传递返回参数

类　型	寄　存　器	说　明
bit	Cy	返回值在 Cy 中
char	R7	返回值单字节在 R7 中
int	R6R7	返回值双字节，高位在 R6，低位在 R7 中
long	R4R5R6R7	返回值四字节，最高位在 R4，最低位在 R7 中
float	R4R5R6R7	32 位 IEEE 格式，指数和符号在 R7 中
一般指针	R1R2R3	存储器类型放 R3，高位在 R2，低位在 R1

（2）通过固定存储区传递

这种参数传递的段的地址空间取决于编译时所选择的存储器模式。参数传递段首地址所采用的公共符号（public）如下：

```
? functio n name? BIT          //bit 类型数据参数传递段首地址
? functio n name? BYTE         //其他类型数据参数传递段首地址
```

至于这个固定存储区本身在何处，则由存储模式默认，Small 模式位于片内 RAM 空间，其他模式位于外部。

4.4.2　C51 函数内使用汇编语言

在 C51 函数内部插入汇编代码，也称内嵌汇编语句。

在 C51 程序内是通过语句 #prag asm 和#pragma endasm 嵌入汇编代码。例如：

```
#include <reg52. h>
unsigned char led = 0x01;
void main( )
{
    while(1)
    {
        P0 = led;
#pragma asm
            MOV R0, #0AH
LOOP ：   INC A
            DJNZ R0,LOOP
#pragma endasm
        led = led<<1;
        if( led = = 0)
            led = 0x01;
    }
}
```

将以上嵌有汇编语句源文件加入要编译的工程文件，然后进行以下设置。

1）将鼠标指向工程中的此文件，选择右键菜单"optio n for file' asm. c' "。

2）将弹出对话框中 "properties" 项的 "GenerateAssembler SRC File"与 "Assemble SRC File" 两项设置成黑体的 " √ "。

3）根据选择的编译模式，把相应的库文件添加到工程下面，如在"Small"模式下，需将"keil\c51\lib\c51s. lib"文件加入工程中。在 Keil 安装目录下的\C51\LIB\目录中的 LIB 文件如下：

C51S. LIB	–没有浮点运算的 Small model
C51C. LIB	–没有浮点运算的 Compact model
C51L. LIB	–没有浮点运算的 Large model
C51FPS. LIB	–带浮点运算的 Small model
C51FPC. LIB	–带浮点运算的 Compact model
C51FPL. LIB	–带浮点运算的 Large model

完成以上设置后，即可以对工程进行编译产生目标文件。需注意的是：此时在汇编语言中若使用标号，不要与编译器产生的其他标签相同；如果有参数传递，编译器会将其编译成通过 R4~R7 传递，此时在汇编语言中使用工作寄存器时，要避免发生冲突。

4.4.3 C51 调用汇编语言程序的方法

C51 程序调用汇编程序，必须符合 C51 编译器的命名规则和参数传递规则，这样才能做到正确调用。设主调用文件为 m_call. c，被调用的模块函数为 extern char afunc(char j，int k)，要求函数 func( )采用汇编语言编写。设编译模式为 Small，实现 C51 调用汇编方法如下。

1）在 Keil 环境下建立工程，在里面导入 m_call. c 文件和 afunc. c 文件。

```
/ * m_call . 程序 */
#include<reg52. h>
extern int fanc( int a,int b,int c,int d,bit e);
main( )
{
    int a,b,c,d,f;
    bit xx;
    a=8;b=2;c=3;d=4;xx=1;
    f=fanc(a,b,c,d,xx);
}
/ *  func. c 程序 */
int func( int data a,int data b,int data c,int data d,bit e)
{
    if(e==1)
        return(a*b);
    else
        return(c*d);
}
```

2）对 afunc. c 文件设置 SRC 编译控制命令，将 C 源文件编译成一个相应的汇编源文件。在 Keil C51 中，在 Project 窗口中包含汇编代码的 C 程序上单击右键，选择"Options for file..."选项，选中"Generate Assembler SRC File"和"Assemble SRC File"选项，使之有效，而对 m_call 则设置"Generate Assembler SRC File"和"Assemble SRC File"选项无效，重新编译项目后就可生成 func. src 文件，该 SRC 文件中包含了汇编程序中所需的所有接口信息，包括函数名、定义程序代码段、定义可覆盖局部数据段、公共符号定义、起始地址、定义其他局部变量及程序代码段等。

汇编生成的 func. Src 文件如下：

```
; . \func. SRC generated from：func. c
; COMPILER INVOKED BY：
; C：\Keil\C51\BIN\C51. EXE func. c BROWSE DEBUG OBJECTEXTEND SRC(. \func. SRC)
NAME      FUNC                                                    //函数名
?PR?_func?FUNC          SEGMENT CODE                    //定义程序代码段
?DT?_func?FUNC          SEGMENT DATA OVERLAYABLE        //定义可覆盖局部数据段
?BI?_func?FUNC          SEGMENT BIT OVERLAYABLE
    EXTRN CODE ( ?C?IMUL)
    PUBLIC ?_func?BIT                                           //公共符号定义
    PUBLIC ?_func?BYTE
    PUBLIC _func
    RSEG   ?DT?_func?FUNC                                       //可覆盖局部数据段
?_func?BYTE：                                                    //起始地址
            a?040：   DS   2                                     //定义其他局部变量
            b?041：   DS   2
            c?042：   DS   2
    ORG   6
            d?043：   DS   2
    RSEG   ?BI?_func?FUNC
?_func?BIT：
            e?044：   DBIT   1
; int func( int data a, int data b, int data c, int data d, bit e)
    RSEG   ?PR?_func?FUNC                                       //程序代码段
_func：                                                          //汇编程序起始地址
    USING     0
; SOURCE LINE # 1
;---- Variable 'a?040' assigned to Register 'R6/R7' ----
;---- Variable 'c?042' assigned to Register 'R2/R3' ----
;---- Variable 'b?041' assigned to Register 'R4/R5' ----
; {
                ; SOURCE LINE # 2
;     if( e= = 1)
                ; SOURCE LINE # 3
    JNB       e?044,?C0001
;         return( a * b)；
                ; SOURCE LINE # 4
    SJMP      ?C0004
?C0001：
;     else
;         return( c * d)；
                ; SOURCE LINE # 6
    MOV       R4,d?043
    MOV       R5,d?043+01H
    MOV       R6,AR2
    MOV       R7,AR3
?C0004：
```

```
        LCALL    ?C?IMUL
;  }                     ; SOURCE LINE # 7
?C0002:
      RET
; END OF _func
      END
```

3）将 afunc. src 文件改名为 afunc. asm （或 afunc. a51）文件，在工程中移去 afunc. c 文件，添加 func. asm （或 func. a51）文件，再次编译工程可得到汇编函数的主体。根据需要可以对工程中的 func. asm 汇编代码进行修改，得到所需的汇编程序。

4.5 习题

1. 相对标准 C 语言，C51 扩展了哪些数据类型？

2. C51 有哪几种数据存储类型？各种数据存储类型对应单片机的哪个存储空间？

3. C51 有哪三种数据存储模式？各表示什么意思？

4. C51 中断处理函数的关键字 interrupt 和 using 的作用是什么？如何区别中断类型？

5. C51 如何实现绝对地址的访问？

6. 逻辑运算和位运算的区别是什么？

7. 简述 C51 中运算优先级顺序。

8. C51 提供的可直接调用的库函数有哪些类？各类主要包含哪些函数？

9. 简述 C51 的数组、结构体、联合体的异同及特点。

10. 编程实现一个软件延时 1s 的子函数。

11. 电路如图 3-8 所示。用 C51 编制一个程序，实现 8 只发光二极管循环显示二进制不断加 1 运算的结果，每次加 1 间隔时间为 0.5 s。设 $f_{osc} = 12\,MHz$。

12. 设有 100 个无符号数，连续存放在以 2000H 为首地址的存储区中，用 C51 编程统计奇数和偶数的个数，统计结果分别放在单片机内部 RAM 的 30H 和 31H 单元。

第5章 STC系列单片机应用系统的开发环境

当前，单片机功能不断增强，相对应的开发环境及开发设计工具也不断改善，掌握和使用这些工具，会给单片机的学习、实验及设计开发带来极大方便。

5.1 Keil C51高级语言集成开发环境——μVision4 IDE

5.1.1 Keil C51软件简介

Keil C51语言（简称C51语言）是德国Keil Software公司开发的用于8051单片机的C51语言开发软件，Keil公司2005年由ARM公司收购。目前，Keil C51集成开发环境IDE（Intergrated Development Eviroment）Keil μVision包含编译器、汇编器、实时操作系统、项目管理器及调试器等，是一个功能强大的全新集成开发环境，支持众多的8051架构的芯片。

Keil μVision有多个版本，2013年10月，Keil正式发布了Keil μVision5 IDE。从Keil μVision3到Keil μVision5，其功能有所增强，但使用方法和操作界面没有大的变化。Keil μVision支持ARM7、ARM9和最新的ARM芯片，自动配置启动代码，集成FLASH烧写模块，具有强大的Simulation设备模拟、性能分析等功能，Keil C51生成的目标代码效率非常高，生成的汇编代码紧凑，在开发大型软件时更能体现高级语言的优势，已经是51系列单片机学习和开发首选的集成开发环境。

5.1.2 Keil μVision的基本操作

1. 软件安装与启动

以Keil μVision4集成开发环境的安装为例，同大多数软件安装一样，根据提示进行。安装完毕后，双击桌面上的快捷图标，即可启动该软件。Keil μVision4开发环境界面如图5-1所示。经常用的窗口和工具在界面中标出。

工程窗口：显示当前打开的工程文件结构，对文件双击，可以在编辑窗口打开这个文件；对目录项，用鼠标右键菜单，可以选择需要的操作。

编辑窗口：创建、显示、编辑当前打开的文件，如C51程序、汇编程序及头文件等。

编译信息窗口：显示编译器当前工程编译的结果，若有错误，会显示错误位置和类型。

菜单栏：对集成环境进行不同操作的选择。有File、Edit、View、Project、Debug、Tools等菜单选项，用鼠标单击菜单项会弹出各自的子菜单让用户选择。

工具栏：为了让用户操作方便快捷，把菜单中的一些常用功能做成图标快捷键的形式，可以直接用鼠标单击进行选择。当鼠标移至某一快捷键的位置上，会显示该键的功能。

此外，还有一些窗口，在使用到集成环境相应功能时会自动弹出。

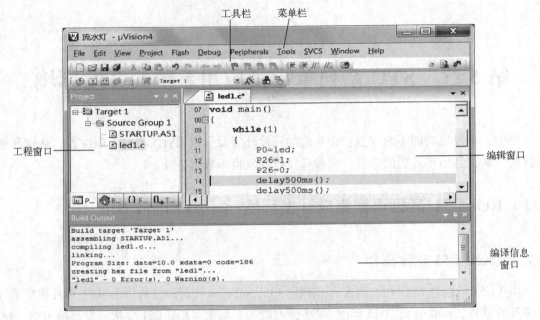

图 5-1　Keil μVision4 开发环境界面

2. 创建工程

Keil μVision 把用户的每一个应用程序设计都当作一个工程,编写应用程序,首先要建立工程(Project),最后也是对该工程进行编译、连接产生执行代码,并下载到单片机的程序存储器中运行。创建工程的操作如下。

1)在图 5-1 所示窗口中,单击菜单栏中的"Project",再单击下拉菜单选项"New μVision Project…"。

2)弹出"Create New Project"对话框,如图 5-2 所示。在"文件名(N)"栏中输入新建工程的名字,并且在"保存在(I)"下拉框中选择工程的保存目录,然后单击"保存(S)"按钮即可。

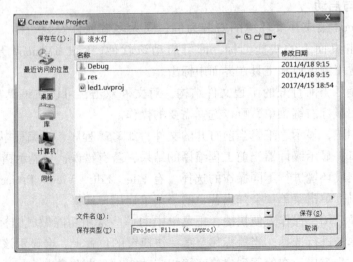

图 5-2　创建工程对话框

3) 单片机选择。单击"保存（S）"按钮后，会弹出如图 5-3 所示"Select Device for Target"（选择 MCU）窗口，按照界面的提示选择相应的 MCU。如选择"Atmel"目录下的"AT89C51"。

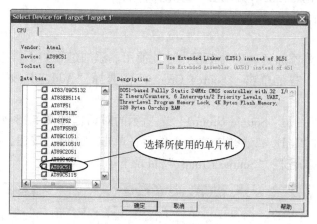

图 5-3　单片机选择对话框

4) 单击"确定"按钮后，会出现一个提问框，问是否复制启动代码到新建的工程。这是因为新建立的工程还是一个框架，并没有编写程序，如果单击"是"，就可以在工程中添加已经存盘的程序文件；如果单击"否"，则暂时不添加程序文件，可以以后加入。完成后，新的工程已经建立完毕。

3. 添加用户源程序文件

在一个新的工程创建完成后，就需要将自己编写的用户源程序代码添加到这个工程中，添加用户程序文件通常有两种方式：一种是新建文件，另一种是添加已创建的文件。

（1）新建文件

1) 单击图 5-1 菜单栏"File"→"New"选项（或单击对应的快捷按钮），这时会出现一个空白的编辑栏，用户可在这里输入编写的程序源代码。

2) 单击"File"→"Save"选项（或单击对应的快捷按钮），保存文件，这时会弹出如图 5-4 所示的"Save As"对话框。

图 5-4　"Save As"对话框

3）在"Save As"对话框中，选择"保存在（I）"的保存目录与所属的工程目录一致，然后在"文件名（N）"窗口中输入新建文件的名字，如果是 C51 语言编程，则文件名的扩展名应为".c"；如果用汇编语言编程，那么文件名的扩展名应为".asm"。完成上述步骤后单击"保存"即可，这时新文件已经创建完成。

（2）添加文件

C51 编写的程序要添加到对应的工程中才能使用。添加过程如下。

1）在工程栏中，右键单击"Source Group1"，选择"Add File to'Source Group1'"选项。

2）出现"Add File to'Source Group1'"所示的对话框如图 5-5 所示。在该框中选择要添加的文件，比如"led1.c"，单击这个文件后，单击"Add"按钮，再单击"Close"按钮，文件已经添加在工程栏"Source Group1"目录下了。

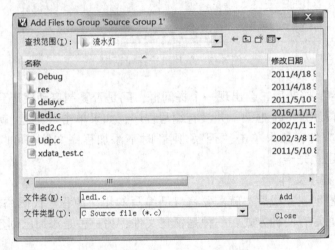

图 5-5　工程中添加程序对话框

4. 程序的编译与调试

对已经添加了程序文件的工程，就可以进行编译和调试，最终生成能够下载执行的.hex 文件，步骤如下。

（1）程序编译

单击工具栏中的"Build"或"Rebuild"快捷按钮，对当前文件进行编译。

Build：用来编译、连接当前工程中的所有文件，并产生相应的.hex 目标文件。

Rebuild：用于编辑修改过的工程文件，重建整个工程，并产生相应的.hex 目标文件。

编译后，在编译信息栏会出现提示信息。若程序语法有错误，会出现错误提示，指出错误行号、错误内容及代码，改正后重新编译，直至没有错误为止。

（2）程序调试

程序编译没有错误后，就可以进行调试与仿真。单击开始/停止调试的快捷按钮（或在主界面单击"Debug"菜单中的"Start/Stop Debug Session"选项），进入程序调试状态，如图 5-6 所示。

在程序调试状态下，可运用快捷按钮进行单步、跟踪、断点及全速运行等方式的调试，也可观察单片机资源的状态，例如程序存储器、数据存储器、特殊功能寄存器、变量寄存器

图 5-6　程序调试状态窗口

及 I/O 口的状态。

图 5-6 中，左面的工程窗口给出了常用的寄存器 R0～R7 以及 A、B、SP、DPTR、PC、PSW 等特殊功能寄存器的值，这些值会随着程序的执行发生相应的变化。

右下方存储器窗口可以观察存储器中数据的情况，在地址栏处输入 0000H 后回车，则可查看单片机片内程序存储器的内容，单元地址前有 "C:"，表示程序存储器。如要查看单片机片内数据存储器的内容，在存储器窗口的地址栏处输入 D：00H 后回车，则可以看到数据存储器的内容。

图 5-7 中的快捷键图标大多数是与菜单栏命令 "Debug" 下拉菜单中的各项子命令对应。下面从左到右介绍快捷键的功能。

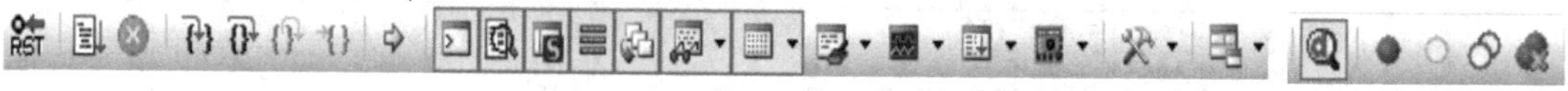

图 5-7　程序调试快捷键

Reset：	CPU 复位。
Run：	全速执行程序。
Stop：	停止执行程序。
Step Into：	逐条指令执行程序。
Step Over：	逐条语句执行程序，被调用的函数作为一条语句被执行。
Step Out：	执行返回，将 PC 指针返回到调用此函数语句的下一条语句。
Run To Cursor：	程序运行到光标行。
Show Next Statement：	显示下一条将被执行的命令。
Command Windows：	命令窗口打开和关闭。

Disassembly Windows：	反汇编窗口打开和关闭。
Sembol Windows：	运行程序的符号窗口打开和关闭。
Registers Windows：	寄存器窗口打开和关闭。
Call Stack Windows：	调用栈观察窗口（加入 Watch Windows 中观察）。
Watch Windows：	观察窗口，可以用来对当前执行程序的局部变量、设置观察点的值以及子程序的调用情况进行观察。
Memory Windows：	存储器窗口打开和关闭。
Serial Windows：	串行通信窗口打开和关闭。
Analysis Windows：	分析窗口打开和关闭，可选逻辑分析、执行情况分析和代码范围分析。
Trace Windows：	观察窗口打开和关闭。
SestemViewer Windows：	系统观察者窗口。
Toolbox：	工具箱打开后关闭。
Debug Restore Views：	Debug 界面恢复为默认状态。
Start/Stop Debug Session：	进入或退出 μVision4 Debug 方式。
Insert/Remove Breakpoint：	在当前程序的光标处插入/删除一个断点。
Enable/Disable Breakpoint：	激活/禁止当前光标指向的断点。
Disable All Breakpoints：	禁止所有已设置的断点。
Kill All Breakpoints：	取消所有已设置的断点。

5. 工程的设置

工程创建后，还需对工程进一步设置。右键单击工程窗口的"Target 1"，选择"Options for Target'Target1'"，即出现工程设置对话框，如图 5-8 所示。该对话框下有多个页面，根据需要选择设置，不设置的则用默认值。

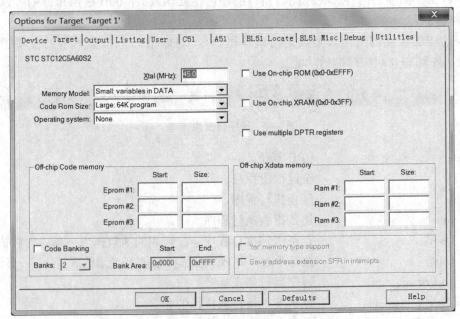

图 5-8　工程设置对话框 Target 页面

（1）Target 页面

1）Xtal（MHz）—设置晶振频率值，默认值是所选目标 CPU 的最高可用频率值，可根据需要重新设置。该设置与最终产生的目标代码无关，仅用于软件模拟调试时显示程序执行时间。

2）Memory Model—设置 RAM 的存储器模式，有已介绍的 Small、Compact、Large 三个选项

3）Code Rom Size—设置 ROM 空间的使用，即程序的代码存储器模式，有以下三个选项。

① Small：只使用低于 2 KB 的程序空间。

② Compact：单个函数的代码量不超过 2 KB，整个程序可以使用 64 KB 程序空间。

③ Large：可以使用全部 64 KB 程序空间。

4）Use on-chip ROM—是否仅使用片内 ROM 选项。

5）Operation—操作系统选项。Keil 提供了两种操作系统：Rtx-51 tiny 和 Rtx-51 full。通常不选操作系统，所以选用默认项 None。

6）off-chip Code Memory—用于确定系统扩展的程序存储器的地址范围。

7）off-chip Xdata Memory—用于确定系统扩展的数据存储器的地址范围。

上述 3 个选项必须根据所用硬件来决定，如果是最小应用系统，不进行任何扩展，则按默认值设置。

（2）Output 页面

单击"Options for Target'Target1'"窗口的"Output"选项，会出现 Output 页面，如图 5-9 所示。

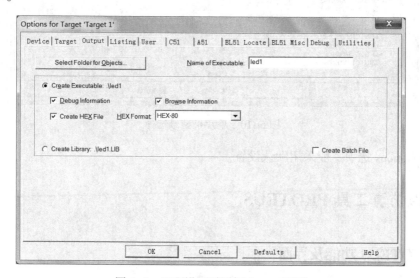

图 5-9　工程设置对话框 Output 页面

1）Create HEX File—生成可执行文件代码文件。选择此项后即可生成单片机可以运行的二进制文件（.hex 格式文件），文件的扩展名为 .hex。

2）Select Folder for objects—选择目标文件所在的文件夹，默认与工程文件在同一文件

夹中。

3）Name of Executable—指定最终生成的目标文件的名字，默认与工程文件相同。

4）Debug information—将会产生 Debug 调试信息，如果需要对程序进行调试，应选中该项。

其他选项选默认即可。

（3）Device 页面

单击"Options for Target'Target1'"窗口的"Device"选项，会出现 Device 页面如图 5-10 所示。

这主要是用来选择所使用的单片机型号。单片机型号不同功能，对编译产生的执行代码也有不同，所有必须正确选择所使用的单片机型号。单片机选择可以在创建工程时选择，也可以在这里选择、修改，或者在"File"菜单下的"Device Database…"主菜单进行选择、修改。

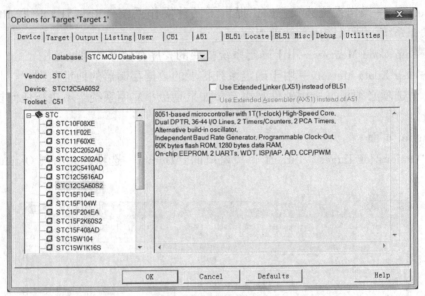

图 5-10　单片机型号选择

其他的 Options 选项一般采用默认设置。

5.2　虚拟仿真工具 PROTEUS

5.2.1　PROTEUS 功能及界面

1. PROTEUS 功能概述

PROTEUS 是 Lab Center Electronics 公司于 1989 年推出，为单片机应用系统开发提供了功能强大的虚拟仿真工具，能够对硬件、软件以及系统运行情况进行仿真及测试。

PROTEUS 提供了大量的仿真设备和元器件，有 30 多个元件库、近 8000 个数字和模拟元件模型（包括各种单片机、常用逻辑电路），有各种调试工具、测试仪器、显示器、虚拟仪器及调试信号等。利用 PROTEUS 可实现单片机及外围电路的仿真，如单片机软硬件仿真运行、模拟电路仿真、数字电路仿真、RS-232 动态仿真、I²C 调试器、SPI 调试器、键盘和 LCD 系统仿真等。

PROTEUS 具有四大功能模块：智能原理图设计（ISIS）、完善的电路仿真功能（PROS-PICE）、独特的单片机协同仿真功能（VSM）和实用的 PCB 设计平台。

PROTEUS 主要特点如下。

1）能对模拟电路、数字电路进行仿真。

2）强大的电路原理图绘制功能。

3）支持各种主流单片机仿真，如 8051 系列、8000 系列、AVR 系列、PIC12/16/18 系列、Z80 系列、HC11、MSP430 等主流系列单片机，以及各种外围可编程接口芯片。此外还支持 ARM7、ARM9 以及 TI 公司的 2000 系列某些型号的 DSP 仿真。

4）元件库中具有几万种元件模型，可直接对 RAM、ROM、总线驱动器、各种可编程外围接口芯片、LED 数码管显示器、LCD 显示模块、矩阵式键盘、实时时钟芯片以及多种 D/A 和 A/D 转换器等进行仿真。虚拟终端还可对 RS-232 总线、I²C 总线、SPI 总线动态仿真。

5）提供了各种信号源和丰富的虚拟仿真仪器，如示波器、逻辑分析仪、信号发生器计数器、电压源、电流源、电压表及电流表等。并能对电路原理图的关键点进行虚拟测试。除仿真现实存在的仪器外，还提供与示波器作用相似的图形实时显示功能，可以清晰地观察到程序和电路设计调试中的细节，发现设计中的问题。

6）提供了丰富的调试功能。在虚拟仿真中具有全速、单步及设置断点等调试功能，同时可观察各变量、寄存器的当前状态。

7）支持第三方的软件编译和调试环境，如 Keil C51 μVision3、MPLAB（PIC 系列单片机的 C 语言开发软件）等。

所以在单片机系统开发中，可以先在 PROTEUS 环境下画出系统的硬件电路图，在 Keil C51 μVision 环境编译对应的程序，然后在 PROTEUS 下仿真调试，依照仿真的结果，用硬件设计工具（如 Protel 等）对电路硬件原理图和 PCB 图进行实际设计，并把仿真通过的程序代码烧录到单片机中。这样可以较快速高效地实现单片机应用系统设计过程。

2. PROTEUS ISIS 的虚拟仿真界面

ISIS（智能原理图设计）界面用来绘制单片机系统的电路原理图，在该界面下，还可进行单片机系统的虚拟仿真。当电路连接完成无误后，单击单片机芯片载入经调试通过生成的.hex 文件，直接单击仿真运行按钮，即可实现各种功能的逼真效果，非常直观检验电路硬件及软件设计的对错。

（1）ISIS 各窗口简介

在 PC 上安装好 PROTEUS，启动后选择 ISIS 功能图标，即进入如图 5-11 所示的 PRO-TEUS ISIS 原理电路图绘制界面（以汉化 7.5 版本为例）。界面由原理图编辑窗口、预览窗口、工具箱、主菜单栏及主工具栏等组成。

ISIS 界面主要有 3 个窗口：原理图编辑窗口、预览窗口和对象选择窗口。

1）原理图编辑窗口。用来绘制电路原理图，元件放置、电路设置都在此框中完成。该窗口没有滚动条，用户可用预览窗口来改变原理图的可视范围。

2）预览窗口。一方面是整张原理图的缩略图，选中其中的局部，可在原理图编辑窗口

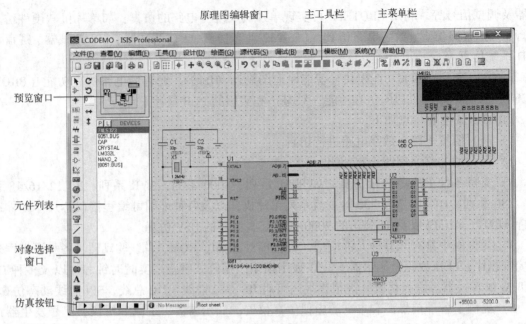

图 5-11   PROTEUS ISIS 界面

居中显示这部分的器件和电路，对于较大的原理图，要查看其中一部分时特别有用；也可以在元件列表中选择一个元件名称，此时会在窗口中显示该元件的预览图。

3）对象选择窗口。用来从器件库中选取电路原理图中所有的元器件。用按钮〈P〉（库中选取）可以从系统的器件库中选取元器件，被选择的元器件列表显示在窗口中。

（2）主菜单栏

图 5-11 最上面一行为主菜单栏，包含主菜单有文件、查看、编辑、工具、设计、绘图、源代码、调试、库、模板、系统和帮助。以下介绍菜单的一些常用项。

1）"文件（File）"菜单。

"文件"菜单如图 5-12 所示，包括工程的新建设计、打开设计、导入位图、导入区域、导出区域和打印等操作。ISIS 的文件类型有设计文件（Design Files）、部分文件（Section Files）、模块文件（Module Files）和库文件（Library Files）。

设计文件包括一个电路原理图及其所有信息，文件扩展名为".DSN"，用于虚拟仿真。

从部分的原理图可以导出部分文件，然后读入到其他文件里。这部分文件的扩展名为".SEC"，可用图 5-12"文件"菜单中"导入区域（I）"和"导出区域（E）"命令来读和写文件。模块文件的扩展名为".MOD"，模块文件可与其他功能一起使用，来实现层次设计。

符号和元器件的库文件扩展名为".LIB"。

图 5-12   "文件"菜单

下面介绍"文件"菜单下的主要几个子命令。

新建设计：将清除原有设计数据，出现一个空的 A4 纸。新设计的默认名为 "UNTITLED. DSN"，在保存时可以修改文件名。

打开设计：用来装载一个已有的设计。

保存设计：可在退出 ISIS 或其他任何时候保存设计。

另存为：把设计以另一个文件名保存。

导入区域/导出区域："导出区域"把当前选中的对象生成一个局部文件。该局部文件可使用"导入区域"到另一个设计中。

退出：退出 ISIS 系统。

2）"查看（View）"菜单。

"查看"菜单如图 5-13 所示，包括原理图编辑窗口定位、网格的调整及图形缩放等基本常用工具和工具条的选用。

重画：刷新显示。

网格：原理图编辑窗口网格显示开关。

原点：是否显示手动原点。

平移：以鼠标所在位置为原理图居中位置移动原理图。

放大：原理图放大。

缩小：原理图缩小。

Snap 组：网格密度调整。

工具条：选择工具条的显示或隐藏，包括文件工具条、查看工具条、编辑工具条和设计工具条。

3）"编辑（Edit）"菜单。

"编辑"菜单实现各种编辑功能，如剪切、复制、粘贴、置于下层、置于上层、清理、撤销、重做、查找并编辑元件等命令。

4）"工具（Tools）"菜单。

"工具"菜单如图 5-14 所示。菜单中的"自动连线（W）"在绘制电路原理图中用到；菜单中的"电气规则检查（E）"命令可对绘制完毕的电路原理图进行是否符合电气规则的检查。

自动连线：原理图进行自动连线的开关，用来使能/禁止自动连线器。

查找并选中：在设计图中查找并选中对象。

属性设置工具：设置原理图中不同对象类型、动作及应用等。

5）"设计（Design）"菜单。

"设计"菜单如图 5-15 所示，具有编辑设计属性、编辑页面属性、配置电源、新建一张原理图、删除原理图、转到上一张原理图、转到下一张原理图、转到子原理图及转到主原理图等功能。

6）"绘图（Graph）"菜单。

"绘图"菜单如图 5-16 所示，具有编辑图形、增加跟踪图线、仿真图形、查看日志、导出数据、清除数据、一致性分析以及批处理模式一致性分析功能。

7）"源代码（Source）"菜单。

"源代码"菜单如图 5-17 所示，具有添加/删除源文件、设定代码生成工具、设置外部文本编辑器以及全部编译功能。

图 5-13 "查看"菜单　　　图 5-14 "工具"菜单　　　图 5-15 "设计"菜单

8）"调试（Debug）"菜单。

"调试"菜单如图 5-18 所示，主要完成单步运行、断点设置等功能。

图 5-16 "绘图"菜单　　　　　　图 5-17 "源代码"菜单

9）"库（Library）"菜单。

"库"菜单如图 5-19 所示，主要选择元器件及符号、制作元件、制作符号、封装工具、分解、编译到库中、自动放置库文件、检验封装以及库管理等功能。

 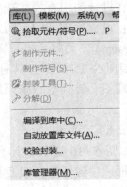

图 5-18 "调试"菜单　　　　图 5-19 "库"菜单

10）"模板（Template）"菜单。

"模板"菜单如图 5-20 所示，主要完成模板的各种设置，如图形、颜色、字体及连线等功能。

11）"系统（System）"菜单。

"系统"菜单如图 5-21 所示，它具有系统信息、文本浏览器、设置系统环境及设置路径等功能。

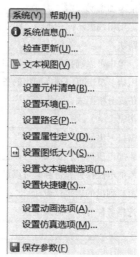

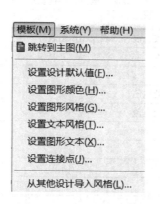

图 5-20　"绘图"菜单　　　　　图 5-21　"系统"菜单

12）"帮助（Help）"菜单。

"帮助"菜单用来读取帮助文档和版本信息。

（3）主工具栏

图 5-11 中，主菜单下面为主工具栏，以图标形式给出，栏中共有 38 个快捷图标按钮，其图标形式及功能和菜单栏中的命令图标一致，用鼠标单击就可以实现某个操作，比通过菜单操作更快捷方便。

（4）工具箱

图 5-11 最左侧为工具箱，通过工具箱图标按钮，可以选择不同的操作工具。对象选择窗口根据不同的工具箱图标显示不同的内容，包括元器件、终端、引脚、图形符号、标注和图表等。

表 5-1 介绍了工具箱中各图标按钮的功能。

（5）仿真按钮

在对象选择窗口下方有一排仿真按钮，如图 5-22 所示。

图 5-22　仿真按钮

仿真按钮从左到右依次如下。

开始按钮：开始执行当前应用系统仿真；

帧进按钮：单步执行程序进行仿真调试；

暂停按钮：暂停仿真运行，停止在当前仿真运行位置；

停止按钮：停止仿真运行，退出仿真。

表 5-1 绘图工具箱功能

分类	图标	功 能 说 明
模型工具栏图标		选择光标
		元件模式。在元件列表中选择元件
		放置电路连接点
	LBL	标注线标签或网络标号的方法连接电路
		在电路图中添加说明文本
		绘制总线。用粗线表示同一类信号线
		绘制子电路块
		选择端子。单击可以选择常用端子，如输入、输出、双向、电源、接地及总线等
		选择元件引脚。单击可以选择列出的各种引脚
		选择中的仿真分析图表，如模拟图表、数字图表、混合图表及噪声图表等
		电路分隔仿真
		选择选择窗口列出的信号源
		在电路中添加电压探针，仿真时可以显示探针处电压
		在电路中添加电流探针，仿真时可以显示探针处电流
		选择选择窗口列出的虚拟仪表
2D图形模式图标		画线。可选择各种专用的画线工具
		画方框
		画圆
		画弧线
		圆形弧线模式
	A	图形文本模式
	S	图形符号模式
		2D 图形标记模式
旋转翻转图标		顺时针旋转 90°
		逆时针旋转 90°
		元件水平镜像旋转
		元件垂直镜像旋转

5.2.2 PROTEUS ISIS 虚拟仿真环境设置

1. PROTEUS ISIS 的编辑环境设置

PROTEUS ISIS 编辑环境的设置主要是指模板的选择、图纸的选择、图纸的设置和网格格点的设置。

（1）选择模板

模板主要控制电路图的外观信息，比如图形格式、文本格式、设计颜色、线条连接点大小和图形等。在"菜单"项中单击"模板"按钮，出现如图 5-20 所示的下拉菜单。单击"设置设计默认值"，可编辑设计的默认选项。

（2）选择图纸

选择图纸是指设置纸张的型号、标注的字体等。图纸的格点将为放置元器件、连接线路带来很多方便。在 ISIS 菜单栏中选择"系统" → "设置图纸尺寸"菜单项，在出现的对话框中，可选择 A0~A4 号图纸或自定义图纸大小。

（3）设置文本编辑器

在菜单栏中选择"系统"→"设置文本编辑选项"，在出现的对话框中，可对文本的字体、字形、大小、效果和颜色等进行设置。

（4）网格开关与格点间距设置

如图 5-13 所示，可通过"Snap 10th""Snap 50th""Snap 0.1in""Snap 0.5in"项，调整格点间距（默认值为 0.1in）。

2. PROTEUS ISIS 的系统运行环境设置

在 PROTEUS ISIS 主界面中选择"系统"→"设置环境（E）"子菜单项，即可打开如图 5-23 所示的系统环境设置对话框。

对话框包括如下设置。

自动保存时间：设置自动保存设计文件的间隔时间。

撤销的步数：设置可撤销操作的步数。

工具注释延迟时间（毫秒）：设置工具提示延时。

文件菜单下最近打开的文件数目：设置文件菜单项中显示最近打开过的文件名的数量。

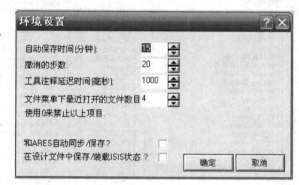

图 5-23　环境设置对话框

和 ARES 自动同步/保存？：在保存设计文件时，是否自动同步/保存 ARES，勾选确认。

在设计文件中保存/加载 ISIS 状态？：是否在设计文档中保存/加载 PROTEUS ISIS 状态，勾选确认。

5.2.3　单片机系统电路的 PROTEUS 虚拟设计与仿真

1. 虚拟设计与仿真步骤

在 PROTEUS 开发环境下的一个单片机系统的设计与虚拟仿真应分为 3 个步骤。

（1）PROTEUS ISIS 下的电路设计

首先在 PROTEUS ISIS 环境下完成一个单片机应用系统的电路原理图设计，包括选择各种元器件、外围接口芯片等，以及电路连接、电气检测等。设计过程如图 5-24 所示。

（2）源程序设计与生成目标代码文件

在 Keil μVision 平台上进行相应工程的建立、源程序的设计、编译与调试，并生成目标代码文件（*.hex 文件）。

（3）调试与仿真

在 PROTEUS ISIS 平台下将目标代码文件（*.hex 文件）加载到单片机中，在 PROTEUS ISIS 下的 VSM 模式下，对系统进行虚拟仿真，也可使用 PROTEUS ISIS 与 Keil μVision 进行联合仿真调试。

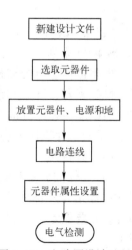

图 5-24　电路图设计过程

2. 电路原理图绘制

（1）选择元器件

在电路设计前，要把设计电路原理图中需要的元器件选择到元件列表中。

双击元件列表框，就会出现"Pick Devices"窗口，如图5-25所示，在窗口双击选中的元器件，在元件列表中就会添加该元件。所有元件选取完毕后，单击"确定"按钮，即可关闭"Pick Devices"窗口，回到主界面进行原理图绘制。

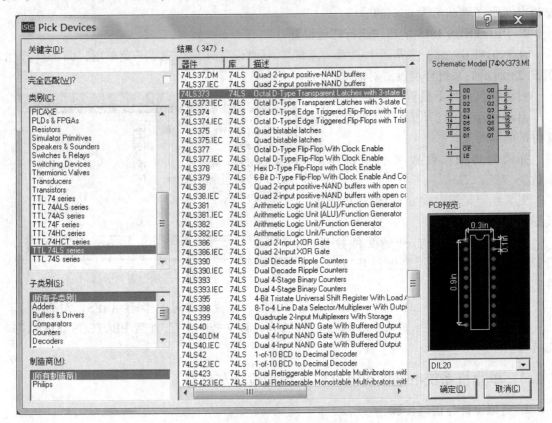

图5-25　元器件选择对话框

"Pick Devices"窗口有通用的30多类元器件可被选用，包括74LS系列集成电路、CMOS 4000系列集成电路、A/D和D/A转换器、LCD显示器、LED显示器、可编程逻辑器件、电阻器件、电容器件、电感器件、运算放大器、各类标准连接器、各种晶体管、存储器、微处理器、开关和继电器及电子管等。需要注意的是，一些新出现的器件没有包括其中，STC系列单片机也不在其中。因此，要对STC单片机应用仿真，可选用具有相同功能的51系列单片机作为仿真电路的单片机，亦可以实现大部分主要功能的仿真。

（2）放置元件

1）元件的放置和删除。

放置元件只要对元件列表中选择的元器件，用鼠标"拖动"到原理图窗口适当的位置即可。若要删除已放置的元件，用鼠标左键单击该元件，然后选右键菜单"删除"功能即可。

在电路原理图设计中，还需要"电源"和"地"等终端，单击工具栏中的"选择端子"按钮，就会出现各种终端列表，可以用与元件放置相同的方法在电路原理图中放置或删除终端。

2）元件位置的调整。

对电路原理图中的元件，用鼠标"拖动"可以改变元件在原理图中的位置；对图中的元件，用右键菜单可以改变元件的旋转角度。

3）元件参数设置。

用鼠标双击原理图编辑窗口中需要设置参数的元件，就会出现"编辑元件"对话框，如图5-26所示为某一原理图电路中单片机AT89C51的"编辑元件"对话框，可以设置元件参考号、元件值、Program File（程序文件）、Clock Frequency（单片机的晶振频率）及PCB Package（PCB封装）等参数。

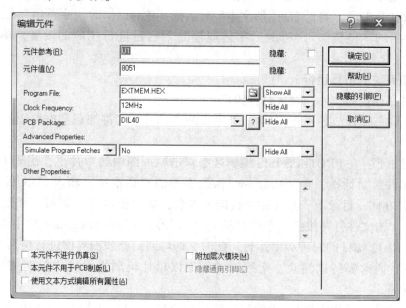

图5-26　编辑元件对话框

（3）连接电路

1）两点连接。

两元件间绘制导线：在元件模式快捷按钮与自动布线器快捷按钮按下时，先单击第一个元件的连接点，再单击另一个，即可在两点间自动连线；若想自己决定走线路径，只需在希望的拐点处单击鼠标左键，拐点处则产生直角拐点；若连线前松开自动布线器快捷按钮，导线可按任意角度走线，拐点处导线的走向只取决于两个拐点间的直线。

连接导线连接的圆点：单击连接点按钮，会在两根导线连接处或两根导线交叉处添加一个圆点，表示它们是连接的。

导线位置的调整：用鼠标选中导线，然后单击右键出现菜单，可以对该导线拖拽或旋转。

2）绘制总线与总线分支。

总线绘制：单击工具栏"总线模式"图标按钮，移动鼠标到绘制总线的起始位置，单击左键，便可绘制出一条总线。在总线的终点处双击左键，即结束总线的绘制。其拐点及走向和连线一样。

总线分支绘制：为了使电路图显得专业和美观，通常把总线分支画成与总线成45°角的相互平行的斜线，此时一定要把自动布线器快捷按钮松开，总线分支的走向只取决于鼠标指针的拖动。

3）放置线标签。

放置线标方法如下：单击工具栏的"连线标号模式"图标，再将鼠标移至需要放置线标的导线上并单击，即会出现"Edit Wire Label"对话框，将线标填入"标号"栏，根据需要选择其他选项，最后单击"确定"按钮即可。与总线相连的导线必须要放置线标，这样连接着相同线标的导线才能够导通。

4）在电路原理电路图中书写文字。

先单击左侧工具栏中的图形文本模式的快捷按钮，然后鼠标单击电路原理图要书写文字的位置，这时就会出现"编辑2D图形文本"对话框。在对话框的"字符串"栏目中写入文字，然后对字符的"位置"、字符的"字体属性"等栏目进行相应的设置。单击"确定"即可完成。

3. 单片机系统的仿真运行

（1）加载目标代码文件、设置时钟频率

电路图绘制完成后，把 Keil μVision 下生成的".hex"文件加载到电路图的单片机内即可进行仿真。

加载步骤如下：在 PROTEUS ISIS 编辑区中双击原理图中的单片机，出现如图 5-26 所示的"编辑元件"对话框，在"Program File"右侧的对话框中，输入 .hex 目标代码文件（与 .DSN 文件在同一目录下，直接输入代码文件名，如"流水灯"即可，否则要写出完整的路径，也可单击文件打开按钮，选取目标文件）。再在 Clock Frequency 栏中设置 12 MHz，该虚拟系统则以 12 MHz 的时钟频率运行。此时，即可回到原理图界面进行仿真了。

加载目标代码时需特别注意，运行时钟频率以单片机属性设置中的时钟频率（Clock Frequency）为准。

需要注意的是，在 PROTEUS 中绘制电路原理图时，8051 单片机最小系统所需的时钟振荡电路和复位电路，其引脚与+5 V 电源的连接均可省略，不影响仿真效果。所以在本书各案例仿真时，有时为了使原理电路图清晰，时钟振荡电路和复位电路的引脚与+5 V 电源的连接均可省略不画，不会影响仿真的结果。

（2）仿真运行

完成上述操作后，单击 PROTEUS ISIS 界面中的快捷仿真运行命令按钮（如图 5-22 所示）运行程序即可。

5.2.4 PROTEUS 的虚拟仿真调试工具

在 PROTEUS 虚拟仿真中，经常需要利用一些仪器仪表为系统调试提供条件，为此 PROTEUS 提供了多种虚拟仿真工具，这为单片机系统的电路设计、分析以及软硬件联调测试带来了方便。

1. 虚拟激励信号源

（1）虚拟激励信号源类型

PROTEUS ISIS 为用户提供了多种类型的虚拟激励信号源，并允许用户对其参数进行设置。单击图 5-11 左侧工具箱中的"激励信号源模式"快捷图标，在元件列表窗口就会出现如图 5-27 所示的激励信号源的名称列表及对应的符号。图中选择的是时钟脉冲信号源，在预览窗口中显示的是时钟脉冲信号源符号。列表中各符号所对应的激励信号源见表 5-2。

表 5-2　PROTEUS ISIS 的虚拟激励信号源

符　　号	信号源名称	说　　明	参 数 设 置
DC	直流信号源	产生直流电压或电流	电压（V）/电流（A）
SINE	正弦波信号源	产生正弦波信号	幅度、频率、初相位
PULSE	脉冲发生器	产生脉冲信号	高/低电平、跳沿时间、频率、占空比
EXP	指数	产生指数函数发生器	高/低电平、上升/下降的开始时间和续时间
SFFM	单频 FM	产生等频率调制信号	电压幅度、载波频率、调制系数、信号频率
PWLIN	分段线型脉冲	产生分段脉冲信号	分段设置、上升/下降时间设置
FILE	文件	选取文件为激励源	选取文件
AUDIO	音频信号发生器	产生音频信号	选择音频文件、信号幅度、补偿电压、选择声道
DSTATE	单稳态逻辑电平发生器	产生单稳态信号	单稳态信号状态设置
DEDGE	跳沿信号发生器	产生跳沿信号	选择上/下跳沿、设置第一个跳沿时间
DPULSE	单周期数字脉冲发生器	产生单脉冲信号	选择正/负脉冲、设置脉冲时间和宽度
DCLOCK	数字时钟信号发生器	产生数字时钟信号	选择时钟类型、设置时钟时间和频率
DPATTERN	图案	产生脉冲序列波形	初态、占空比、脉冲序列、位模式

（2）信号源的放置

在图 5-27 所示的激励源的名称列表中，用鼠标单击选中某个信号源，如图中选中 DCLOCK，然后在原理图绘制窗口双击左键，则被选中的信号源被放置到原理图编辑窗口中。可使用鼠标拖动、镜像、翻转工具调整该信号源在原理图中的位置。

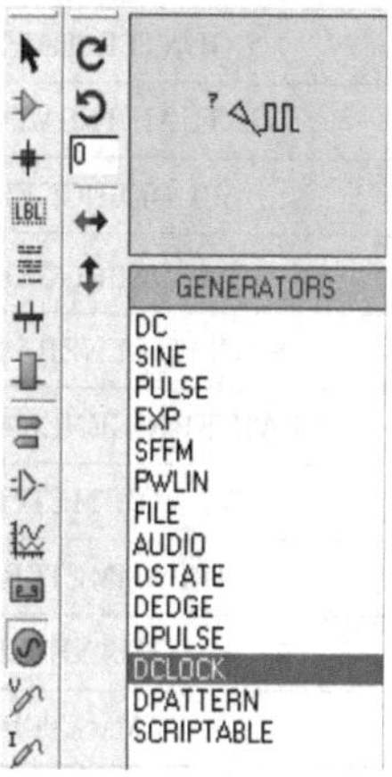

（3）属性设置

1）用鼠标双击原理图编辑区中的信号源符号，出现如图 5-28 所示的属性设置对话框。

2）在设置对话框的"模拟类型"栏中选择对应的信号源，则对话框的右边会出现相关的设置项目。如图 5-28 所示选择了正弦波信号源。

图 5-27　激励信号源

3）根据仿真要求对信号源进行设置。如图 5-28 中要对正弦波的幅度、频率及初相位进行设置。

4）对每一个被使用的信号源，一般都应该给出信号源名称，以便于区分和使用。

5）单击"确定"按钮，完成属性设置。

2. 虚拟仪器

（1）虚拟仪器类型

PROTEUS ISIS 为用户提供了多种虚拟仪器，单击工具箱中的"虚拟仪器模式"快捷按钮，可列出所有的虚拟仪器名称，如图 5-29 所示。列表中各符号所对应的虚拟仪器见表 5-3。

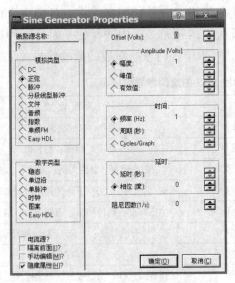

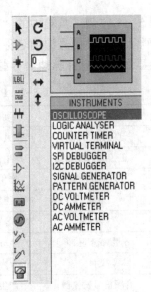

图 5-28　信号源属性设置对话框　　　　图 5-29　虚拟仪器列表

表 5-3　PROTEUS ISIS 的虚拟仪器

符　号	仪器名称	说　明
OSCILLOSCOPE	示波器	对信号波形测量
LOGIC ANALYSER	逻辑分析器	对数字信号逻辑分析
COUNTER TIMER	计数器	对定时脉冲计数
VIRTUAL TERMINAL	虚拟终端	键盘和屏幕
SPI DEBUGGER	SPI 调试器	SPI 总线设备调试
I²C DEBUGGER	I^2C 调试器	I^2C 总线设备调试
SIGNAL GENERATOR	信号发生器	产生常规信号源
PATTERN GENERATON	图像生成器	产生不同周期和脉宽的方波
DC VOLTMETER	直流电压表	直流电压测量
DC AMMETER	直流电流表	直流电流测量
AC VOLTNETER	交流电压表	交流电压测量
AC AMMETER	交流电流表	交流电流测量

（2）虚拟仪器的放置

在图 5-29 所示的虚拟仪器的名称列表中，用鼠标单击选中某个虚拟仪器，如图中选中 OSCILLOSCOPE（示波器）。然后在原理图绘制窗口双击左键，则被选中的虚拟仪器被放置到原理图编辑窗口中。可使用鼠标拖动、镜像、翻转工具调整该虚拟仪器在原理图中的位置。

（3）虚拟仪器的使用

1）正确设置虚拟仪器的属性。用鼠标双击原理图编辑区中的虚拟仪器，出现相应的编辑元件属性对话框。在对话框中可以修改虚拟仪器属性，使属性和被连接信号的参数一致即可。

2）正确连接输入/输出接线端。把使用的虚拟仪器的端口正确连接到需要了解的电路图中。连接方法是：在虚拟仪器的对外连接端口和外部电路的端口之间，用两点间连线的方法连接。

3）单击仿真按钮开始仿真。有些虚拟仪器的面板上有一些虚拟操作的旋钮、键盘或按钮等，在仿真运行时可以用来进行虚拟仪器操作。

下面以虚拟示波器的使用为例，了解和熟悉虚拟仪器的使用过程。

1）用"新建设计"建立一个空白的原理图编辑窗口。

2）在窗口中放置一个虚拟示波器。

3）在窗口中放置正弦波、脉冲波、时钟信号和直流电压4个信号源，对信号源进行参数设置，比如正弦波的幅度、频率，脉冲信号的频率及占空比等。

4）示波器的4个接线端A、B、C、D分别接4路输入信号信号源，如图5-30所示。

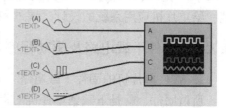

图5-30　示波器连接4个信号源

5）单击仿真运行按钮，出现虚拟示波器的面板，显示4路信号的波形，如图5-31所示。

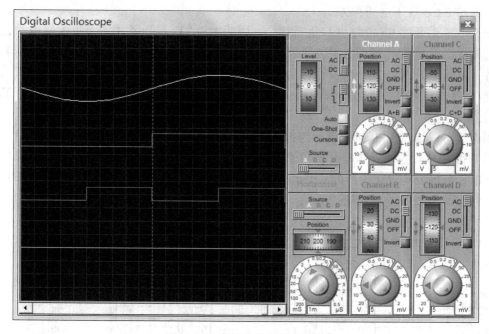

图5-31　虚拟示波器面板显示

6）通过仪器面板上的虚拟按钮来使用虚拟仪器进行测试："Position"滚轮旋钮用来调整波形的垂直或水平位移；"Level"滚轮旋钮用来调节水平坐标；A、B、C、D 4个通道的旋钮用来调整波形的Y轴增益，白色区域的刻度表示图形区每格对应的电压值，外旋钮是粗调，内旋钮是微调；周期选择旋钮调整扫描频率，四路信号的扫描频率相同；"Auto"按钮一般为红色选中状态，指出同步触发方式；"Cursors"光标按钮选中后变为红色，可以在图标区标注横坐标和纵坐标，从而读取波形的电压、时间值及周期。

5.3 单片机应用系统的实际调试

仿真工具的使用，给单片机的学习和设计带来了便利，但硬件制作完成后，还必须进行实际的系统调试。目前大多数单片机都支持程序的在线编程，也称在系统编程（In System Program，ISP），只需一条 ISP 串口下载线，就可以随时把 Keil C51 编译好的执行程序从 PC 写入单片机的 FLASH 存储器内，不需要专门的编程器。某些机型还支持在线应用编程（IAP），可在线升级或销毁单片机应用程序，省去了仿真器。国产的 STC 单片机具有 ISP 功能，给单片机应用系统的设计、调试和应用带来极大方便。

5.3.1 固件下载电路及驱动程序安装

1. STC 单片机的固件下载电路

所谓固件，就是下载到单片机的程序存储器的执行程序。不同的单片机程序下载的方式不同，STC 单片机是采用异步串行接口下载。PC 和 STC 单片机串行口连接通常可采用两种方式，一种是由 PC 的 RS-232 异步串行接口和单片机连接，一种是通过 USB 接口和单片机连接，图 5-32 表现了这两种方式。

图 5-32a 是通过 RS-232 接口进行连接，因为 RS-232 接口常用的是负逻辑电平，而单片机的异步串行是采用 TTL 电平，所以不能直接连接，需要进行电平转换。有多种电平转换芯片，电路中的 MAX232 是一种常用的转换芯片，它是美国 MAXIM 公司的全双工发送器/接收器接口电路芯片，可实现两组 TTL 电平到 RS-232C 电平、RS-232C 电平到 TTL 电平的转换。

图 5-32b 是通过 USB 接口进行连接。在很多笔记本型电脑上没有 RS-232 接口，所以通过把 USB 接口转换成异步串行接口来和单片机连接就成为必然的方式。电路中采用了南京沁恒电子有限公司设计生产的 CH340T 芯片，实现 USB 接口转变为异步串行接口的功能，芯片的外接晶振必须是 12 MHz。

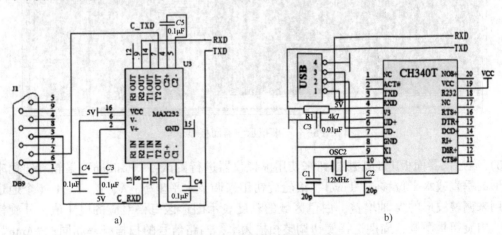

图 5-32　STC 单片机固件下载电路

a）异步串行接口　b）USB 接口

2. 接口驱动程序及其安装

在 PC 的 Windows 操作系统下，对 I/O 接口的管理和控制，都是通过相应的专门程序实现的，通常叫这种程序为驱动程序。RS-232 接口和 USB 接口连接一些标准设备的驱动程序系统已经具备，但是如果连接新的设备或接口，就需要有新的驱动程序来管理。USB 转串行接口是一种新的功能，要使用它，必须安装相应的驱动程序。

南京沁恒电子有限公司为 CH340T 接口电路提供了驱动程序 CH341SER，从网上下载到微机上解压缩后即可安装，安装的过程如下。

1）在微机 USB 接口连接好具有 CH340T 接口的单片机系统。

2）微机会自动检测到接入了新的设备，并提示安装驱动程序。

3）找到驱动程序的位置，确认后即会进行安装。

以上 2）、3）步也可以直接执行安装程序的 setup. exe 进行安装。

安装后即可检查是否安装成功，检查方法是在微机上对"计算机"或"我的电脑"图标，用右键菜单选择"管理"项，打开"设备管理器"，出现如图 5-33 所示窗口。若在中间的设备管理器栏的"端口"项中显示"USB-SERIAL CH340（COM12）"，即说明驱动程序安装成功，否则表示没安装成功，需要重新安装。其中（COM12）表示串行端口号是COM12，这是随机分配的。

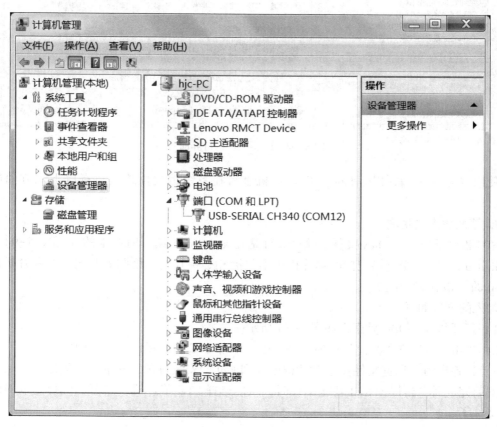

图 5-33　设备管理器窗口

5.3.2 STC-ISP 软件工具使用

下载接口连接成功后,即可进行程序下载。STC 单片机厂家为用户提供了各种 STC 序列单片机的 ISP 工具软件,可以实现下载、调试及学习等多种功能。运行后界面如图 5~34 所示。

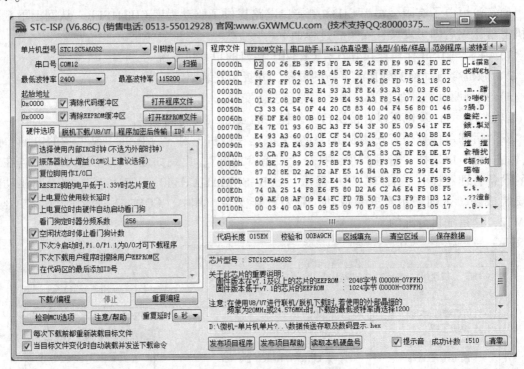

图 5-34　STC-ISP 运行界面

使用 STC -ISP 软件工具对 STC 单片机进行在系统编程操作时,有以下几方面需要注意。

1. 下载程序的生成

STC 程序下载的是 .hex 文件,这个文件是在 keil C51 编译时产生的(见图 5-9)。但是,Keil μVision 本身直接支持的单片机中不包括 STC 单片机,因此需要把 STC 单片机加入到 Keil 的 "Device" 中去。

加入的方法如下。

1)打开的 STC-ISP 界面,如图 5-34 所示。

2)单击 "keil 仿真设置" 选项,并单击 "添加 STC 仿真驱动到 keil 中"。

3)在弹出的 "浏览文件夹" 对话框中找到 keil 的安装目录,并单击 "确定"。

安装完成后,当打开 Keil 新建工程时,就能选择 STC 单片机,并可以编译生成对应的执行文件了。

2. ISP 下载编程操作

如果单片机应用系统电路正常,在如图 5-34 所示的界面下,下载编程过程如下。

1)在 "单片机型号" 下拉列表中正确选择单片机型号。

2）在"串行口"下拉列表中正确选择所使用的串行口。

3）用"打开程序文件"按钮选择和打开要下载的 .hex 文件。

4）单击"下载/编程"按钮，进入下载准备状态，在左下方的提示栏中会显示"正在检测目标单片机…"。

5）此时，断开后再接通单片机的电源（USB 接口电源保持），正常情况下，界面上会显示"下载/编程"的进程，程序即可写入单片机的 FLASH 中，下载完成后会显示"操作成功"。

界面的其他选项，一般按照默认设置，不需改变。

3. STC-ISP 软件的其他功能简介

STC-ISP6.86 版软件有 10 多个工具选项，其中一些工具对单片机应用系统的学习、设计和调试很有用，这里做些简要介绍。

1）串口助手：用来实现微机和单片机应用系统进行全双工异步串行通信实验，可以选择波特率和串行口，选择字符或十六进制码传输方式。

2）范例程序：汇集了 STC 单片机 13 个系列和开发板的应用程序共 300 多个，每个程序都用 C51 和汇编语言两种方法编程实现，便于比较、学习和参考。

3）波特率计算：对所使用的单片机，根据选择不同的晶振频率、波特率、帧格式及定时器工作方式，计算出传输误差率，并给出了相应的程序源代码。

4）软件延时计算：对所选择的单片机类型，根据设置的晶振频率和需要的延时时间，给出相应的程序源代码。

5）官方网站资源：提供下载 STC 各系列单片机的数据手册等资源。

6）指令表：给出了全部汇编指令及不同系列的 STC 单片机的汇编指令周期，便于了解不同型号单片机运行速度的差别。

7）头文件：可以参看 STC 单片机各系列的头文件内容。

8）封装脚位：可以参看 STC 单片机各系列芯片的封装形式和引脚信号。

5.4 习题

1. 单片机控制 LED 闪亮的仿真。

1）用 PROTEUS 绘制一个单片机 I/O 口应用电路，P1 口连接 8 个 LED，P2.0、P2.1 连接两个按钮 K1、K2。

2）用 Keil C51 完成程序编写，实现用按钮控制 LED 实现以下功能：K1 按下，显示流水灯；K2 按下，显示高、低 4 位交替闪亮；两个按钮同时按下，LED 显示二进制不断加 1 结果。

3）在 PROTEUS 平台上，对电路进行程序的仿真运行，达到要求效果。

2. 用实际的 STC 单片机实验装置构成题 1 的电路，通过在线编程下载程序到单片机中运行。

第6章 单片机的人机接口电路

单片机的 P0~P3 四个 I/O 口提供对外接口的基本功能，而"人-机对话"接口，在用户和单片机之间用键盘、显示等方法传输用户要求、表达运行状态等，往往是单片机应用的最基本要求。

6.1 单片机控制发光二极管

6.1.1 LED 连接方法

大部分发光二极管工作电流在 1~5 mA，其内阻为 20~100 Ω。电流越大，亮度也越高。

单片机并行端口 P1~P3 驱动发光二极管，可以采用如图 6-1 所示电路。其中，图 6-1a 为输出高电平驱动，图 6-1b 为输出低电平驱动。

当 P0 口引脚为高电平时可提供约 400 μA 的拉电流，为低电平时可提供 3.2 mA 的灌电流，P0 口每位可驱动 8 个 LSTTL 输入，而 P1~P3 口每一位驱动能力只有 P0 口的一半。P1~P3 口内有 30 kΩ 左右的上拉电阻。

由于 P1、P2 和 P3 口直接输出高电平的拉电流 I_d 仅几百 μA，驱动能力较弱，如果直接连接 LED，将致使 LED 亮度较差。如一定要高电平驱动，可在单片机与发光二极管间加驱动电路，如 74LS04、74LS373、74LS244 等。如图 6-1a 所示。

当引脚为低电平时，具有较大的驱动能力，能使灌电流 I_d 从单片机外部流入内部，因此将大大增加流过 LED 的电流值，如图 6-1b 所示。

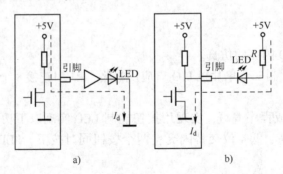

图 6-1　发光二极管与单片机并行端口的连接

a）高电平驱动　b）低电平驱动

6.1.2 LED 显示控制

对 I/O 口编程控制时，应该注意以下几点。

1）要对 I/O 口的连接电路进行分析，清楚硬件电路的工作原理及控制方法。图 6-2 给出了两种不同的连接电路。其中图 6-2a 在 P0 口外接了一片 8D 锁存器 74LS373，用来锁存 P0 口的输出信号并驱动连接的 LED 发光，P2.6 引脚用来作为锁存器的锁存控制信号，锁存器输出引脚为高电平时，对应的 LED 发光；图 6-2b 用单片机的 P1 口直接驱动 LED，P1 口

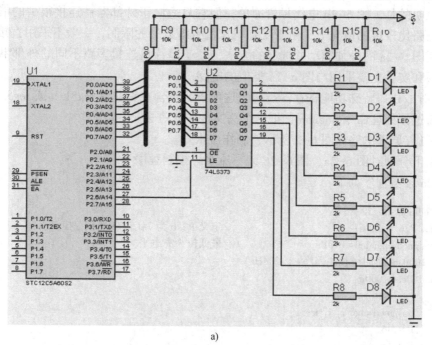

a)

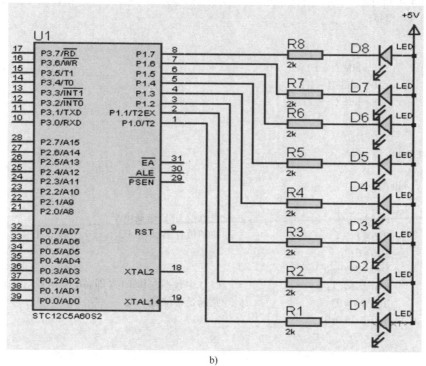

b)

图 6-2　单片机连接 LED 实例

a）驱动电路驱动　b）引脚直接驱动

的引脚为低电平时对应的 LED 发光。采用高电平驱动或低电平驱动，这两种电路的程序控制方法不一样。由第 2 章对 P0 口的学习可知，P0 口作为 I/O 引脚使用时，需要外接上拉电阻，图中 R9~R16 就是上拉电阻。

需要说明的是，图 6-2b 电路尽管简单，但它只适应于外部器件连接很少的情况，而当外部连接电路比较多的情况下，由于受到单片机引脚数量的限制，一般不采用直接驱动的方法，而采用图 6-2a 的外加驱动并选通的方法，便于单片机连接多路不同的外部器件。本书涉及的例题和实验主要采用与图 6-2a 类似的电路。

2）要对 I/O 口特殊功能寄存器声明，这项声明包含在头文件 reg51. h 或 reg52. h 中，编程时，可通过预处理命令#include，把这个头文件包含进去。

【例 6-1】 原理电路如图 6-2 所示，制作流水灯。

解：以下分别对图 6-2a、图 6-2b 编写流水灯控制程序。

图 6-2a 参考程序如下：

```
#include <reg52. h>
sbit P26 = P2^6;                    //定义 P2.6 为 74LS373 的锁存控制引脚
unsigned char led = 0x01;           //最低位为高电平
//1000 ms 延时子程序程序：（12 MHz）
void Delay1000ms( )
{
    unsigned char i, j, k;
    i = 46;
    j = 153;
    k = 245;
    do
      {do
        { while (--k);
        } while (--j);
      } while (--i);
}

void main( )
{
    while(1)
    {
        P0=led;                     //最低位 LED 送高电平
        P26=1;                      //控制锁存器锁存,P2.6 送 1 个高脉冲信号
        P26=0;
        Delay1000ms( );
        led=led<<1;                 //LED 中数据左移 1 位(即高电平信号左移 1 位)
        if(led==0)                  //判断是否移位 8 次
            led=0x01;
    }
}
```

以上程序中 led = led<<1 换成 led = led>>1，就可以实现相反方向的流水灯。

图 6-2b 参考程序如下：

```
#include <reg52. h>
#include <intrins. h>              //包含循环移位函数_crol_(  )的头文件
#define uchar unsigned char
#define uint unsigned int
void   delay(uint i)               //延时函数
    {
        uchar t;
        while (i--)
        {for(t=0;t<120;t++);}
    }
void   main(   )                   //主程序
    {  uchar temp=0xfe;
       P1=temp;                     //向 P1 口送出点亮数据,LED0 亮
       while (1)
       {  delay( 500 );            //延时参数 500
          temp=_crol_(temp,1);    //函数_crol_(temp,1)把 temp 中的数据循环左移 1 位
          P1=temp;
       }
    }
```

以上程序中循环左移函数_crol_换成循环右移函数_cror_就可以实现相反方向的流水灯。程序中都采用软件延时,并不要求它十分准确。

6.2 单片机控制 LED 数码管

6.2.1 数码管显示原理

LED 数码管实际上就是 8 个按一定形状制作的 LED,排列成"8"字形和一个小数点,如图 6-3a 所示。数码管按其公共端连接的方式分为共阳极和共阴极两种,共阴极数码管的阴极连在一起接地,如图 6-3b 所示;共阳极数码管的阳极连接在一起,接+5 V,如图 6-3c 所示。

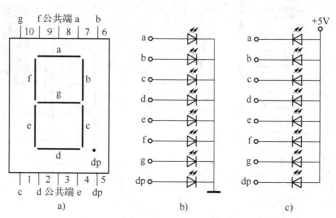

图 6-3 8 段 LED 数码管结构及外形
a) 外形及引脚 b) 共阴极 c) 共阳极

117

对于共阴极数码管，当某发光二极管阳极为高电平时，LED 点亮，相应段被显示。同样，对于共阳极数码管，当某个 LED 阴极接低电平时，该 LED 被点亮，相应段被显示。

为使 LED 数码管显示不同字符，要把某些段点亮，就要为数码管各段提供 1 字节的二进制码，即字型码（也称段码）。以 "a" 段对应字型码字节的最低位。各字符段码见表 6-1。

表 6-1　LED 数码管字形

显 示 字 符	共阴极字型码	共阳极字型码	显 示 字 符	共阴极字型码	共阳极字型码
0	3FH	C0H	C	29H	C6H
1	06H	F9H	D	5EH	1AH
2	5BH	A4H	E	79H	86H
3	4FH	B0H	F	71H	8EH
4	66H	99H	P	73H	8CH
5	6DH	92H	U	3EH	C1H
6	7DH	82H	T	31H	CEH
7	07H	F8H	y	6EH	91H
8	7FH	80H	H	76H	89H
9	6FH	90H	L	38H	C7H
A	77H	88H	"灭"	00H	FFH
b	7CH	83H	…	…	…

要控制数码管显示不同的字符，只要把对应字符的字形编码送到数码管的段输入端即可。

【例 6-2】电路如图 6-4 所示，利用单片机控制一个 8 段 LED 数码管循环显示 0~F 十六进制数。

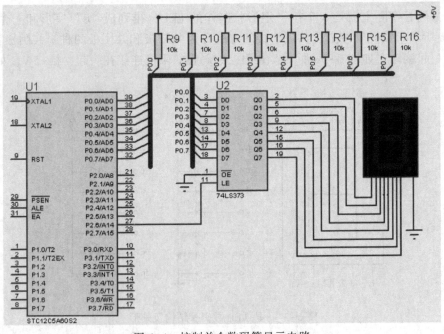

图 6-4　控制单个数码管显示电路

解：由电路图可知，连接的是一个共阴极数码管，应该按共阴极数码管字形码显示。
参考程序如下：

```
#include <reg52.h>
sbit P26 = P2^6;
unsigned char
led[16]={0x3F,0x06,0x5B,0x4F,0x66,0x6D,0x7D,0x07,0x7F,0x6F,0x77,0x7C,0x39,0x5E,0x79,
0x71},i=0;                                          //共阴字形码表
//1000ms 延时子程序程序：（12MHZ）
   void delay1000ms(void)
        {  ……}                                     //略,参看例6-1
void main()
    {
        while(1)
            {
                P0=led[i];
                P26=1;                              //74LS373 锁存字形码
                P26=0;
                delay1000ms();
                if(i==16)                           //共阴
                    i=0;
                else
                    i++;
            }
    }
```

6.2.2　数码管显示控制方法

LED 数码管有两种显示控制方式，即静态显示与动态显示，如图 6-5 所示。

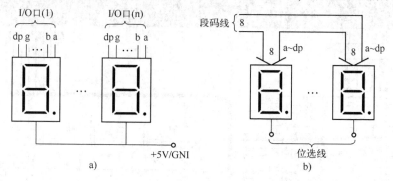

图 6-5　LED 数码管显示控制方式

a）静态显示方式　b）动态显示方式

1. 静态显示方式

此种方式如图 6-5a 所示，显示某个符号时，LED 数码管的字形码和公共端信号是维持不变的。

多位 LED 数码管工作于静态显示方式时，公共端共同连接到公共信号，每位数码管段码线（a~dp）分别接到各自的段码信号，不同数码管的段码信号互不相干。

一般可以用 1 个 8D 锁存器锁存段码，使输出维持不变，直到送入下一个显示字符段码。静态显示方式显示无闪烁，亮度较高，软件控制较易。但是静态显示方式占用 I/O 口端口线较多，每个数码管要 8 位段码线，再加上所有数码管的公共线，n 个数码管就要 8×n+1 位信号线，需要更多的 I/O 口或锁存器，增加了硬件和电路的成本。例 6-2 就是单个数码管静态显示的例子。

2. 动态显示方式

显示位数较多时，为节省 I/O 口，通常将所有数码管段码线相应段并联在一起，由一个 8 位 I/O 口控制，各显示位公共端分别由另一单独 I/O 口线控制，构成动态显示电路。单片机向段码线输出欲显示字符的段码。每一时刻，只有 1 位位选线有效，即选中某一位显示，其他各位位选线都无效。每隔一定时间逐位轮流点亮各数码管（扫描方式），由于数码管余晖和人眼的"视觉暂留"作用，只要控制好每位数码管显示时间和间隔，则可造成"多位同时亮"的假象，达到同时显示的效果。图 6-5b 为 n 位 8 段 LED 动态显示器电路示意图。其中单片机发出的段码占用 1 个 8 位 I/O 口，而位选控制使用其他 n 位口线。

各位数码管轮流点亮的时间间隔（扫描间隔）应小于"视觉暂留"作用的时间。相对静态方式，动态方式可以节省单片机 I/O 口资源，但是由于要不断扫描，则会占用 CPU 较多时间，另外由于数码管是轮流点亮，发光亮度会受影响。有 8279 键盘/显示等专用的可编程接口芯片，可以替代单片机对键盘和数码管进行控制和扫描处理。

【例 6-3】8 只数码管，依次由左到右反复循环滚动显示单个数字 8~1。

动态显示电路如图 6-6 所示，P0 口输出段码，P2 口输出扫描的位控码，通过由 8 个 NPN 晶体管的位驱动电路对 8 个数码管位控扫描。即使扫描速度加快，由于是虚拟仿真，

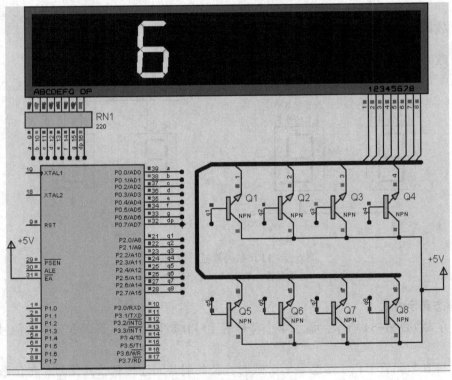

图 6-6 动态显示 8 个数字

数码管的余晖也不能像实际电路那样体现出来。

参考程序如下：

```
#include<reg52. h>
#include<intrins. h>
#define uchar unsigned char
#define uint unsigned int
uchar code dis_code[ ] = {0x80,0xf8,0x82,0x92,0x99,0xb0,0xa4,0xf9};        //共阳数码管段码表
void    delay(uint t)                    //延时函数
{
    uchar i;
    while(t--) for(i=0;i<200;i++);
}
void    main( )
{
    uchar i,j=0x80;
      while(1)
        {
            for(i=0;i<8;i++)
              {
                  j=_crol_(j,1);            //_crol_(j,1)为将对象 j 循环左移 1 位
                  P0=dis_code[i];           //P0 口输出段码
                  P2=j;                     //P2 口输出位控码
                  delay(180);               //延时,控制每位显示的时间
              }
        }
}
```

6.3 单片机控制 LED 点阵显示器

6.3.1 点阵显示器显示原理

LED 点阵显示器分为图文显示器和视频显示器，有单色显示和彩色显示。单色 LED 点阵显示器的显示由若干个发光二极管按矩阵方式排列而成。阵列点数可分为 5×7、5×8、6×8、8×8 等点阵；按发光颜色可分为单色、双色、三色；按极性排列可分为共阴极和共阳极。

1. LED 点阵结构

以 8×8 LED 点阵显示器为例，外形及内部结构如图 6-7 所示，由 64 个 LED 组成，且每个 LED 处于行线（R0~R7）和列线（C0~C7）交叉点上。

2. LED 点阵显示原理

由图 6-7 可知，点亮点阵中一个 LED 的条件是：对应行为高电平，对应列为低电平。对应一行 LED 就相当于共阳极的数码管。如在很短时间内依次点亮很多个发光二极管，LED 点阵就可显示一个稳定字符、数字或其他图形。控制 LED 点阵显示器显示，实质就是控制加到行线和列线上的编码，点亮某些 LED（点），可显示出由不同发光点组成的字符。

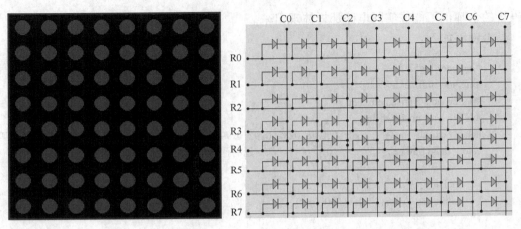

图6-7 8×8 LED点阵显示器结构及原理

16×16 LED点阵显示器的结构与8×8 LED点阵显示模块内部结构及显示原理是类似的，只不过行和列均为16。

以图6-8为例，说明字形编码及LED点阵显示器显示控制过程。

对于不同的字形，每一行有不同的亮点，由共阳接法可知，当某一行为高电平时，列线信号就是控制这一行点亮LED的信号编码，如图中第一行全不亮，对应的列编码为全"1"，即十六进制的FFFFH；第二行编码为FFFDH；第三行编码为F7FDH……一个16×16的点阵显示器，每个字形有32个字节编码。

显示控制采用行扫描方法。先给LED点阵的第1行送高电平（行线高电平有效），同时给所有列线送高电平FFFFH（列线低电平有效），从而第1行发光二极管全灭；延时一段时间后，再给第2行送高电平，同时给所有列线送

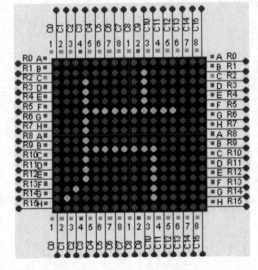

图6-8 字形编码及显示

FFFDH，列线为0的发光二极管点亮，从而点亮1个发光二极管，显示出汉字"片"的最上头一点。一直送完最后一行显示出汉字"片"的最下面的一行。

然后重新循环上述操作，利用人眼视觉暂留效应，一个稳定字形就显示出来了。

6.3.2 点阵显示器显示控制举例

以下是单片机控制16×16点阵显示屏显示字符的电路及控制。

【例6-4】如图6-9所示，利用单片机及74LS154（4-16译码器）、74LS07、16×16 LED点阵显示屏来实现字符显示，编写程序，循环显示字符"单片机技术"。

图中16×16 LED点阵显示屏16行行线R0~R15的电平，由P1口低4位经4-16译码器74HC154的16条译码输出线L0~L15经驱动后的输出来控制。16列列线C0~C15的电平由P0口和P2口控制。扫描显示时，单片机通过P1口低4位经4-16译码器74HC154的16条

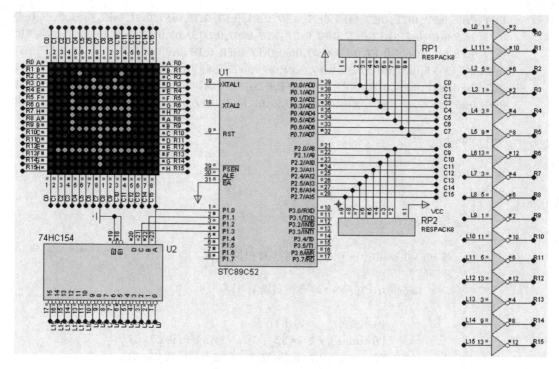

图 6-9 16×16 LED 点阵显示器控制电路

译码输出线 L0～L15 经驱动后的输出来控制，逐行为高电平进行扫描。P0 口与 P2 口控制列码的输出，循环显示出"单片机技术"发光点阵汉字。

在单片机控制程序中，要正确确定显示字符的点阵编码，以及控制好每一屏逐行显示的扫描速度。

以下为显示控制的参考程序：

```
#include<reg51. h>
#define uchar unsigned char
#define uint unsigned int
void delay( uint j)//延时函数
{
uchar i = 250;
for( ;j>0;j--)
{
    while( --i);
    i = 100;
}
}
//16×16 汉字点阵码
uchar code string[ ] = {
0xFF,0xFF,0xEF,0xFB,0xBF,0xFD,0x07,0xF0,0x77,0xF7,0x77,0xF7,0x07,0xF0,0x77,0xF7,0x77,
0xF7,0x07,0xF0,0x7F,0xFF,0x7F,0xFF,0x01,0xC0,0x7F,0xFF,0x7F,0xFF,0xFF,0xFF,        //"单"
0xFF,0xFF,0xFF,0xFD,0xF7,0xFD,0xF7,0xFD,0xF7,0xFD,0x07,0xE0,0xF7,0xFF,0xF7,0xFF,0xF7,
0xFF,0x07,0xF8,0xF7,0xFB,0xF7,0xFB,0xF7,0xFB,0xFB,0xFB,0xFD,0xFB,0xFF,0xFF,        //"片"
```

```
0xFF,0xFF,0xF7,0xFF,0x77,0xF0,0x77,0xF7,0xF1,0xF7,0x77,0xF7,0x77,0xF7,0x63,0xF7,0x53,
0xF7,0x75,0xF7,0x77,0xF7,0x77,0xF7,0xB7,0xD7,0xB7,0xD7,0xD7,0xCF,0xFF,0xFF,        //"机"
0xF7,0xFB,0xF7,0xFB,0xF7,0xFB,0x40,0x80,0xF7,0xFB,0xD7,0xFB,0x67,0xC0,0x73,0xEF,0xF4,
0xEE,0xF7,0xF6,0xF7,0xF9,0xF7,0xF9,0xF7,0xF6,0x77,0x8F,0x95,0xDF,0xFB,0xFF,        //"技"
0x7F,0xFF,0x7F,0xFB,0x7F,0xF7,0x7F,0xFF,0x00,0x80,0x7F,0xFF,0x3F,0xFE,0x5F,0xFD,0x5F,
0xFB,0x6F,0xF7,0x77,0xE7,0x7B,0x8F,0x7C,0xDF,0x7F,0xFF,0x7F,0xFF,0xFF,0xFF,        //"术"
};
void main( )
{
uchar i,j,n;
while( 1 )
{
        for( j=0;j<5;j++)//共显示 5 个汉字
        {
            for( n=0;n<40;n++)//每个汉字整屏扫描 40 次
            {
                for( i=0;i<16;i++) //逐行扫描 16 行
                {
                    P1=i%16;    //输出行码,
                    P0=string[ i * 2+j * 32];    //输出列码到 C0～C7
                    P2=string[ i * 2+1+j * 32];    //输出列码到 C8～C15
                    delay( 4);
                    P0=0xff;//列线 C0～C7 为高电平,熄灭 LED
                    P2=0xff; //列线 C8～C15 为高电平,熄灭 LED
                }
            }
        }
    }
}
```

6.4 单片机控制 LCD 液晶显示器

液晶显示器（Liquid Crystal Display，LCD）具有省电、体积小及抗干扰能力强等优点，LCD 显示器分为字段型、字符型和点阵图形型。

字段型 LCD 类似于数码管，主要用于数字、西文字母或定制的字符显示，广泛用于电子表、计算器及数字仪表中；字符型 LCD 类似于点阵 LED，由 5×7 或 5×10 的点阵组成，专门用于显示字母、数字及符号等，在单片机系统中已广泛使用；点阵图形型 LCD 是在平板上排列的多行列矩阵式的晶格点，广泛用于图形显示，如笔记本电脑、彩色电视和游戏机等。

点阵图形型 LCD 由于可以较好地满足字符、图形、汉字、各种符号及动画等多种显示的要求，且性价比高，单片机控制也比较容易，已越来越广泛地被应用。

6.4.1 LCD5110 液晶显示模块介绍

1. 主要特点

Nokia 5110 LCD 是诺基亚公司生产的液晶显示模块，该产品广泛应用于移动电话和各类便携式设备的显示系统。与其他类型的产品相比具有以下特点。

1）采用84×48的点阵LCD，可以显示4行汉字。

2）模块的LCD控制器/驱动器芯片PHILIPS PCD8544已绑定到LCD晶片上，模块的体积很小，对外需连接的信号量也大大减少，包括电源和地在内，接口信号线数量仅有9条。

3）采用串行接口与主处理器进行通信，支持多种串行通信协议（如SPI、MCS51的串行通信方式0等），传输速率高达4Mbit/s，可全速写入显示数据，无等待时间。

4）模块可很方便固定到印制板上，非常便于安装和更换。

5）采用低电压供电，正常显示时的工作电流在200μA以下，且具有掉电模式。

2. LCD控制器/驱动器芯片PCD8544工作原理

（1）内部结构

PCD8544内部结构及引脚功能如图6-10所示。

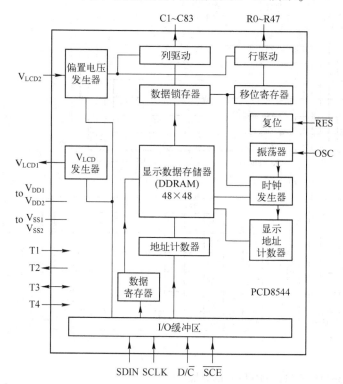

符号	描述
R0~R47	LCD行驱动输出
C0~C83	LCD行驱动输出
V$_{SS1}$, V$_{SS2}$	地
VDD1, VDD2	电源电压
VLCD1, VLCD2	LCD电源电压
T1	测试点1 输入
T2	测试点2 输出
T3	测试点3 输入/输出
T4	测试点4 输入
SDIN	串行数据输入端
SCLK	串行时钟输入端
D/C	数据/命令
SCE	芯片使能
OSC	振荡器
RES	外部复位输入端
Dummy1, 2, 3, 4	没连接

图6-10　PCD8544内部结构及引脚功能

1）振荡器：片内置振荡器提供显示系统的时钟信号。不需要外接元件，但OSC输入端必须接到VDD。如果使用外部时钟则连接到该引脚。

2）地址计数器（AC）：地址计数器为写入显示数据存储器指定地址（X对应显示列，Y对应显示行）。X地址（X6~X0）和Y地址（Y2~Y0）分别设置。写入操作之后，地址计数器依照V标志自动加1。

3）显示数据存储器（DDRAM）：DDRAM是存储显示数据的48×84位静态RAM。RAM分为6排，每排84字节（6×8×84位）。访问RAM期间，数据通过串行接口传输。

4）时钟发生器：产生驱动内部电路的多种信号。内部芯片操作不影响数据总线上的操作。

5）显示地址计数器：通过列输出，LCD 点矩阵 RAM 数据行连续移位产生显示。显示状态通过"显示控制"命令的 E、D 位来设置。

6）LCD 行列驱动器：PCD8544 包含 48 行和 84 列驱动器，连接适当的序列偏置电压来显示数据。

7）寻址：数据以字节为单位往 PCD8544 的 48×84 位对应的 RAM 矩阵写入显示数据，如图 6-11a 所示。通过地址指针寻址，地址范围为：X 0~83（1010011），Y 0~5（101）。地址不允许超出这个范围。在垂直寻址模式（V=1），Y 地址在每个字节之后递增（如图 6-11b 所示）。经最后的 Y 地址（Y=5）之后，Y 绕回 0，X 递增到下一列的地址。在水平寻址模式（V=0），X 地址在每个字节之后递增（如图 6-11c 所示），经最后的 X 地址（X=83）之后，X 绕回 0，Y 递增到下一行的地址。无论哪种模式，在递增到最后地址（X=83，Y=5）之后，地址指针绕回地址（X=0，Y=0）。

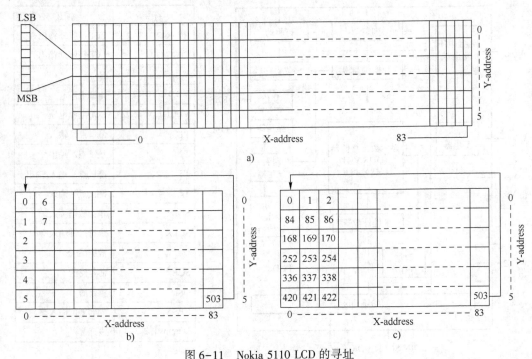

图 6-11　Nokia 5110 LCD 的寻址
a）PCD8544 的 48×48 位对应的 RAM 矩阵　b）垂直寻址模式　c）水平寻址模式

8）温度补偿：由于液晶体的温度依赖，在低温时必须增加 LCD 控制电压 VLCD 来维持对比度。VLCD 的温度系数可以通过 TC1 和 TC0 位来设置。

（2）Nokia 5110 LCD 的控制指令

Nokia 5110 LCD 的控制指令实际上就是 LCD 控制器 PCD8544 的控制指令。其指令见表 6-2。每一条指令的串行传送是由 MSB（高位）到 LSB（低位）。

表 6-2 中，"功能设置"命令的低 3 位"PD""V""H"，"显示控制"命令中的"D""E"，以及"温度控制"命令中的"TC1""TC0"的设置方法和功能见表 6-3。

表 6-2　PCD8544 指令集

指令	D/$\overline{C}$	命令字								描　述
		DB7	DB6	DB5	DB4	DB3	DB2	DB1	DB0	
（H＝0 or 1）										
NOP	0	0	0	0	0	0	0	0	0	空操作
功能设置	0	0	0	1	0	0	PD	V	H	掉电控制；进入模式；扩展指令设置（H）
写数据（H＝0）	1	D_7	D_6	D_5	D_4	D_3	D_2	D_1	D_0	写数据到显示 RAM
（H＝0）										
保留	0	0	0	0	0	0	1	×	×	不可使用
显示控制	0	0	0	0	0	1	D	0	E	设置显示配置
保留	0	0	0	0	1	×	×	×	×	不可使用
设置 RAM 的 Y 地址	0	0	1	0	0	0	Y_2	Y_1	Y_0	设置 RAM 的 Y 地址 $0 \leqslant Y \leqslant 5$
（H＝1）										
保留	0	0	0	0	0	0	0	0	1	不可使用
	0	0	0	0	0	0	0	1	×	不可使用
温度控制	0	0	0	0	0	0	1	TC_1	TC_0	设置温度系数（TC_x）
保留	0	0	0	0	0	1	×	×	×	不可使用
偏置系统	0	0	0	0	1	0	BS_2	BS_1	BS_0	设置偏置系统（BS_x）
保留	0	0	1	×	×	×	×	×	×	不可使用
设置 V_{OP}	0	1	V_{OP6}	V_{OP5}	V_{OP4}	V_{OP3}	V_{OP2}	V_{OP1}	V_{OP0}	写 V_{OP} 到寄存器

表 6-3　控制位的设置及功能

BIT	0	1
PD	芯片是活动的	芯片处于掉电模式
V	水平寻址	垂直寻址
H	使用基本指令集	使用扩展指令集
D and E		
00	显示空白	
10	普通模式	
01	开所有显示段	
11	反转映象模式	
TC_1 and TC_0		
00	V_{LCD}温度系数 0	
01	V_{LCD}温度系数 1	
10	V_{LCD}温度系数 2	
11	V_{LCD}温度系数 3	

6.4.2　LCD5110 液晶显示模块的信号连接和控制时序

1. 信号连接

LCD5110 液晶显示模块引出了 9 个引脚和外部连接，目前市面上的模块化产品基本都和不同的 PCB 封装在一起，引出引脚的顺序不尽相同，如图 6-12 所示是一种 51 单片机和

LCD5110 液晶显示模块的连接电路。除了外接电源和地，其他信号作用如下。

1）模块片选信号 SCE*：低电平有效，允许 LCD5110 液晶显示模块传送数据。

2）复位信号 RES*：低电平有效，使模块内部寄存器恢复到初始状态：电源节省模式（位 PD=1），水平寻址（位 V=0），常规指令设置（位 H=0），显示页（位 E=D=0），地址计数器 X、Y 为 0，温度控制模式（TC1 TC0=0），偏置系统（BS2 至 BS0=0），VLCD 等于 0，HV 发生器为关闭状态（VOP6 至 VOP0=0），RAM 内容不确定。

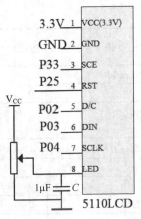

图 6-12 LCD5110 引脚连接

3）串行输入引脚 DIN：串行信号输入，在 SCLK 的正边缘取样。

4）数据/命令选择信号 D/C*：输入，D/C*=0 传送命令；输入 D/C*=1 传送地址或数据。

5）信号传输脉冲 SCLK：输入，串行传送的时钟信号：0.0 ~ 4.0 Mbit/s。

6）LED：背光 LED 电源。

2. 控制时序

Nokia5110（PCD8544）的通信协议是一个没有 MISO 只有 MOSI 的 SPI，控制时序如图 6-13 所示。STC89 系列单片机没有 SPI 总线，所以用 I/O 接口引脚连接这些信号，用软件控制实现对应的功能。图 6-13a 是单字节传送的时序，图 6-13b 是多字节连续传送的时序。

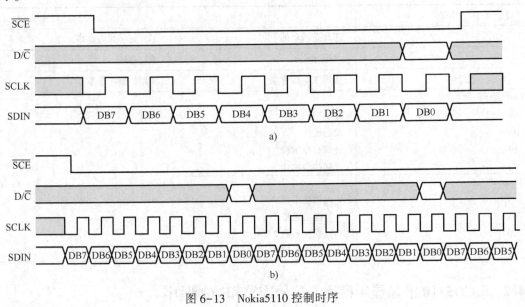

图 6-13 Nokia5110 控制时序

由图 6-13 可见，用软件模拟控制时序需按以下步骤。

1）允许传送数据，使 SCE* 为低电平。

2）发出 D/C* 信号，确定后面传送的内容是数据还是命令。（D/C*=1：数据；D/C

＊=0：命令）。

3）逐位发送数据或命令，高位在前，低位在后，每发送 1 位信号，SCLK 引脚发送 1 个脉冲。

4）发送完成后，使 SCE＊为高电平，结束发送。

6.4.3 Nokia5110 模块控制程序

本节以图 6-12 信号连接为例，介绍 Nokia5110 模块控制程序的设计。

1. 信号定义

在程序的全局变量定义区，需要对 Nokia5110 模块引脚的单片机控制信号进行定义。

```
……
sbitLCD_DC = P0^2;
sbitSDIN = P0^3;
sbitSCLK = P0^4;
sbitLCD_RST = P2^5;
sbitLCD_CE = P3^3;
……
```

2. Nokia5110 初始化

接通电源后，内部寄存器和 RAM 的内容是不确定的。当电源稳定后，需要在复位引脚 RES＊送一个低电平脉冲复位，并对一些控制位进行设置，实现模块初始化。

```
/*********************************************************
函数名称:LCD_init
函数功能:5110 初始化
*********************************************************/
void LCD_init(void)
    {
    LCD_RST = 0;                 //产生一个让 LCD 复位的低电平脉冲
    delay_1us();                 //调用延时函数
    LCD_RST = 1;
    delay_1us();
    LCD_CE = 1;                  //关闭 LCD
    delay_1us();
    LCD_write_byte(0x21, 0);     //使用扩展命令设置 LCD 模式:PD=0、V=0、H=1
    LCD_write_byte(0xc8, 0);     //设置液晶偏置电压
    LCD_write_byte(0x06, 0);     //温度校正
    LCD_write_byte(0x13, 0);     //调整对比度,混合率 1:48
    LCD_write_byte(0x20, 0);     //使用基本命令,V=0,水平寻址
    LCD_clear();                 //清屏
    LCD_write_byte(0x0c, 0);     //设定显示模式,正常显示
    LCD_CE = 1;                  //关闭 LCD
    }
```

3. 写字节函数

```
/*********************************************************
函数名称:LCD_write_byte
```

函数功能:模拟 SPI 接口时序写数据/命令

入口参数:dat   :写入数据

           command:写数据/命令选择,1:数据;0:命令

***/

```c
void LCD_write_byte(unsigned char data, unsigned char command)
{
    unsigned char i;
    LCD_CE = 0;                          //5110 片选有效,允许输入数据
    if (command == 0)                    //写命令
        LCD_DC = 0;
    else  LCD_DC = 1;                    //写数据
    for(i=0;i<8;i++)                     //传送 8bit 数据
    {
        if( dat&0x80)
            SDIN = 1;
        else
            SDIN = 0;
        SCLK = 0;
        dat = dat << 1;
        SCLK = 1;
    }
    LCD_CE = 1;                          //禁止 5110
}
```

4. 设置 Nokia5110 LCD 的坐标

/ **

函数名称:LCD_set_XY

函数功能:设置 LCD 坐标函数

入口参数:X:0-83; Y:0-5

***/

```c
void LCD_set_XY(unsigned char X, unsigned char Y)
{
    LCD_write_byte(0x40 | Y, 0);         //列坐标
    LCD_write_byte(0x80 | X, 0);         //行坐标
}
```

5. 显示数字和字母

    数字和字母可以是 6×8 点阵、7×8 点阵、8×8 点阵等。如果采用 6×8 点阵,Nokia5110 一行可以显示 14 个字符 (6×14=84),可以显示 6 行字符 (8×6=48)。设计建立一个 ASCII 的数组 font6x8[ ][6]来存放字符的点阵编码,又设这个数组的行号=(字符 ASCII 码-32)。若 V=0 为水平寻址,每 1 列显示 8 个点阵,水平增 1 完成 6 列后,就显示一个 6×8 点阵的字符。

/ **/

函数名称:LCD_write_char

函数功能:显示英文字符

入口参数:c:显示的字符

**/

```
        void LCD_write_char( unsigned char c)
        {
            unsigned char line;
            c -= 32;                        //数组的行号,每行有 6 字节数据
            for (line=0; line<6; line++)    //每个字符点阵由 6 字节构成,每个字节为显示列的编码
                LCD_write_byte(font6x8[c][line],1);
        }
```

6. 显示汉字

显示汉字类似于点阵 LED 方式,按照汉字字形进行点阵的编码。可以采用不同的点阵,常用的是 16×16 点阵。显示汉字必须先确定需要显示汉字的点阵编码。市面上有一些共享软件,可以用来快速获取汉字点阵编码。

```
/************************************************************/
函数名称:LCD_write_hanzi
函数功能:显示 16×16 点阵汉字
入口参数:X,Y:显示坐标;i:汉字点阵数组的行号
/************************************************************/
//程序中汉字编码的数组分成 hanziup[][8]和 hanzidn[][8]两个数组,hanziup[][8]用两行放上
半个汉//字点阵,hanzidn[][8] 用两行放下半个汉字点阵
void LCD_write_hanzi( unsigned char X,unsigned char Y,unsigned char i)
{
    unsigned char j;
    LCD_write_byte(0x40|Y,0);
    LCD_write_byte(0x80|X,0);
    for(j=0;j<8;j++)
        LCD_write_byte(hanziup[i][j],1);
    for(j=0;j<8;j++)
        LCD_write_byte(hanziup[i+1][j],1);
    LCD_write_byte(0x40|Y+1,0);
    LCD_write_byte(0x80|X,0);
    for(j=0;j<8;j++)
        LCD_write_byte(hanzidn[i][j],1);
    for(j=0;j<8;j++)
        LCD_write_byte(hanzidn[i+1][j],1);
}
```

7. 显示图形

显示的图形像素大小不能超过 84×48。也有一个字模提取软件 (如 Zimo2.2) 可以帮助得到图像的像素数组。

```
/************************************************************
函数名称:LCD_draw_bmp_pixel
函数功能:位图绘制函数
入口参数:X、Y:位图绘制的起始 X、Y 坐标
        * map:位图点阵数据
        Pix_x:位图像素(长)
        Pix_y:位图像素(宽)
/************************************************************/
```

```
void LCD_draw_bmp_pixel( unsigned char X, unsigned char Y, unsigned char * map, unsigned char Pix_
    x, unsigned char Pix_y)
{
    unsigned int i,n;
    unsigned char row;
    if ( Pix_y%8 = = 0)                        //如果为位图所占行数为整数
        row = Pix_y/8;
    else
        row = Pix_y/8+1;                       //如果为位图所占行数不是整数
    LCD_set_XY( X, Y);
    for ( n = 0; n<row; n++)                   //换行
    {
        for( i = 0; i<Pix_x; i++)
        {
            LCD_set_XY( X+i, Y+n);
            LCD_write_byte( map[ i+n * Pix_x], 1);
        }
    }
}
```

6.5 键盘接口设计

键盘就是多个按键按一定规律排列的一种输入装置，它实现向单片机输入数据、命令等功能，是人机对话的主要手段。

每一个按键实质上是一个按键开关，按构造可分为有触点开关按键和无触点开关按键。

有触点开关按键常见的有触摸式键盘、薄膜键盘、导电橡胶和按键式键盘等。

无触点开关按键有电容式按键、光电式按键和磁感应按键等。

单片机应用系统中最常用的是按键式键盘。下面介绍按键式开关键盘的工作原理、工作方式以及键盘接口设计与软件编程。

6.5.1 键盘接口设计应解决的问题

键盘接口的设计，主要考虑键盘的构成、按键的识别和键值的处理。

1. 键盘输入特点

键盘的按键实质就是一个按钮开关。图 6-14a 所示按键开关的两端分别连接在行线和列线上，列线接地，行线通过电阻接到 +5 V 上。键盘机械触点的断开、闭合，其行线电压输出波形如图 6-14b 所示。图中 t_1 和 t_3 分别为键的闭合和断开过程中的抖动期（呈现一串脉冲），抖动时间长短与开关机械特性有关，一般为 5~10 ms，t_2 为稳定的闭合期，其时间由按键动作确定，一般为十分之几秒到几秒，t_0、t_4 为断开期。

2. 按键的识别

按键断开或闭合，反映在行线输出电压上就是高电平或低电平，对行线电平高低状态检测，便可确认按键是按下或松开。为了确保单片机对一次按键动作只确认按键一次有效，必须消除抖动期 t_1 和 t_3 的影响。

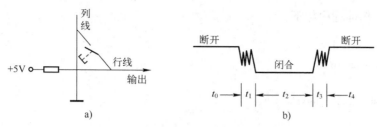

图 6-14　按键抖动引起电压变化

a）按键开关　b）键闭合时行线输出电压波形

3. 消除按键的抖动

有两种去抖动方法。

一种方法是用软件延时来消除按键抖动，即在检测到有键按下时，该键所对应的行线为低电平，执行一段延时 10 ms 的子程序后，确认该行线电平是否仍为低电平，如果仍为低电平，则确认该行确实有键按下。当按键松开时，行线的低电平变为高电平，执行一段延时 10 ms 的子程序后，检测该行线为高电平，说明按键确实已经松开。采取这种方法，可消除两个抖动期 t_1 和 t_3 的影响。

另一种方法是采用专用的键盘/显示器接口芯片，这类芯片中都有自动去抖动的硬件电路。

键盘主要分为两类：非编码键盘和编码键盘。

编码键盘本身带有硬件电路，能自动检测被按下的键，自动产生与被按键对应的键编码（如 PC 键盘采用 ASCII 码），并以并行或串行通信方式送往主机。

非编码键盘是利用按键直接与单片机相连接而成，常用在按键数量较少的场合。该类键盘系统功能比较简单，需要处理的任务较少，成本低，电路设计简单。按下键号的信息通过软件来获取。

非编码键盘常见的有独立式键盘和矩阵式键盘两种结构。

6.5.2　独立式键盘及接口设计

独立式键盘各键相互独立，每个按键各接一条 I/O 口线，通过检测 I/O 输入线的电平状态判断哪个按键被按下。

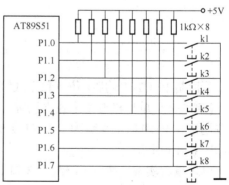

图 6-15 为一独立式键盘，8 个按键 k1～k8 分别接到单片机的 P1.0～P1.7 引脚上，图中上拉电阻保证按键未按下时，对应 I/O 口线为稳定高电平。当某一按键按下时，对应 I/O 口线就变成低电平。因此，只需读入 I/O 口线状态，判别是否为低电平，就能识别哪个键被按下。可见独立式键盘优点是电路简单，各条检测线独立，识别按键号的软件编写简单。独立式键盘适用于按键数目较少的场合，如按键数目较多，就要占用较多 I/O 口线。

图 6-15　独立式键盘连接

1. 独立式键盘的查询工作方式

【例 6-5】对图 6-15 所示独立式键盘，用查询方式实现键盘扫描，根据按下不同按键，对其进行处理。扫描程序如下：

```c
#include<reg51. h>
void key_scan( void)
{
    unsigned char keyval
    do
    {
        P1 = 0xff;                    //P1 口为输入
        keyval = P1;                  //从 P1 口读入键盘状态
        keyval = ~ keyval;            //键盘状态求反
        switch( keyval)
        {
            case 1：……;               //处理按下的 k1 键，"……"为处理程序
                break;                //跳出 switch 语句
            case 2：……;               //处理按下的 k2 键
                break;
            case 4：……;               //处理按下的 k3 键
                break;
            case 8：……;               //处理按下的 k4 键
                break;
            case 16：……;              //处理按下的 k5 键
                break;
            case 32：……;              //处理按下的 k6 键
                break;
            case 64：……;              //处理按下的 k7 键
                break;
            case 128：……;             //处理按下的 k8 键
                break;
            default：
                break;                //无按下键处理
        }
    }
    while( 1);
}
```

下面是 PROTEUS 虚拟仿真独立式键盘实际案例。

【例 6-6】 单片机与 4 个独立按键 k1~k4 及 8 个 LED 指示灯组成了一个独立式键盘。4 个按键接在 P1.0~P1.3 引脚，P3 口接 8 个 LED 指示灯，控制 LED 指示灯亮与灭，原理电路如图 6-16 所示。

要求编程实现：按下 k1 键，P3 口 8 个 LED 正向（由上至下）流水点亮；按下 k2 键，P3 口 8 个 LED 反向（由下而上）流水点亮；按下 k3 键，高、低 4 个 LED 交替点亮；按下 k4 键，P3 口 8 个 LED 闪烁点亮。

解：控制程序如下：

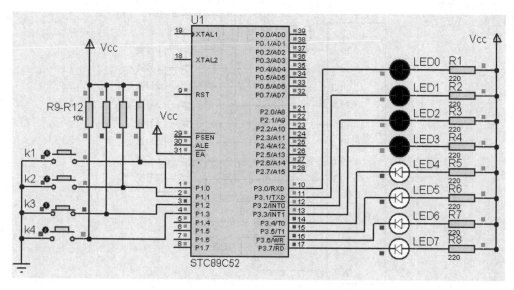

图 6-16 独立式键盘控制 LED 电路

```
#include<reg52. h>
#include<intrins. h>
#define uchar unsigned char
#define uint unsigned int
void    delay(uint t)            //延时函数
{
    uchar i;
    while(t--) for(i=0;i<200;i++);
}
void    main()
{
    uchar l1=0xfe,l3=0x0f,l4=0x00;
    while(1)
    {
        if((P1&0x0f)==0x0e){P3=l1;delay(100);l1=_crol_(l1,1) ;}  //k1 按下,流水灯循环左移
        if((P1&0x0f)==0x0d){P3=l1;delay(100);l1=_cror_(l1,1) ;}  //k2 按下,流水灯循环右移
        if((P1&0x0f)==0x0b){P3=l3;delay(100);l3=~l3 ;}          //k3 按下,高低 4 位交替闪亮
        if((P1&0x0f)==0x07){P3=l4;delay(100);l4=~l4 ;}          //k4 按下,8 位亮暗交替
    }
}
```

2. 独立式键盘的中断扫描方式

为提高单片机扫描键盘的工作效率，可采用中断扫描方式，只有在键盘有键按下时，才进行扫描与处理。中断扫描方式的键盘实时性强，工作效率高。

图 6-17 是一个采用中断扫描方式的独立式键盘，只有在键盘有键按下时，才进行处理。当键盘中有键按下时，8 输入与非门 74LS30 输出经过 74LS04 反相后，向单片机外"中断请求输入引脚 INT0 *"发出低电平中断请求信号，单片机响应中断，执行中断处理函数。

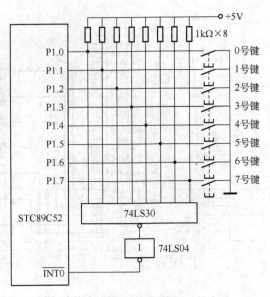

图 6-17　键盘中断查询电路

6.5.3　矩阵式键盘的连接和应用

矩阵式（也称行列式）键盘用于按键数目较多的场合，由行线和列线组成，按键位于行、列交叉点上，图 6-18 是一个 4×3 的行、列结构的键盘，只需要 7 位的并行 I/O 口。如果采用 8×8 的行、列结构，可以构成一个 64 按键的键盘，也只需要两个并行 I/O 口。

在按键数目较多的场合，矩阵式键盘要比独立式键盘节省较多的 I/O 口线。

矩阵式键盘的判键方法主要有以下两种。

1. 行扫描方法

通过程序控制向键盘的所有行逐行输出低电平（即逐行扫描），若无按键按下闭合，则所有列的输出均为高电平；若有一个按键按下闭合，就会将所在的列钳位在低电平。通过程序读入列线的状态，就可以判断有无键按下及哪一个键按下。送 "0" 的行和读 "0" 的列的交叉位置，就是被按下的键。键扫描与处理功能一般是编写成子程序被调用。行扫描法的工作流程可分成键盘扫描、逐行扫描、键码生成及按键处理 4 个阶段。

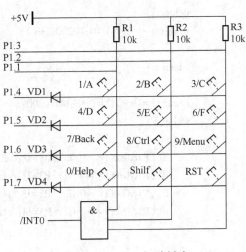

图 6-18　4×3 矩阵键盘

2. 行反转方法

其基本原理是：将行线接一个并行端口，先工作在输出方式，列线接另一个并行端口，先工作在输入方式。编程通过行端口向全部行线输出 "0" 电平，再读入列线的值。如果有键被按下，则必有列线为 "0" 电平。然后进行线反转，编程改变两个并行端口的工作方式，列端口工作于输出方式，将刚才读入的列线值反转输出到列线；行端口工作在输入方式，读取行线的值，则闭合键所在的行线必为"0"电平。于是，当一个键被按下时，就可以读到的唯一的列值和行值的交点就是按键的位置。要注意，采用行反转方法，矩阵键盘的行数和列数应该一样。

【例6-7】 对图6-18矩阵式键盘，编写中断+查询式的键盘处理程序。

把行线 P1.4~P1.7 均置为低电平，在没有键按下时检测各列线状态，若列线不全为高电平，则表示键盘中有键被按下；若所有列线列均为高电平，说明键盘中无键按下。为了对按键处理方便，键的编码按照由左到右，由上到下的行列号组合方式，即 11、12、13、21、22、23、31、32、33、41、42、43。

判断有无键按下，以及获取键值的参考程序如下：

```
#include<reg52. h>
#define uchar unsigned char
#define uint unsigned int
uchar    keyflag,keyval;
void delay10ms( void)                    //延时 10ms 函数
    {……;}
void main( void)
{
    IE = 0x81;                           //总中断允许 INT0 * 中断
    keyflag=0;
    P1 = 0x0f;                           //行输出全 0,列输入全 1
    while(1)
    {
    if(keyflag)                          //如果按键按下标志 keyflag =1,则有键按下
    {
            switch(keyval)               //根据按下键的键值进行分支跳转
            {
                case 11:keyval=0;        //处理第 1 行第 1 列键
                    break;
                case 12: keyval=0;       //处理第 1 行第 2 列键
                    break;
                    ……;                 //处理其他键
                Case43: …;               //处理第 4 行第 3 列键
                    break;
                default:
                    break;
            }
            keyflag=0;                   //清按键按下标志
        }
    }
}

void int0( )    interrupt 0             //如果有键按下,则执行的中断函数
{
    IE = 0x80;                           //屏蔽中断
    if((P1&0x0f)! = 0x0f)               //如果 P1.1~P1.3 不全为 1,则有键按下
    {
```

```
        delay10ms();                                    //延时去抖动
        if((P1&0x0f)! =0x0f)
            P1=0xef;                                     //P1.4行线置为0,开始行扫描第1行
        if((P1&0x0f)! =0x0f)                             //第1行有键按下
            {
                if((P1&0x0e)==0x0c) keyval=11;           //1行1列键
                if((P1&0x0e)==0x0a) keyval=12;           //1行2列键
                if((P1&0x0e)==0x06) keyval=13;           //1行3列键
            }
        else
            {
                P1=0xdf;                                 //P1.5行线置为0,扫描第2行
                if((P1&0x0f)! =0x0f)                     //第2行有键按下
                {
                    if((P1&0x0e)==0x0c) keyval=21;       //2行1列键
                    if((P1&0x0e)==0x0a) keyval=22;       //2行2列键
                    if((P1&0x0e)==0x06) keyval=23;       //2行3列键
                }
                else
                {
                    P1=0xbf;                             //P1.6行线置为0,扫描第3行
                    if((P1&0x0f)! =0x0f)                 //第3行有键按下
                    {
                        if((P1&0x0e)==0x0c) keyval=31;   //3行1列键
                        if((P1&0x0e)==0x0a) keyval=32;   //3行2列键
                        if((P1&0x0e)==0x06) keyval=33;   //3行3列键
                    }
                    else
                    {
                        P1=0x7f;                         //P1.7行线置为0,扫描第4行
                        if((P1&0x0f)! =0x0f)             //第4行有键按下
                        {
                            if((P1&0x0e)==0x0c) keyval=41;   //4行1列键
                            if((P1&0x0e)==0x0a) keyval=42;   //4行2列键
                            if((P1&0x0e)==0x06) keyval=43;   //4行3列键
                        }
                    }
                }
            }
        keyflag=1;                                       //置按键按下标志
        IE=0x81;                                         //重新允许中断
    }
```

6.6　习题

1. 比较图 6-2a 和图 6-2b 对 LED 的驱动电路，回答以下问题：

1）是高电平还是低电平点亮 LED？

2）图 6-2a 为什么要接上拉电阻，而图 6-2b 不需要？

3）图 6-2a 为什么要通过锁存器控制 LED，而图 6-2b 没有锁存器？

2. 对图 6-2a 设计一个程序，实现以下顺序的循环显示。

1）一遍左移流水灯。

2）全部灯亮、暗 3 次。

3）一遍右移流水灯。

4）高、低 4 位 LED 交替闪亮 3 次。

3. 什么是数码管静态扫描和动态扫描。简述 LED 数码管动态扫描的原理及其实现方式。

4. 编程实现用单片机控制 P1 口连接的八段数码管循环显示数字 0~F，时间间隔 1 s，数码管为共阴型。如果数码管是共阳型，程序怎么修改？

5. 分析图 6-6 的动态显示电路原理，设计以下程序。

1）8 个数码管逐一自左向右循环显示 0~F。

2）8 个数码管同时显示 "good—bye"。

6. 简述点阵 LED 显示器的工作原理。要让 16×16 点阵 LED 显示器周边两排和横、竖中间两排 LED 发光，请写出其编码。

7. LCD 显示器有几种类型？显示数据存储器 DDRAM 和液晶屏的对应关系如何？

8. LCD 显示器的控制时序和控制指令有什么意义？

9. 简述在使用普通按键的时候，为什么要进行去抖动处理，如何处理？

10. 非编码键盘有哪些类型？各有什么特点？

11. 矩阵式键盘的两种判键方法如何实现，有什么特点？

12. 简述用 "查询" 方式和 "中断+查询" 方式进行按键判断的区别和特点。

13. 设一个 3×3 矩阵键盘，采用 "中断+查询" 方式，试完成以下工作。

1）画出键盘和单片机连接的电路图。

2）自行定义按键编码，并编写用行反转方法实现按键判断的中断处理程序。

第7章 中 断 系 统

7.1 中断系统概述

单片机中"中断"处理主要是指单片机暂停当前主程序的执行，而去执行更重要或需急迫处理的事件请求的处理程序，处理完成后，再回到主程序暂停处继续执行。这个事件叫"中断源"，发出的中断信号叫"中断请求"，事件处理程序叫"中断处理程序"或"中断服务程序"，暂停主程序的程序位置叫"断点"。

中断技术主要用于实时监测与控制，避免单片机 CPU 花大量的时间去查询和判断需要处理的事件是否发生。有了中断系统，CPU 就可以减少大量的查询时间而去处理其他工作，当事件发生提出处理要求时，单片机能及时地响应中断请求源提出的服务请求，并快速响应与及时处理。图 7-1 所示为单片机对中断请求的中断响应和处理过程。

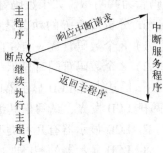

图 7-1 中断响应和处理过程

7.2 51 系列单片机的中断系统

7.2.1 中断系统结构与中断源

STC89 系列单片机中断系统结构如图 7-2 所示。中断系统有 8 个中断源，4 个中断优先级，可实现 4 级中断服务程序嵌套。每一中断源可用软件独立控制为允许中断或关闭中断状态；每一个中断源的优先级均可用软件设置。

由图 7-2 可见，中断系统的 8 个中断源如下。

1) INT0 *：外部中断请求 0（低电平或负跳变有效），由 INT0 * 引脚输入，中断请求标志为 IE0。

2) INT1 *：外部中断请求 1（低电平或负跳变有效），由 INT1 * 引脚输入，中断请求标志为 IE1。

3) 定时器/计数器 T0 计数溢出的中断请求，标志为 TF0。

4) 定时器/计数器 T1 计数溢出的中断请求，标志为 TF1。

5) 串行口中断请求，标志为发送中断 TI 或接收中断 RI。

6) 定时器/计数器 T2 计数溢出的中断请求，标志为 TF2/EXF2。

7) INT2 *：外部中断请求 2（低电平或负跳变有效），由 INT3 * 引脚输入，中断请求标志为 IE2。

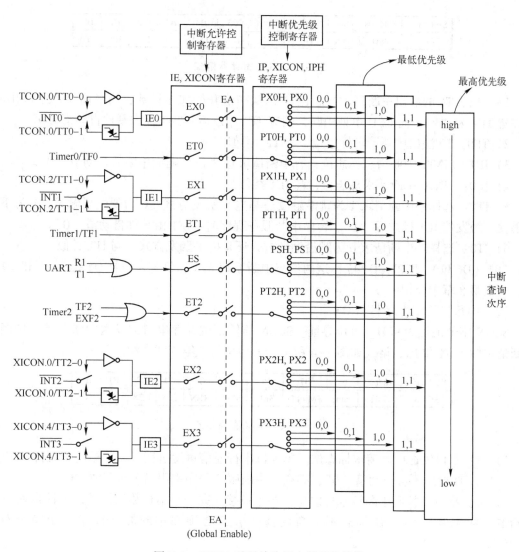

图 7-2　STC89 系列单片机中断系统结构

8）INT3∗：外部中断请求 3（低电平或负跳变有效），由 INT3∗引脚输入，中断请求标志为 IE3。

普通的 8051 单片机的中断系统只有 1）~5）项中断，后面几项是增强型 STC89 系列单片机新增加的功能。

7.2.2　中断控制

单片机中断控制可通过一些特殊功能寄存器实现。

1. 中断请求标志的相关寄存器 TCON 和 SCON

（1）定时器/计数器的控制寄存器 TCON

TCON 字节地址为 88H，可位寻址。TCON 格式如图 7-3 所示。其中包括定时器/计数器 T0、T1 溢出中断请求标志位 TF0 和 TF1，两个外部中断请求的标志位 IE1 与 IE0，还包括两个外部中断请求源的中断触发方式选择位。

SFR name	Address	bit	B7	B6	B5	B4	B3	B2	B1	B0
TCON	88H	name	TF1	TR1	TF0	TR0	IE1	IT1	IE0	IT0

图 7-3　TCON 寄存器格式

1）TF1：T1 的溢出中断请求标志位。T1 从初值开始加 1 计数，当最高位产生溢出时，硬件置 TF1 为 "1"，向 CPU 申请中断，响应 TF1 中断后，TF1 标志硬件自动清 "0"。

2）TF0：T0 溢出中断请求标志位，与 TF1 类似。

3）IE1：/INT1 中断请求标志位，有中断请求置 "1"，响应中断后自动清 "0"。

4）IE0：/INT0 中断请求标志位，与 IE1 类似。

5）IT1：选择外中断请求 1 为跳沿触发还是电平触发方式。0 为低电平触发，1 为下跳沿触发。触发使 IE1 标志置 "1"。转向中断服务程序时，IE1 由硬件自动清 "0"。

6）IT0：选择外中断请求 0 为跳沿触发方式还是电平触发方式，与 IT1 类似。

TR1（D6 位）、TR0（D4 位）这两位与中断系统无关，仅与定时器/计数器 T1 和 T0 有关，将在第 8 章中介绍。

（2）串行口控制寄存器 SCON

SCON 字节地址为 98H，可位寻址。SCON 的低二位锁存串口的发送中断和接收中断的中断请求标志 TI 和 RI，格式如图 7-4 所示，其他位将在第 9 章介绍。

SFR name	Address	bit	B7	B6	B5	B4	B3	B2	B1	B0
SCON	98H	name	SM0/FE	SM1	SM2	REN	TB8	RB8	TI	RI

图 7-4　SCON 寄存器格式

1）TI：串口发送中断请求标志位。单片机串行通信每发送完一帧数据后，硬件使 TI 自动置 "1"。TI 标志不会自动清 "0"，必须在中断服务程序中用指令对其清 "0"。

2）RI：串行口接收中断请求标志位。在串口接收完一个串行数据帧后，硬件自动使 RI 中断请求标志置 "1"。RI 标志不会自动清 "0"，必须在中断服务程序中用指令对其清 "0"。

2. 中断允许寄存器 IE

各中断源开放或屏蔽，是由片内中断允许寄存器 IE 控制的。IE 字节地址为 A8H，可进行位寻址，格式如图 7-5 所示。IE 对中断开放和关闭实现两级控制。两级控制就是有一个总的中断开关控制位 EA（IE. 7 位），当 EA = 0 时，所有中断请求被屏蔽，CPU 对任何中断请求都不接受；当 EA = 1 时，CPU 开中断，但 5 个中断源的中断请求是否允许，还要由 IE 中的低 5 位所对应的 5 个中断请求允许控制位的状态来决定。

SFR name	Address	bit	B7	B6	B5	B4	B3	B2	B1	B0
IE	A8H	name	EA	-	ET2	ES	ET1	EX1	ET0	EX0

图 7-5　中断允许寄存器 IE 的格式

1）EA：中断允许总开关控制位。当 EA = 0 时，所有中断请求被屏蔽；当 EA = 1 时，所有中断请求被开放。

2）ET2：T2 的溢出中断允许位。当 ET2 = 0 时，禁止 T2 溢出中断；当 ET2 = 1 时，允许

T0 溢出中断。

3）ES：串行口中断允许位。当 ES = 0 时，禁止串行口中断；当 ES = 1 时，允许串行口中断。

4）ET1：T1 溢出中断允许位。当 ET1 = 0 时，禁止 T1 溢出中断；当 ET1 = 1 时，允许 T1 溢出中断。

5）EX1：/INT1 中断允许位。当 EX1 = 0 时，禁止/INT1 中断；当 EX1 = 1 时，允许/INT1 中断。

6）ET0：T0 的溢出中断允许位。当 ET0 = 0 时，禁止 T0 溢出中断；当 ET0 = 1 时，允许 T0 溢出中断。

7）EX0：/INT0 中断允许位。当 EX0 = 0 时，禁止/INT0 中断；当 EX0 = 1 时，允许/INT0 中断。

STC89 系列单片机复位后，IE 被清 "0"，所有中断请求被禁止。IE 中与各个中断源相应位可用指令置 "1" 或清 "0"。

3. 中断优先级寄存器 IP、IPH 和 CICOM

所谓中断优先级，就是对中断响应的顺序。STC89 系列单片机中断请求源有四个中断优先级，通过 IP、IPH 和 CICOM 可以对每个中断的优先级设置，从而实现中断嵌套。

中断嵌套，就是单片机正在执行低优先级中断的服务程序时，可被高优先级中断请求所中断，待高优先级中断处理完毕后，再返回低优先级中断服务程序。

两级中断嵌套如图 7-6 所示。

1）各中断源的中断优先级关系可归纳为下面两条基本规则。

① 低优先级可被高优先级中断，高优先级不能被低优先级中断。

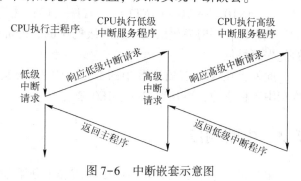

图 7-6　中断嵌套示意图

② 任何一种中断一旦得到响应，在执行该中断源的中断服务程序时，不会再被它的同级中断源所中断。

2）STC89 系列单片机与中断优先级设置有关的寄存器 IP、IPH 和 CICOM 格式如图 7-7 所示。传统的 8051 单片机只有 IP 寄存器，其各位只能设置 "1"（高级）或 "0"（低级）2 级中断。STC89 系列单片机如果只用 IP，则和传统的 8051 单片机中断优先级设置完全兼容。

在 STC89 系列单片机中，每个中断都用 2 位二进制编码来设置其优先级，见表 7-1。

表 7-1　优先级设置位

中　断	优先级设置位	中　断	优先级设置位
INT0 *	PX0H　PX0	串行口	PSH　PS
T0	PT0H　PT0	T2	PT2H　PT2
INT1 *	PX1H　PX1	INT2 *	PX2H　PX2
T1	PT1H　PT1	INT3 *	PX3H　PX3

IP：中断优先级控制寄存器低（可位寻址）

SFR name	Address	bit	B7	B6	B5	B4	B3	B2	B1	B0
IP	B8H	name	PX3	PX2	PT2	PS	PT1	PX1	PT0	PX0

IPH：中断优先级控制寄存器高（不可位寻址）

SFR name	Address	bit	B7	B6	B5	B4	B3	B2	B1	B0
IP	B7H	name	-	-	PT2H	PSH	PT1H	PX1H	PT0H	PX0H

XICON：辅助中断控制寄存器（可位寻址）

SFR name	Address	bit	B7	B6	B5	B4	B3	B2	B1	B0
XICO	C0H	name	PX3H	EX3	IE3	IT3	PX2H	EX2	IE2	IT2

IP：中断优先级控制寄存器低（可位寻址）

SFR name	Address	bit	B7	B6	B5	B4	B3	B2	B1	B0
IP	B8H	name	PX3	PX2	PT2	PS	PT1	PX1	PT0	PX0

图7-7　中断优先级相关寄存器

每个中断可以通过优先级设置位设置四种优先级：00 为优先级 0，01 为优先级 1，10 为优先级 2，11 为优先级 3。优先级 3 最高，优先级 0 最低。

在同时收到几个同优先级的中断请求时，哪一个中断请求能优先得到响应，取决于内部查询顺序。由图 7-2 可见，其查询顺序是：

INT0 $*$ → T0 → INT1 $*$ → T1 → 串行通信中断→ T2 → INT2 $*$ → INT3 $*$

就是说，同时发生的同一优先级的中断，外部中断 0 中断优先级最高，外部中断 3 中断的优先级最低。

此外，在 XICON 寄存器中的 EX2、EX3、IE2、IE3 分别是 INT2 $*$ 和 INT3 $*$ 的中断允许位和中断标志位，可参照 EX0、IE0 来理解。

7.3　中断响应

单片机对于中断的处理由中断响应和中断服务两个部分组成。中断响应主要由单片机硬件实现，中断服务主要由软件（中断服务程序）完成。

7.3.1　响应中断请求的条件

一个中断源中断请求被响应，须满足以下必要条件。

1）总中断允许开关接通，即 IE 寄存器中的中断总允许位 EA=1。

2）该中断源发出中断请求，即该中断源对应的中断请求标志为"1"。

3）该中断的中断允许位=1，即该中断被允许。

4）无同级或更高级中断正在被服务。

中断响应就是 CPU 对中断源提出的中断请求的判断和处理，只有满足上述条件时，才进行中断响应。

7.3.2　中断响应过程

首先由硬件自动生成一条长调用指令"LCALL addr16"。此 addr16 即程序存储区中相应的中断入口地址。51 系列单片机的中断处理程序的入口地址被固定分配在程序存储器中，这些地址又称中断向量，在表 2-3 列出了 STC89C52 的 8 个中断处理程序的入口地址。例如，对于 T0 中断的响应，硬件自动生成长调用指令：LCALL 000BH。生成 LCALL 指令后，CPU 执行该指令，首先将程序计数器 PC 内容压入堆栈以保护断点，再将中断入口地址装入 PC，使程序转向响应中断请求的中断处理程序的入口地址。

由表 2-3 可见，两个中断入口间只相隔 8 字节，一般情况下难以安放一个完整的中断服务程序。因此，通常总是在中断入口地址处放置一条无条件转移指令，使程序执行转向在其他地址存放的中断服务程序入口。

当遇到下列 3 种情况之一时，CPU 不能对中断进行响应。

1）CPU 正在处理同级或更高优先级的中断。因为当一个中断被响应时，要把对应的中断优先级状态触发器置 "1"，从而封锁了低级中断请求和同级中断请求。

2）中断发生的机器周期不是当前正在执行指令的最后一个机器周期。设定这个限制的目的是只有在当前指令执行完毕后，才能进行中断响应，以确保当前指令执行的完整性。

3）正在执行的指令是 RETI 或是访问 IE 或 IP 的指令。因为按中断系统的规定，在执行完这些指令后，需再执行完一条指令，才响应新的中断请求。

7.3.3 外部中断的响应时间

在使用外部中断时，有时需考虑从外部中断请求有效（外部中断请求标志置 "1"）到转向中断入口地址所需要的响应时间，即外部中断响应的实时性问题。

外中断最短响应时间为 3 个机器周期。其中中断请求标志位查询占 1 个机器周期，而这个机器周期恰好处于指令的最后一个机器周期。在这个机器周期结束后，中断即被响应，CPU 接着执行 1 条硬件子程序调用指令 LCALL，以转到相应的中断服务程序入口，这需要 2 个机器周期。

外部中断响应最长时间为 8 个机器周期。这种情况发生在 CPU 进行中断标志查询时，刚好才开始执行 RETI 或是访问 IE 或 IP 的指令，则需把当前指令执行完再继续执行一条指令后，才能响应中断。执行 RETI 或是访问 IE 或 IP 的指令，需要 2 个机器周期。而接着再执行 1 条指令，按最长的指令（乘法指令 MUL 和除法指令 DIV）来算，也只有 4 个机器周期。再加上硬件子程序调用指令 LCALL 的执行，需要 2 个机器周期，所以，外部中断响应的最长时间为 8 个机器周期。

7.3.4 外部中断的触发方式

外部中断有两种触发方式：电平触发方式和跳沿触发方式。

电平触发方式：中断请求触发信号是具有一定宽度的低电平信号。外部中断申请触发器状态随着 CPU 在每个机器周期采样到的外部中断输入引脚电平变化而变化，在中断服务程序返回之前，外部中断请求输入必须无效（变为高电平），否则 CPU 返回主程序后会再次响应中断。电平触发方式适合于具有一定宽度的低电平信号的外部中断请求。

跳沿触发方式：中断请求触发信号是下跳变窄脉冲信号。在这种方式下，如果相继连续两次采样，一个机器周期采样到外部中断输入为高，下一机器周期采样为低，则中断申请触发器置 "1"，直到 CPU 响应此中断时，该标志才清 "0"。这样就不会丢失中断，但输入的负脉冲宽度至少要保持 1 个机器周期（$12/f_{osc}$），才能被 CPU 采样到。跳沿触发方式适合于以负脉冲形式输入的外部中断请求。

7.3.5 中断请求的撤销

中断请求被响应后，如何撤销中断请求是需要注意的问题。

1. 定时器/计数器中断请求的撤销

定时器/计数器的中断请求被响应后，硬件会自动把中断请求标志位（TF0 或 TF1）清"0"，因此定时器/计数器中断请求是自动撤销的。

2. 外部中断请求的撤销

1）跳沿方式外部中断请求的撤销。中断标志位（IE0 或 IE1）清"0"是在中断响应后由硬件自动完成的，所以跳沿方式的外部中断请求也是自动撤销的。

2）电平方式外部中断请求的撤销。中断标志位（IE0 或 IE1）清"0"是在中断响应后由硬件自动完成的。但同一个中断请求信号低电平宽度如果大于中断响应的时间，在以后的机器周期采样时，又会把已清"0"的 IE0 或 IE1 标志位重新置"1"。要彻底解决电平方式外部中断请求撤销，除标志位清"0"之外，还需在中断响应后把"中断请求信号"输入引脚从低电平强制改为高电平。为此，可以用外接硬件电路或用软件控制的方法解决。

推荐采用软件方法处理较为简洁。由于绝大部分情况下，触发电平的宽度是可以估算的，只要它不大于中断服务程序执行的时间，就可以在中断返回前用软件将 IE0 或 IE1 标志位清"0"。对触发电平宽度可能大于中断服务程序执行的时间的情况，可采用跳沿方式触发，避免电平触发带来的误触发。

3）串行口中断请求的撤销。串行口中断标志位是 TI 和 RI，对这两个中断标志 CPU 不会自动清"0"。因为响应串口中断后，CPU 无法知道是接收中断还是发送中断，还需测试这两个中断标志位来判定，然后才清除。所以串口中断请求的撤销只能在中断服务程序中使用程序命令对 TI、RI 清"0"。

7.4 中断服务及应用

7.4.1 中断服务程序结构

1. 汇编语言中断服务程序结构

STC89C52 在中断响应后，就会去执行对应的中断服务程序，中断服务程序是从中断服务程序的入口地址开始，见表 2-3。如果用汇编语言编写中断服务程序，其程序结构如图 7-8 所示，第一条指令一般在中断向量地址单元用一条 LJMP 指令，跳转到实际存放中断服务程序的起始地址（因为每个中断向量之间只有 8 字节）。"保护现场"和"恢复现场"是保护和恢复主程序中用的一些寄存器中的内容，以避免中断服务程序中使用这些寄存器而破坏了这些内容，用虚线框表示有时也可以不需要。"中断服务主体程序"是根据中断请求而进行相关处理的程序。最后一条指令必须是中断返回指令 IRET，执行这条指令会恢复断点，返回主程序断点处继续执行。

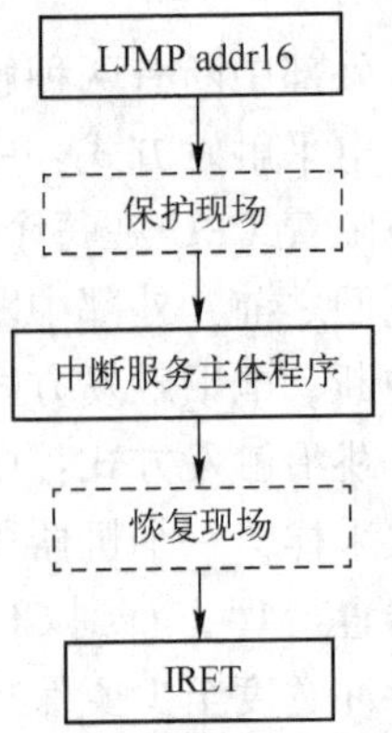

2. C51 中断服务函数

C51 中定义了中断函数，用来直接编写 C51 的中断服务程序。

图 7-8　中断服务程序结构

C51 的中断服务函数在 4.3.3 节中已做介绍，不再赘述。

C51 编写中断服务函数应遵循以下规则。

1）中断函数没有返回值。应将中断函数定义为 void 类型，明确说明无返回值。

2）中断函数不能进行参数传递，如果中断函数中包含任何参数声明都将导致编译出错。

3）中断函数不能直接调用，否则会产生编译错误。因为中断函数的返回是由指令 RETI 完成的，RETI 指令会影响 STC89C52 硬件中断系统内的中断优先级寄存器的状态。直接调用中断函数，不会执行 RETI 指令，其操作结果有可能产生一个致命错误。

4）如在中断函数中再调用其他函数，则被调用的函数所用的工作寄存器区必须与中断函数使用的工作寄存器区不同。

7.4.2 中断系统应用举例

在实际应用中，有各种各样的中断问题处理。本节以图 7-9 为主，介绍几种外部中断处理的方法。有关定时器/计数器的中断和串行通信的中断，将在后面有关章节介绍。

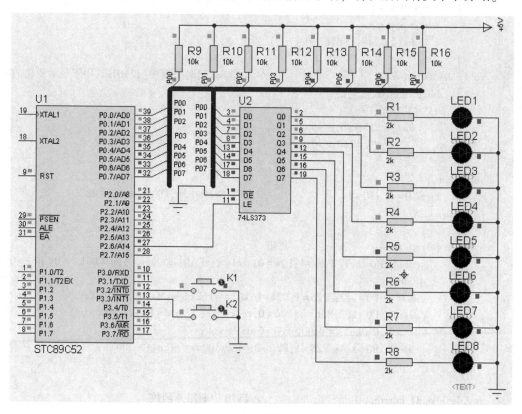

图 7-9　外部中断应用图例

【例 7-1】如图 7-9 所示，要求编程实现表 7-2 所示的功能。K1 每按 3 次，又从 0 开始。

解：由图和表可知，P0 口经锁存器输出高电平驱动 LED 发光，K1 连接到/INT0，当 K1 按下接地时，产生中断信号。

表 7-2　中断次数控制 LED 显示

K1 中断次数	LED 显示
0	流水灯
1	高低 4 位交替闪亮
2	双亮流水灯
3	循环加 1 二进制显示

参考程序如下:

```
#include <reg52.h>
sbit INT_0 = P3^2;
sbit P26 = P2^6;
unsigned int i=0,count=0;
unsigned char kc1=0x01,kc2=0x0f,kc3=0x03,kc4=0;
                              //不同中断次数下 LED 显示的初值
void delay10ms(void)          //约 10ms 延时子程序(12MHz),用于防键抖动
    {unsigned char  i,j,k;
    for(i=5;i>0;i--)
        for(j=4;j>0;j--)
            for(k=248;k>0;k--);
    }
void delay500ms(void)         //约 500ms 延时子程序(12MHz),用于显示变化的间隔
    {  unsigned char  i,j,k;
      for(i=10;i>0;i--)
            for(j=132;j>0;j--)
                  for(k=150;k>0;k--);
    }
void main()
{  EA=1; EX0=1; IT0=1;        //允许/INT0 中断,IT0=1 为边沿触发
    while(1)
    {
        switch (count)
          { case 0:P0=kc1; P26=1;P26=0; kc1<<=1;delay500ms();if (kd1==0) kc1=0x01;
            break;                                                      //0 次
            case 1: P0=kc2; P26=1;P26=0;kc2=~kc2;delay500ms(); break;   //1 次
            case 2: P0=kc3;P26=1;P26=0;kc3<<=1; kc3<<=1;delay500ms();   //2 次
                if (kc3==0x00) kc3=0x03; break;
            case 3: P0=kc4; P26=1;P26=0; delay500ms();kc4++; break;     //3 次
          }
    }
}
void int0(void) interrupt 0           ///INT0 中断服务函数
{
    delay10ms();                      //防按钮抖动,可根据实际情况调整
    if (INT_0==0)
    { count++;
        if (count==4) count=0;
    }
}
```

【例 7-2】 如图 7-9 所示，如果考虑两个外部中断源：在/INT0 输入引脚（P3.2）接按钮 K1，在/INT1 引脚（P3.3）接按钮 K2。要求 K1 和 K2 都未按下时，P0 口的 8 只 LED 呈流水灯显示，仅 K1 产生中断（按下再松开）时，上下各 4 只 LED 交替闪烁 10 次，然后再回到流水灯显示；K2 产生中断时，P1 口的 8 只 LED 全部按奇、偶间隔闪烁 10 次，然后再回到流水灯显示。设/INT1 为高优先级，/INT0 为低优先级。

解： 与【例 7-1】要求相比，本题增加了按钮 K2 作为/INT1 的中断源，涉及两个中断的处理。

参考程序如下：

```
#include <reg52. h>
#include <intrins. h>               //包含循环移位函数_crol_（ ）的头文件
#define uchar unsigned char
sbit P26 = P2^6;
uchar   k0 = 0x01;                   //无中断时显示的初值
void Delay(unsigned int i)           //延时函数 Delay( ),i 为形式参数
    {
        uchar j;
        for( ;i>0;i--)
        for(j=0;j<125;j++)
         {;}                          //空函数
    }
void   main( )                       //主函数
    {
        EA = 1;                       //总中断允许
        EX0 = 1;                      //允许外部中断 0 中断
        EX1 = 1;                      //允许外部中断 1 中断
        IT0 = 1;                      //选择外部中断 0 为跳沿触发方式
        IT1 = 1;                      //选择外部中断 1 为跳沿触发方式
        IP = 0x40;                    //设置/INT1 为高优先级,/INT0 为低优先级
        P0 = k0;
        while(1)
            {
                P26 = 1;P26 = 0;      //锁存器锁存 P0 口信号
                Delay(500);           //带实际参数调用,改变参数值就可以改变延时时间
                k0 = _crol_(k0,1);    //函数_crol_(k0,1)把 k0 中的数据循环左移 1 位
                P0 = k0;
            }
    }
void   int0_isr(void)   interrupt 0  //外部中断 0 的中断服务函数
    {
        uchar n;
        for(n=0;n<10;n++)            //高、低 4 位显示 10 次
            {
                P0 = 0x0f;            //高 4 位 LED 灭,低 4 位 LED 亮
                P26 = 1;P26 = 0;
                Delay(500);
                P0 = 0xf0;            //高 4 位 LED 亮,低 4 位 LED 灭
```

```
                    P26 = 1;P26 = 0;
                    Delay(500);
                }
        }
    void int1_isr (void)    interrupt 2              //外部中断 1 中断服务函数
    {
        uchar m;
        for(m=0;m<10;m++)                            //奇、偶数 LED 闪烁显示 10 次
        {
            P0 = 0x55;                               //奇数 LED 亮
            P26 = 1;P26 = 0;                         //锁存器锁存 P0 口信号
            Delay(500);
            P0 = 0x0aa;                              //偶数 LED 亮
            P26 = 1;P26 = 0;                         //锁存器锁存 P0 口信号
            Delay(500);
        }
    }
```

本例程序执行时，若没有中断发生，LED 按流水灯显示。当按一下 K1 时，产生一个低优先级外部中断 0 请求（跳沿触发），进入外部中断 0 中断服务程序，上、下 4 只 LED 交替闪烁。此时按一下 K2 时，产生一个高优先级的外部中断 1 请求（跳沿触发），进入外部中断 1 中断服务程序，使 8 只 LED 按照奇、偶间隔闪烁 10 次。当显示 10 次后，再从外部中断 1 返回继续执行外部中断 0 中断服务程序，上、下 4 只 LED 交替闪烁 10 次后返回主程序继续显示流水灯。若先按下 K2，则 8 只 LED 按照奇、偶间隔闪烁，此时再按下 K1，由于/INT0 优先级为低，所以单片机不会响应此中断，直至执行/INT1 中断，LED 奇、偶间隔闪烁 10 次后返回主程序，才会响应/INT0 中断。通过本例的运行，可以更好地理解多中断、中断优先级及中断嵌套等技术应用。

7.5 习题

1. STC89 系列单片机有几个中断源？有几级中断优先级？

2. STC89 系列单片机各中断标志是怎样产生的，又是如何清除的？

3. STC89 系列单片机响应中断后，中断入口地址各是多少？

4. 中断响应后，是怎么保护断点和保护现场的？

5. 试编写一段对中断系统初始化的程序，使之允许 INT0 * 、INT1 * 、T0 和串行口中断，且使中断优先级的顺序为 T0 →INT0 * →串行口中断→INT1 * 。

6. 外部中断有哪些触发方式？它们有什么区别？选用触发方式时要注意什么问题？

7. 对图 7-9 所示电路，编程实现以下功能。

1) INT0 * 具有比 INT1 * 高的优先级。

2) INT * 中断 1 次高 4 位灯亮、2 次低 4 位灯亮、3 次灯全暗，如此循环往复。

3) 在 INT0 * 中断 3 次到下一轮 1 次之间，允许 INT1 * 中断，其他时间不允许 INT1 * 中断。

4) 在允许 INT1 * 中断时，LED 以二进制形式显示 INT1 * 中断次数。

第8章 单片机的定时器/计数器

8.1 定时器/计数器 0 和 1 的结构及工作原理

8.1.1 定时器/计数器 0 和 1 的结构

STC89C52 单片机的定时器/计数器 0 和 1 结构如图 8-1 所示，与传统的 8051 单片机完全兼容。定时器/计数器 T0 由特殊功能寄存器 TH0、TL0 构成，T1 由特殊功能寄存器 TH1、TL1 构成。

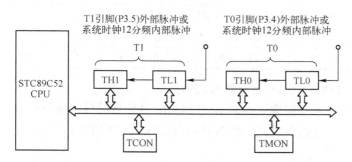

图 8-1 定时器/计数器结构框图

T0、T1 都有定时器和计数器两种工作模式。

计数器模式是对加在 T0（P3.4）和 T1（P3.5）两个引脚上的外部脉冲进行计数。

定时器模式是对系统时钟信号经 12 分频后的内部脉冲信号（机器周期）计数。由于系统时钟频率是定值，可根据计数值计算出定时时间。

两个定时器/计数器属于增 1 计数器，即每计一个脉冲，计数器增 1。

T0、T1 的工作是通过对单片机内部的特殊功能寄存器 TMOD 和 TCON 控制来实现的。TMOD 用于选择定时器/计数器 T0、T1 的工作模式（定时或计数）和工作方式（方式 0、1、2 和 3）；TCON 用于控制 T0、T1 的启动和停止计数，同时包含了 T0、T1 状态。

计数器起始计数从初值开始。单片机复位时计数器初值为 0，也可给计数器装入 1 个新的初值。

8.1.2 定时器/计数器 0 和 1 的控制字

1. 工作方式控制寄存器 TMOD

TMOD 用于选择定时器/计数器的工作模式和工作方式，字节地址为 89H，不能位寻址，格式如图 8-2 所示。8 位分为两组，高 4 位控制 T1，低 4 位控制 T0。各位作用说明如下。

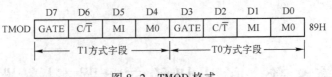

图 8-2　TMOD 格式

（1）GATE：门控位

当 GATE＝0 时，定时器是否计数由控制位 TRx（x＝0,1）来控制。

当 GATE＝1 时，定时器是否计数由外中断引脚 INTx＊上的电平与运行控制位 TRx 共同控制。

（2）M1、M0：工作方式选择位

M1、M0 4 种编码对应于 4 种工作方式的选择，见表 8-1。

表 8-1　定时器/计数器工作方式选择

M1	M0	工 作 方 式
0	0	方式 0：13 位定时器/计数器
0	1	方式 1：16 位定时器/计数器
1	0	方式 2：8 位自装载循环定时器/计数器
1	1	方式 3：仅用于 T0，双 8 位计数器

（3）C/T＊：计数器模式和定时器模式选择位

当 C/T＊＝0 时，定时器模式，对系统时钟 12 分频后的脉冲进行计数。

当 C/T＊＝1 时，计数器模式，计数器对外部输入引脚 T0（P3.4）或 T1（P3.5）的外部脉冲（负跳变）计数。

2. 定时器/计数器控制寄存器 TCON

TCON 字节地址 88H，位地址为 88H～8FH。格式如图 8-3 所示。

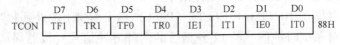

图 8-3　TCON 格式

第 7 章已介绍与外部中断有关的位。这里仅介绍计数运行控制位 TRx。

当 TRx＝1（x 为 0 或 1）时，启动计数器计数；当 TRx＝0 时，停止计数器计数。

该位可由软件置"1"或清"0"。

8.2　定时器/计数器 0 和 1 的工作方式

51 系列单片机的定时器/计数器有 4 种工作方式，可以根据应用情况进行选择使用。

8.2.1　方式 0

方式 0 的等效逻辑结构如图 8-4 所示（以 T1 为例）。

方式 0 为 13 位计数器，由计数器的低 5 位和高 8 位构成。如图中 TL1 低 5 位溢出，则

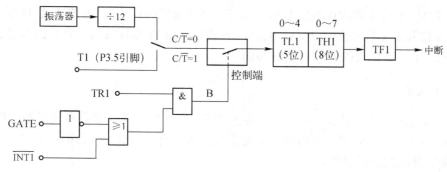

图 8-4 定时器/计数器方式 0 的逻辑结构框图

向 TH1 进位；TH1 计数溢出，则把 TCON 中的溢出标志位 TF1 置"1"。

TMOD 控制字的 C/T * 位控制电子开关决定两种工作模式：当 C/T * = 0 时，电子开关打在上面，T1（或 T0）为定时器工作模式，系统时钟 12 分频后的脉冲作为计数信号；当 C/T * = 1 时，电子开关打在下面，T1（或 T0）为计数器工作模式，对 P3.5（或 P3.4）引脚上的外部输入脉冲计数，当引脚上发生负跳变时，计数器加 1。每个机器周期 S5P2 期间，都对外部输入引脚 T0 或 T1 进行采样。如在第 1 个机器周期中采得值为"1"，而在下一个机器周期中采得的值为"0"，则再在下一个机器周期 S3P1 期间，计数器加 1。由于确认一次负跳变要花 2 个机器周期，即 24 个振荡周期，因此外部输入的计数脉冲的最高频率为系统振荡器频率的 1/24。例如选用 12 MHz 频率晶体，则可输入最高频率 500 kHz 的外部脉冲。对外输入信号占空比没有限制，但为确保某一给定电平在变化前能被采样 1 次，则该电平至少保持 1 个机器周期。

计数器是否计数由控制端 B 控制，对于 T1，控制信号 B = TR1 ∧（/INT1 ∨ GETE'），B = 1 接通模拟开关开始计数；B = 0 断开模拟开关停止计数。

当 GATE = 0 时，A 点电位恒为 1，B 点电位仅取决于 TRx 状态。当 TRx = 1 时，B 点为高电平，控制端控制电子开关闭合，允许 T1（或 T0）对脉冲计数。当 TRx = 0 时，B 点为低电平，电子开关断开，禁止 T1（或 T0）计数。

当 GATE = 1 时，B 点电位由 INTx * （x = 0, 1）的电平和 TRx 的状态两个条件来确定。当 TRx = 1，且 INTx * = 1 时，B 点才为 1，电子开关闭合，允许 T1（或 T0）计数。

8.2.2　方式 1

方式 1 的等效逻辑结构如图 8-5 所示（以 T1 为例）。

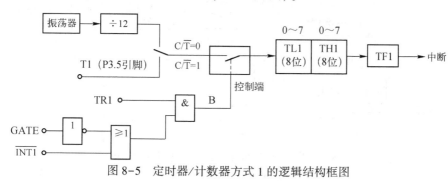

图 8-5　定时器/计数器方式 1 的逻辑结构框图

由图可见，方式 1 和方式 0 的差别仅在于计数器的位数不同，方式 1 为 16 位计数器，由 THx 高 8 位和 TLx 低 8 位构成（x=0,1），方式 0 则为 13 位计数器，有关控制状态位含义（GATE、C/T＊、TFx、TRx）与方式 0 相同。

8.2.3 方式 2

方式 0 和方式 1 在计数溢出后，计数器为全 0，即计数一遍后自动停止计数。因此在循环定时或循环计数应用时就存在用指令反复装入计数初值的问题，这会影响定时精度，方式 2 就是为解决此问题而设置的。

方式 2 的等效逻辑结构如图 8-6 所示（以 T1 为例）。

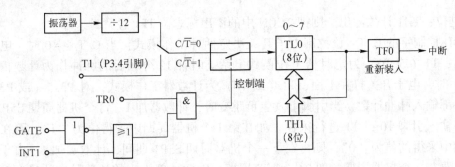

图 8-6 定时器/计数器方式 2 的逻辑结构框图

方式 2 为自动恢复初值（初值自动装入）的 8 位定时器/计数器，TLx（x=0，1）作为常数缓冲器，当 TLx 计数溢出时，在溢出标志 TFx 置"1"的同时，还自动将 THx 中的初值送至 TLx，使 TLx 从初值开始重新计数。只要不改变计数初值或停止计数，就一直用这个初值循环计数，省去用指令重装初值的执行时间，简化定时初值的计算方法。只要控制循环的次数，就可以实现长时间的精确定时。

8.2.4 方式 3

方式 3 是为增加一个附加的 8 位定时器/计数器而设置的，从而使 8051 单片机具有 3 个定时器/计数器。方式 3 只适用于 T0，T1 不能工作在方式 3。

T0 被选为方式 3 时的等效逻辑结构如图 8-7 所示。

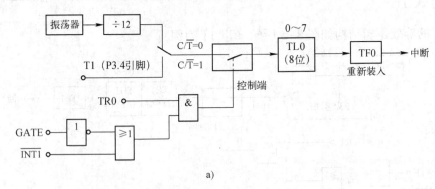

a)

图 8-7 定时器/计数器方式 3 的逻辑结构框图

a）TL0 作为 8 位定时器/计数器

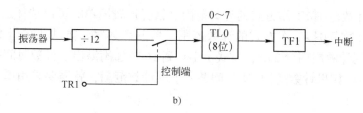

图 8-7　定时器/计数器方式 3 的逻辑结构框图（续）

b）TH0 作为 8 位定时器

T0 分为两个独立的 8 位计数器 TL0（图 8-7a）和 TH0（图 8-7b），TL0 使用 T0 的状态控制位 C/T＊、GATE、TR0，工作原理同方式 0、方式 1 一样，只是计数器位数是 8 位；而 TH0 被固定为一个 8 位定时器，只能对内部时钟脉冲计数，不能作为外部计数模式，并使用定时器 T1 的 TR1 控制计数器启/停模拟开关，用 TF1 作为中断请求源。

T0 工作在方式 3 时，T1 一般设置为方式 2，用作串口波特率发生器，产生固定频率的输出脉冲作为串行通信的时钟脉冲，其工作示意图如图 8-8 所示 。

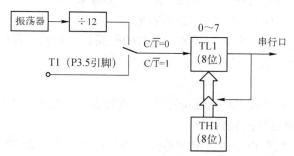

图 8-8　方式 3 时 T1 作为波特率发生器示意图

8.3　定时器/计数器 0 和 1 的编程和应用

8.3.1　定时器/计数器 0 和 1 的初始化

要使用单片机的定时器/计数器，就必须先对有关的特殊功能寄存器进行事先设置，也就是初始化。定时器/计数器要进行初始化设置的寄存器有 TMOD、TCON、IE，以及 T0、T1 中计数初值的确定。

1. 设置 TMOD 寄存器

要根据定时器/计数器使用要求，选择 T0 或 T1 的工作模式（C/T＊）、工作方式（M1、M0）和门控信号（GATE）。主要考虑以下因素。

（1）工作模式 C/T＊设置

若使用内部时钟信号来计数，C/T＊=0 为定时模式；若使用 T0 或 T1 引脚信号来计数，C/T＊=1 为计数模式。

（2）工作方式 M1、M0 的设置

应综合考虑定时器/计数器的要求和工作方式的相符合，无非是以下两种情况。

1）要求的计数范围<工作方式的计数范围。情况比较简单时可以选择这种工作方式。

2）要求的计数范围>工作方式的计数范围。单遍计数时，方式 1 的计数范围最长，若晶振为 6 MHz，则计数周期为 2 μs，方式 1 由 0 到 16 位加满溢出，计数时间范围是 0~65536×2 = 0~131072 μs。如果计数范围<实际问题要求的计数范围，就需要采用循环计数结果相加的方法。

（3）门控信号 GATE

一般在定时模式下，GATE 设置为"0"，使计数只受 TR0 或 TR1 控制。在计数模式下，GATE 设置为"1"，使计数受到 TRx（x = 0,1）和 INTx * （x = 0,1）两个信号控制。

2. 设置定时器的计数初值

T0、T1 的计数时间范围和晶振频率、计数初值及工作方式有关，设计数初值为 X，则不同工作方式的计数时间范围如下。

工作方式 0 的定时时间 = $(2^{13}-X) \times 12/$晶振频率

工作方式 1 的定时时间 = $(2^{16}-X) \times 12/$晶振频率

工作方式 2 的定时时间（一遍）= $(2^8-X) \times 12/$晶振频率

工作方式 3 的定时时间 = $(2^8-X) \times 12/$晶振频率

对于一个具体的应用，晶振频率和要求定时的时间是已知的，所以，在选定工作方式之后，就是用以上式子计算出计数初值 X，并送给定时器。

3. 设置 IE 寄存器

若使用 T0 或 T1，需要对中断允许寄存器 IE 进行设置，允许其中断。

4. 启动和停止定时器/计数器计数

以上设置完成后，就可以通过将定时器控制寄存器 TCON 中的 TRx 置"1"或清"0"，来启动或停止定时器/计数器计数。启动计数是从计数器中的当前值开始，停止计数则保持当时计数器中的值。

8.3.2 定时器/计数器 0 和 1 的应用

1. 单遍定时时间大于要求的定时时间

【例 8-1】对 STC89C52 单片机编程，用 T0 实现在 P2.0 引脚输出周期为 100 ms 的方波，设晶振频率为 12 MHz。

解：由题意分析可知，单片机机器周期 = $12/f_{osc}$ = 1 μs，T0 工作在方式 1 时最大计数值是 2^{16} 次，即 65536 μs。方波高、低电平各占 1/2 周期为 50 ms，T0 采用工作方式 1 计数 50000 次就是 50 ms。这种情况属于单遍定时时间大于要求的定时时间，所以设置计数初值 X = 65536 - 50000 = 15536。

参考程序如下：

```
#include <reg52. h>
sbit P20 = P2^0;
void main( )
    {
        EA = 1; ET0 = 1;                        //允许 T0 中断
        TMOD = 0x01;                            //设置 T0 工作方式 1
        TH0 = 15536/256;TL0 = 15536%256;       //设置计数初值
```

```
            TR0 = 1;                                //启动计数
            while(1){};
        }
    void t0(void) interrupt 1                        //T0 中断服务函数
        {
            TH0 = 15536/256;TL0 = 15536%256;         //计数初值
            P20 = !P20;                              //P20 引脚电平取反
        }
```

2. 单遍定时时间小于要求的定时时间

【例 8-2】对【例 6-1】（图 6-2a）程序进行修改，把原程序中的软件延时函数用定时器/计数器 T1 进行定时控制，制作流水灯。

解：（1）问题分析

由题意分析可知，原题用软件延时函数延时，现在改为用硬件延时 1 s。若设晶振为 12 MHz，则机器周期为 1 μs，1 s = 1000000 μs，需要计数 1000000 次。不任哪种工作方式，单遍定时时间都小于 1 s，类似这样的情况，就需要采用多次循环计数累加的办法。工作方式 2 适合用于这类定时，具体实现如下。

1) 对要求的定时时间分解为乘积形式，其中一个因子小于 256（工作方式 2 的最大计数值），作为方式 2 的计数次数；另一个因子可以声明一个整型变量，用来在程序中计算循环计数产生中断的次数。如本题 1000000 μs = 250×4000 μs，256 - 250 = 6 作为计数初值，4000 为中断次数。

2) 设置定时器/计数器工作为方式 2，并把计数初值同时赋给 THx 和 TLx，进行循环计数。如本题中使 TH1 = TL1 = 6，允许 T1 中断，置 TR1 = 1。

3) 把中断次数赋给一个整型变量，如 n = 4000。

4) 在中断服务程序中统计中断次数，如 n--。

5) 当达到中断次数时，即为达到要求的定时时间，再去执行所要求的中断请求服务。

如此采用多次循环计数累加的办法，可以处理任何时长的定时问题，当定时更长时，可使定时时长变成多个因子乘积形式，其中一个因子小于 256 作为计数次数，其他都用来计算中断次数。

（2）参考程序

```
    #include <reg52. h>
    #include <intrins. h>                       //包含循环移位函数_crol_(  )的头文件
    sbit P26 = P2^6;                            //定义 P2.6 为 74LS373 的锁存控制引脚
    unsigned int n = 4000;                      //中断次数变量赋值
    unsigned char led = 0x01;                   //最低位为高电平,LED 亮
    void main( )
    {
        EA = 1; ET1 = 1;                        //允许 T1 中断
        TMOD = 0x20;                            //设置 T1 工作方式 2
        TH1 = 6;TL1 = 6;                        //设置计数初值
        TR1 = 1;                                //启动计数
    while(1)
        {;}
```

```
            }
    void t0(void) interrupt 3                              //T1 中断服务函数
        {
            n--;
            if(n==0)
                {   n=4000;                                //中断次数重新赋值
                    P0=led;                                //LED 控制信号输出
                    P26=0;P26=1;                           //LED 驱动信号锁存
                    led= _crol_(led,1);                    //LED 中的数据循环左移 1 位
                }
        }
```

3. 有多个定时要求的情况

在实际应用中，往往有需要多个定时器同时定时的情况，遇到单片机定时器不够用时，通常可以扩展连接定时器芯片来增加定时器，这就需要扩展外部电路，增加硬件成本。而在一些情况下，可以通过对多路定时时间的分析，找到他们的共同特点，用软件处理代替硬件电路功能，从而简化定时器/计数器的使用。

【例 8-3】 设 STC89C52 单片机 f_{osc} = 12 MHz，电路如图 8-9 所示。要求用定时器定时产生三路占空比不一样的脉冲波信号，即在 P2.0、P2.1、P2.2 分别产生周期为 1000 ms，占空比为 4/5；周期 2000 ms，占空比为 1/2；周期为 3000 ms，占空比为 1/2 的脉冲信号。三路输出外接虚拟示波器进行仿真测量。

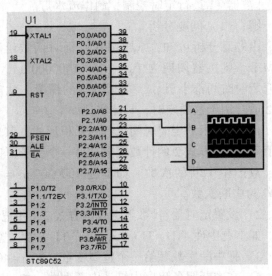

图 8-9 三路脉冲波形输出电路

解：（1）问题分析

1）按照题意 P2.0，P2.1，P2.2 输出的连续脉冲信号一个周期中高、低电平的时间见表 8-2，这些时间的共同特点就是它们的 1 个公约数是 100 ms，若定时器 250 μs 产生 1 次中断，则 T=100 ms=250×400 μs，需要 400 次定时中断，就有：800 ms=100 ms×8=400 次×8=3200 次；200 ms=100 ms×2=400 次×2=800 次；1000 ms=100 ms×10=400 次×10=4000 次；1500 ms=100 ms×15=400 次×15=6000 次。

表 8-2 输出脉冲波形要求

引　　脚	高　电　平	低　电　平
P2.0	800 ms	200 ms
P2.1	1000 ms	1000 ms
P2.2	1500 ms	1500 ms

2）由于计数脉冲周期为 1 μs，设用 T0 方式 2 定时，则计数初值 N = 256−250 = 6 = 0x06

（2）参考程序：

```
#include <reg52. h>
sbit P20 = P2^0;
sbit P21 = P2^1;
sbit P22 = P2^2;
unsigned    int n1 = 0, n2 = 0;                    //中断次数计数变量
void main( )
{   EA = 1; ET0 = 1;                               //开 T0 中断
    P2 = 0x07;                                     //三路波形起始都为高电平
    TMOD = 0x02;                                   //T0 工作在方式 2
    TH0 = 0x06; TL0 = 0x06;                        //送计数初值
    TR0 = 1;
    while( 1 ) { ; }
}
void t0( void ) interrupt 1                        //T0 中断服务函数
{   n1++; n2++;
        if ( n1 == 3200 )    { P20 = !P20; }       //P2.0 输出波形变低
        if ( n1 == 4000 )    { P20 = !P20; P21 = !P21; n1 = 0; }  //P2.0 波形变高, P2.1 输出波形
        if ( n2 == 6000 )    { P22 = !P22; n2 = 0; }  //P2.2 输出波形
}
```

以上程序在 PROTEUS 下仿真运行，在虚拟示波器上可以看到三路脉冲输出波形，如图 8-10 所示。

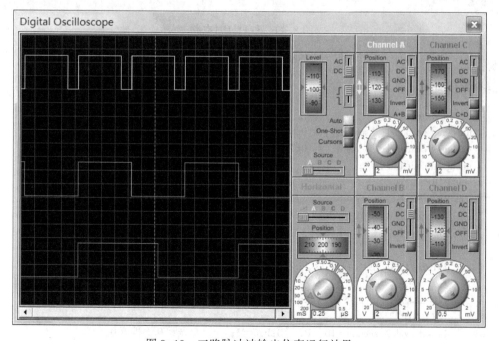

图 8-10　三路脉冲波输出仿真运行效果

4. LED 数码管秒表的制作

【例 8-4】用 2 位数码管显示计时时间，最小计时单位为 0.1 s，计时范围 0.1~9.9 s。当第 1 次按下计时功能键时，秒表开始计时并显示；第 2 次按一下计时功能键时，停止计时，将计时的时间值送到数码管显示；如果计时到 9.9 s，将重新开始从 0 计时；第 3 次按一下计时功能键，秒表清 0。再次按一下计时功能键，则重复上述计时过程。原理电路如图 8-11 所示。

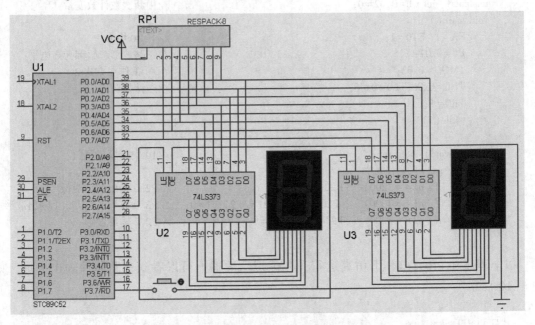

图 8-11 秒表计时电路

解：

参考程序如下：

```c
#include<reg52.h>
unsigned char code discode1[ ] = {0xbf,0x86,0xdb,0xcf,0xe6,0xed,0xfd,0x87,0xff,0xef};
unsigned char code discode2[ ] = {0x3f,0x06,0x5b,0x4f,0x66,0x6d,0x7d,0x07,0x7f,0x6f};
unsigned char timer=0;                        //timer 记录中断次数
sbit P26=P2^6;
sbit P27=P2^7;
unsigned char second;                         //second 储存秒
unsigned char key=0;                          //key 记录按键次数
main( )                                       //主函数
{   TMOD=0x01; ET0=1;EA=1;second=0;
    P26=0;P27=0;
    P0=discode1[second/10];P26=1;P27=0;       //显示秒位 0
    P26=0;P27=0;
    P0=discode2[second%10];P26=0;P27=1;       //显示 0.1 秒位 0
    P26=0;P27=0;
    while(1)
    {   if((P3 &0x80)= =0x00)                  //当按键被按下时
```

```
            key++;                                    //按键次数加 1
            switch(key)                               //根据按键次数分三种情况
            {   case 1:TH0=0xee; TL0=0x00;TR0=1;break;
                case 2:TR0=0; break;
                case 3: key=0; second=0;
                    P26=0;P27=0;
                    P0=discode1[second/10];P26=1;P27=0;
                    P26=0;P27=0;
                    P0=discode2[second%10];P26=0;P27=1;
                    P26=0;P27=0;break;
            }
        }
    }
}

void int_T0( ) interrupt 1 using 0
{   TR0=0;        TH0=0xee; TL0=0x00;
    timer++;                                          //记录中断次数
    if (timer==20)                                    //中断 20 次,共计时 20×5 ms=100 ms=0.1 s
    {   timer=0;                                       //中断次数清 0
        second++;                                      //加 0.1 s
        P26=0;P27=0;
        P0=discode1[second/10];P26=1;P27=0;           //根据计时,即时显示秒位
        P26=0;P27=0;
        P0=discode2[second%10];P26=0;P27=1;           //根据计时,即时显示 0.1 s 位
    }
    if(second==99)                                    //当计时到 9.9 s 时
    {   TR0=0;                                         //停止计时
        second=0;                                      //秒数清 0
        key=2;                                         //当再次按下按键时,key++,即 key=3,秒表
                                                       //  清 0 复原
    }
    else                                              //计时不到 9.9 s 时
        TR0=1;                                        //启动定时器继续计时
}
```

5. 测量脉冲宽度——门控位 GATEx 的应用

利用 GATE 测量 INT1 * 脚上正脉冲宽度。

【例 8-5】 参看图 8-6 所示电路,当 GATE1=1, TR1=1 时,只有 INT1 * 引脚输入高电平时, T1 才被允许计数,整个计数的时间就是脉冲宽度。利用该功能,可测量接在 INT1 * 引脚的正脉冲宽度。

原理电路如图 8-12 所示。利用门控位 GATE1 来测量 INT1 * 脚上正脉冲宽度,并在 6 位数码管上以机器周期数显示。

解: 由原理图分析可见:P0 口作为 I/O 口用作数码管的段码信号,P0 口需外接上拉电阻。P2.0~P2.5 用作 6 个数码管的位控制端选择信号,采用的是动态显示方式。INT1 * 引脚外接一个脉冲信号发生器,产生可调宽度的脉冲。

参考程序如下:

图 8-12　测量脉冲宽度电路

```c
#include<reg52.h>
#define uint unsigned int
#define uchar unsigned char
sbit P3_3=P3^3;                          //位变量定义
uchar count_high;                        //定义计数变量,用来读取 TH0
uchar count_low;                         //定义计数变量,用来读取 TL0
uint num;
uchar shiwan, wan, qian, bai, shi, ge;
uchar flag;
uchar code table[ ]={0x3f,0x06,0x5b,0x4f,0x66,0x6d,0x7d,0x07,0x7f,0x6f};   //共阴极数码管
                                                                           段码表

void delay(uint z)                       //延时函数
{    ……    }
void display(uint a,uint b,uint c,uint d,uint e,uint f)//数码管动态显示函数
{
    P2=0xfe; P0=table[f]; delay(2);      //显示十万位
    P2=0xfd; P0=table[e]; delay(2);      //显示万位
    P2=0xfb; P0=table[d]; delay(2);      //显示千位
    P2=0xf7; P0=table[c]; delay(2);      //显示百位
    P2=0xef; P0=table[b]; delay(2);      //显示十位
    P2=0xdf; P0=table[a]; delay(2);      //显示个位
}
void read_count()                        //读取计数寄存器的内容
{   do
    {   count_high=TH1;                  //读高字节
        count_low=TL1;                   //读低字节
    } while (count_high!=TH1);
```

162

```
            num=count_high*256+count_low;            //可将两字节的机器周期数进行显示处理
    }
    void main( )
    {   while(1)
        {       flag=0; TMOD=0x90; TH1=0; TL1=0;
                while(P3_3==1);                       //等待 INT1*变低
                TR1=1;                                //如果 INT1 为低,启动 T1(未真正开始计数)
                while(P3_3==0);                       //等待 INT1*变高,变高后 T1 真正开始计数
                while(P3_3==1);                       //等待 INT1*变低,变低后 T1 停止计数
                TR1=0;
                read_count( );                        //读计数寄存器内容的函数
                shiwan=num/100000;
                wan=num%100000/10000;
                qian=num%10000/1000;
                bai=num%1000/100;
                shi=num%100/10;
                ge=num%10;
                while(flag!=100)                      //减小刷新频率
                {
                    flag++;
                    display(ge,shi,bai,qian,wan,shiwan);
                }
            }
        }
    }
```

执行上述程序。晶振频率为 12 MHz, 如果调得信号源输出频率为 500 Hz 的方波, 则数码管显示为 1000。

【例 8-6】利用定时/计数器对生产过程进行控制。图 8-13 给出了一个生产过程的示意图。当生产线上无工件传送时, 在光线的照射下, 光电晶体管导通, T1 为低电平; 当工件通过光源时工件会遮挡光线, 光电晶体管截止, T1 为高电平。每传送一个工件, T1 端会出现一个正脉冲。利用定时/计数器 T1 对生产过程进行控制, 每生产出 10000 个工件, 使P1.7 输出一个正脉冲, 用于启动下一个工序。

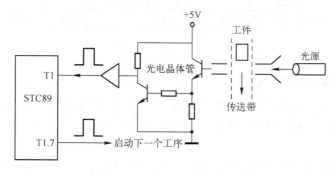

图 8-13　生产过程控制示意图

解: 参考程序:

```
#include <reg52.h>
```

```
sbit P17 = P1^7;
void main( )
{    EA=1; ET1=1;                    //开 T1 中断
TMOD=0x05;                           //T1 工作在方式 1 计数模式
        P17=0;
TH1=(65536-10000)/256; TL1=(65536-10000)%256; //送计数初值,对 T1 脚脉冲计数
                                              10000 次
TR1=1;
    while(1){};
}
void t1(void) interrupt 3            //T1 中断服务函数
{    P17=1;                          //P17 输出高电平波形
        TH1=(65536-10000)/256;
TL1=(65536-10000)%256;
TR1=1;
P17=0;
}
```

8.4 定时器/计数器 T2

STC89 系列单片机比传统的 8051 单片机新增加了一个 16 位定时器/计数器 T2。

8.4.1 T2 的特殊功能寄存器

与 T2 相关的特殊功能寄存器可参看表 2-4,共有 6 个：T2CON、T2MOD、RCAP2L、SCAP2H、TH2 和 TL2,这里主要介绍 T2CON 和 T2MOD。

1. T2 控制寄存器 T2CON

T2 有 3 种工作方式：自动重装载（递增或递减计数）、捕捉和波特率发生器,由控制寄存器 T2CON 中的相关位来进行选择。

T2CON 的字节地址为 C8H,可位寻址,位地址为 C8H~CFH,格式如图 8-14 所示。

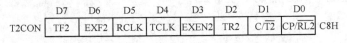

图 8-14 T2CON 位格式

T2CON 寄存器各位的定义如下。

TF2 （D7）：T2 计数溢出中断请求标志位。当 T2 计数溢出时,由内部硬件置位 TF2,向 CPU 发出中断请求。但是当 RCLK 位或 TCLK 位为 1 时将不予置位。本标志位必须由软件清 0。

EXF2 （D6）：T2 外部中断请求标志位。若由引脚 T2EX 上的负跳变引起"捕捉"或"自动重装载"且 EXEN2 位为 1,则置位 EXF2 标志位,并向 CPU 发出中断请求。该标志位必须由软件清 0。

RCLK （D5）：串行口接收时钟标志位。当 RCLK 位为 1 时,串行通信端使用 T2 的溢出信号作为串行通信方式 1 和方式 3 的接收时钟；当 RCLK 位为 0 时,使用 T1 的溢出信号作

为串行通信方式 1 和方式 3 的接收时钟。

TCLK（D4）：串行发送时钟标志位。当 TCLK 位为 1 时，串行通信端使用 T2 的溢出信号作为串行通信方式 1 和方式 3 的发送时钟；当 TCLK 位为 0 时，串行通信端使用 T1 的溢出信号作为串行通信方式 1 和方式 3 的发送时钟。

EXEN2（D3）：T2 外部采样允许标志位。当 EXEN2 位为 1 时，如果 T2 不是正工作在串行口的时钟，则在 T2EX 引脚（P1.1）上的负跳变将触发"捕捉"或"自动重装载"操作；当 EXEN2 位为 0 时，在 T2EX 引脚（P1.1）上的负跳变对 T2 不起作用。

TR2（D2）：T2 启动/停止控制位。当 TR2＝1 时，启动 T2 开始计数，当 TR2＝0 时，T2 停止计数。

C/T2＊（D1）：T2 的计数或定时方式选择位，当设置 C/T2＊＝1 时，为对外部事件计数方式；C/T2＊＝0 时，为定时方式。

CP/RL2＊（D0）：T2 捕捉/自动重装载选择位。当 EXEN2 为 1 时，CP/RL2＊＝1，则在 T2EX 引脚（P1.1）上的负跳变将触发"捕捉"操作；当 CP/RL2＊＝0 时，T2 计数溢出或 T2EX 引脚上的负跳变都将触发自动重装载操作。当 RCLK 位为 1 或 TCLK 位为 1 时，CP/RL2＊标志位不起作用。

通过软件编程对 T2CON 中的相关位进行设置来选择 T2 的 3 种工作方式：16 位自动重装载（递增或递减计数）、捕捉和波特率发生器，见表 8-3。

表 8-3　T2 工作方式设置

ECLK	TCLK	CP/RL2＊	TR2	工 作 模 式
0	0	0	1	16 位自动重装载
0	0	1	1	16 位捕捉
0	1	×	1	波特率发生器
1	0	×	1	
×	×	×	0	停止工作

2. 特殊功能寄存器 T2MOD

T2MOD 寄存器的格式如图 8-15 所示。

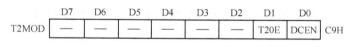

图 8-15　T2MOD 格式

T2MOD 寄存器各位的定义如下。

T2OE（D1）：T2 输出的启动位。

DCEN（D0）：当 DCEN 为 0 时，T2 为增 1 计数方式；当 DCEN 置"1"时，允许 T2 增 1/减 1 计数，并由 T2EX 引脚（P1.1）上的逻辑电平决定是增 1 还是减 1 计数。

8.4.2　T2 的 16 位自动重装载方式

T2 的 16 位自动重装载工作方式如图 8-16 所示。

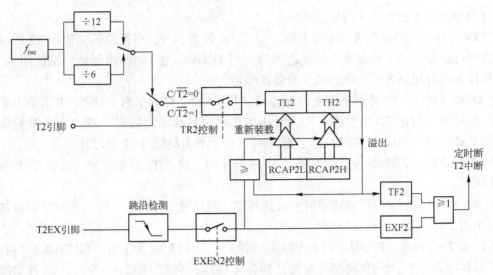

图 8-16　T2 的自动重装载方式的工作示意图

当使用 T2 时，P1.0 和 P1.1 就不能作 I/O 口用了。另外有两个中断请求 TF2 和 EXF2，通过一个"或"门输出。因此当单片机响应中断后，在中断服务程序中应该用软件识别是哪一个中断请求，分别进行处理，该中断请求标志位必须用软件清 0。

1）当设置 T2MOD 寄存器的 DCEN 位为 0（或上电复位为 0）时，T2 为增 1 型自动重新装载方式，此时根据 T2CON 寄存器中的 EXEN2 位的状态，可选择以下两种操作方式。

① 当 EXEN2 标志位清 0，T2 计满溢出回 0，一方面使中断请求标志位 TF2 置"1"，同时又将寄存器 RCAP2L、RCAP2H 中预置的 16 位计数初值自动重装入计数器 TL2、TH2 中，自动进行下一轮的计数操作，其功能与 T0、T1 的方式 2（自动装载）相同，只是本计数方式为 16 位，计数范围大。RCAP2L、RCAP2H 寄存器的计数初值由软件预置。

② 当设置 EXEN2 标志位为 1，T2 仍具有上述①中的功能，并增加了新的特性。当外部输入引脚 T2EX（P1.1）产生负跳变时，能触发三态门将 RCAP2L、RCAP2H 陷阱寄存器中的计数初值自动装载到 TH2 和 TL2 中，重新开始计数，并置位 EXF2 为 1，发出中断请求。

2）当 T2MOD 寄存器的 DCEN 位置为 1 时，可以使 T2 既可以增 1 计数，也可实现减 1 计数，增 1 还是减 1 取决于 T2EX 引脚上的逻辑电平。图 8-17 为 T2 增 1/减 1 计数方式的结构示意图。

由图 8-17 可见，当设置 DCEN 位为 1 时，可以使 T2 具有增 1/减 1 计数功能。

当 T2EX（P1.1）引脚为"1"时，T2 执行增 1 计数功能。当不断加 1 计满溢出回 0时，一方面置位 TF2 为 1，发出中断请求，另一方面，溢出信号触发三态门，将存放在陷阱寄存器 RCAP2L、RCAP2H 中的计数初值自动装载到 TL2 和 TH2 计数器中，并继续进行加 1计数。

当 T2EX（P1.1）引脚为"0"时，T2 执行减 1 计数功能。当 TL2 和 TH2 计数器中的值等于陷阱寄存器 RCAP2L、RCAP2H 中的值时，产生向下溢出，一方面置位 TF2 为 1，发出中断请求，另一方面，下溢信号触发三态门，将 0FFFFH 装入 TL2 和 TH2 计数器中，继续进行减 1 计数。

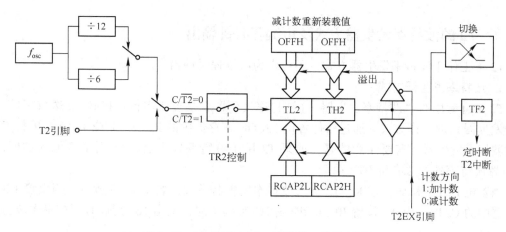

图 8-17 T2 的增 1/减 1 计数的工作示意图

中断请求标志位 TF2 和 EXF2 位必须用软件清 0。

8.4.3 T2 的捕捉方式

捕捉方式就是及时"捕捉"住输入信号发生的跳变及有关信息。常用于精确测量输入信号的变化，如脉宽等。捕捉方式的工作示意结构如图 8-18 所示。

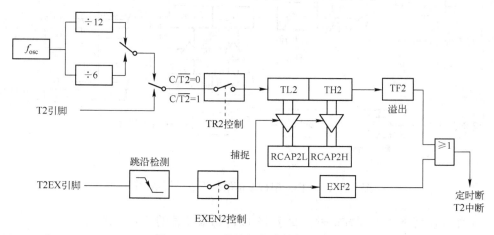

图 8-18 T2 的捕捉方式结构示意图

根据 T2CON 寄存器中 EXEN2 位的不同设置，"捕捉"方式有以下两种选择。

1) 当 EXEN2 位 = 0 时，T2 是一个 16 位的定时器/计数器。当设置 C/T2 * 位为 1 时，选择外部计数方式，即对 T2 引脚（P1.0）上的负跳变信号进行计数。计数器计满溢出时置"1"中断请求标志 TF2，发出中断请求信号。CPU 响应中断进入该中断服务程序后，必须用软件将标志位 TF2 清 0。其他操作均与 T0 和 T1 的工作方式 1 相同。

2) 当 EXEN2 位 = 1 时，T2 除上述功能外，还可增加"捕捉"功能。当外部 T2EX 引脚（P1.1）上的信号发生负跳变时，将选通三态门控制端（见图 8-18"捕捉"处），把计数器 TH2 和 TL2 中的当前计数值分别"捕捉"进 RCAP2L 和 RCAP2H 中，同时 T2EX 引脚（P1.1）上的信号负跳变将置位 T2CON 的 EXF2 标志位，向 CPU 请求中断。

8.4.4 T2 的波特率发生器方式及可编程时钟输出

T2 可工作于波特率发生器方式，还可作为可编程时钟输出。

1. 波特率发生器方式

T2 具有专用的"波特率发生器"（波特率发生器就是控制串行口接收/发送数字信号的时钟发生器）的工作方式。通过软件置位 T2CON 寄存器中的 RCLK 和/或 TCLK，可将 T2 设置为波特率发生器。需要注意的是，如果 T2 用于波特率发生器、T1 用于其他的功能，则 T2 设置波特率的方法有所不同。

当置位 RCLK 和/或 TCLK，T2 进入波特率发生器模式，如图 8-19 所示。当设置 T2CON 寄存器中的 C/T2∗ 为 0，设置 RCLK 和/或 TCLK 为 1 时，输出 16 分频的接收/发送波特率。

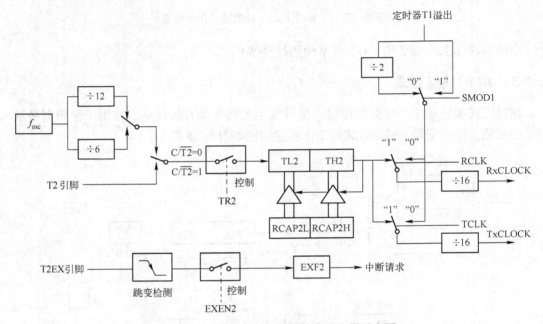

图 8-19　T2 作为串行通信波特率发生器示意图

T2 工作在波特率发生器方式时，属于 16 位自动重装载的定时模式。

1）如果 T2 采用外部时钟（由 T2 引脚输入），串行通信方式 1 和方式 3 的波特率计算公式为

串行通信方式 1 和方式 3 的波特率 = 定时器 T2 的溢出率/16

2）如果 T2 采用内部时钟，T2 溢出率和系统的机器周期有关，则串行通信方式 1 和方式 3 的波特率计算公式为

串行通信方式 1 和方式 3 的波特率$(bit/s) = f_{osc}/(n×(65536-(RCAP2H, RCAP2L)))$

式中 "RCAP2H RCAP2L" 即陷阱寄存器 RCAP2H 和 RCAP2L 中的内容，为 T2 的自动重装值，16 位。n 有两种取值，6T 模式时取值 16，12T 模式时取值 32。T2 用作波特率发生器时，其波特率设置范围极广。

2. 可编程时钟信号输出

T2 可通过软件编程在 P1.0 引脚输出时钟信号。P1.0 除用作通用 I/O 引脚外还有两个

功能可供选用：用于 T2 的外部计数输入和频率为 61 Hz ~ 4 MHz 的时钟信号输出。图 8-20 为时钟输出和外部事件计数方式示意图。

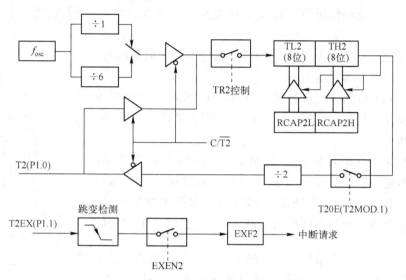

图 8-20　时钟输出和外部事件计数方式示意图

通过软件对 T2CON. 1 位 C/T2 ∗ 复位为 0，对 T2MOD. 1 位 T2OE 置 1 就可将 T2 选定为时钟信号发生器，而 T2CON. 2 位 TR2 控制时钟信号输出开始或结束（TR2 为启动/停止控制位）。由主振频率 f_{osc} 和 T2 定时、自动重装载方式的计数初值决定时钟信号的输出频率，其设置公式如下：

时钟信号输出频率=f_{osc}/[n×(65536-(RCAP2H RCAP2L))]

式中，n 有两种取值，6T 模式时取值 2，12T 模式时取值 4。

由式可见，在 f_{osc} 确定后，时钟信号输出频率就取决于 RCAP2H RCAP2L 寄存器中的计数初值。

在时钟输出模式下，计数器溢出回 0 不会产生中断请求。这种功能相当于 T2 用作波特率发生器，同时又可用作时钟发生器。但必须注意，无论如何波特率发生器和时钟发生器都不能单独确定各自不同的频率，原因是两者都用同一个寄存器 RCAP2H、RCAP2L，不可能出现两个计数初值。

8.5　习题

1. STC89 系列单片机有几个定时器/计数器？各有几种什么工作方式，分别具有什么功能？

2. 特殊功能寄存器 TMOD、TCON、THx、TLx 在定时器/计数器中起什么作用？工作方式如何设置？

3. 用 C51 编写一个对 STC89 系列单片机 T0 初始化的函数，要求工作方式 1 定时，中断优先级为 2 级，计数 1000 次产生溢出中断。

4. 设系统时钟为 12 MHz，STC89 系列单片机在定时器工作在方式 0、方式 1 时最大的定时时间是多少？

5. 设 STC89C51 外接晶体振荡器频率 f_{osc} = 6 MHz，请问它的振荡周期、时钟周期及机器周期各是多少？在这种情况下，若采用 T0 定时，工作在方式 1，计数初值为 65036，则定时时间为多少？

6. 当要求的定时时间远大于定时器一遍计数的计数范围时，如何处理才能得到准确的定时？

7. 如图 8-21 所示，用单片机的 P10～P17 控制一个共阳极的 8 段数码管，编写一个程序，控制数码管依次循环显示 9～0。显示间隔时间 1 s。

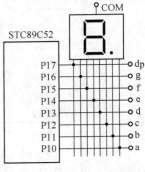

STC89C52

图 8-21

8. 设 STC89C52 单片机 f_{osc} = 12 MHz，电路如图 8-9 所示。要求用定时器定时产生三路占空比不一样的脉冲波信号，即在 P2.0、P2.1、P2.2 分别产生周期为 1000 ms，占空比为 2/5；周期 2000 ms，占空比为 4/5；周期为 4000 ms，占空比为 1/2 的脉冲信号。

9. 图 8-22 是一个产品尺寸检测的电路示意图。INT0 ∗ 引脚输入高电平代表产品的尺寸大小，当高电平时间超过 0.5 s 表示产品不合格，单片机 P1.7 脚输出一个正脉冲，用于启动执行机构剔除该产品。利用定时/计数器 T0 对产品检测过程进行控制，设系统时钟 f_{osc} = 12 MHz。

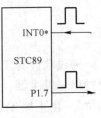

INT0∗

STC89

P1.7

图 8-22

10. 能否用单片机内部 2 个定时器串行定时来实现较长时间定时？如果能，怎么实现？有什么限制？程序定时的定时时间如何确定？

第9章　串行通信及串行接口

9.1　串行通信基础

9.1.1　串行通信的基本方式

计算机通信的基本方式可分为并行通信和串行通信：并行通信是数据的各位同时发送或同时接收；串行通信是数据的各位依次逐位发送或接收。

串行通信通信线路少，布线简便易行，适合远距离传输。串行通信有两种基本方式，即异步串行通信和同步串行通信。

1. 异步串行通信

异步串行通信指每个数据以相同的帧格式传送，如图9-1所示。每一帧信息由起始位、数据位、奇偶位和停止位组成，从起始位开始到停止位结束的全部内容称为"一帧"。行通信时，发送端和接收端可以由各自的时钟来控制数据的发送和接收，这两个时钟源彼此独立，互不同步。

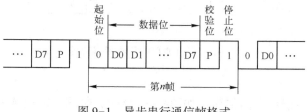

图9-1　异步串行通信帧格式

起始位：1 bit，逻辑"0"。

数据位：根据需要，可以设置选择不同位数，传送时低位在前，高位在后。

校验位：0或1 bit，可选择有校验或无校验。当有校验时可设置奇、偶校验，数据位和校验位含"1"的个数为奇数是奇校验，为偶数是偶校验。

停止位：可选择1 bit、1位半或2 bit，通常选1位逻辑"1"。

不传送数据时处于空闲状态，此时通信线路上为逻辑"1"。

2. 同步传送方式

同步串行通信是以数据块传输数据，数据传送格式如图9-2所示。每一数据块由同步字符、数据字符和校验字符（CRC）组成。开始时发送一个或两个同步字符，用于确认数据字符的开始，以使发送端与接收端双方获得同步。数据字符在同步字符之后，个数没有限制，由所需传输的数据块长度来决定，数据块的各个字符间不存在起始位和停止位，所以通信速度比异步通信快。校验字符有1~2个，用于接收端对接收到的字符序列进行正确性的校验。同步串行通信要求发送时钟和接收时钟保持严格的同步。

| 同步字符 | 同步字符 | 数据段 | CRC字符#1 | CRC字符#2 |

图9-2 同步串行通信帧格式

9.1.2 串行通信的传输模式

串行通信有三种传输模式：单工、半双工和全双工，如图9-3所示。

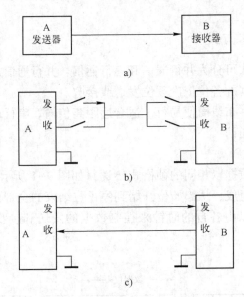

图9-3 串行通信的三种传输方法
a) 单工 b) 半双工 c) 全双工

单工传输：数据只能单方向传输，如图9-3a所示，数据只能由A传到B。

半双工传输：数据可以分时在A、B之间发送或接收，如图9-3b所示，同一时刻只能有一个方向上的传输存在，通信任一方发送和接收用同一根线。

全双工传输：数据可以同时在A、B之间发送和接收，如图9-3c所示，通信任一方发送和接收用不同的两根线。

9.1.3 RS-232C异步通信接口

RS-232接口是个人计算机上的异步传输标准接口，由美国电子工业协会（Electronic Industries Association，EIA）所制定的。通常RS-232接口有9个引脚（DB-9）或是25个引脚（DB-25）两种。一般个人计算机上会有两组RS-232接口，分别称为COM1和COM2。它适合于数据传输速率在0~20000 bit/s范围内的通信。它最初是为远程通信连接数据终端设备（Data Terminal Equipment，DTE）与数据通信设备（Data Communication Equipment，DCE）而制定的。

RS-232的标准主要指其物理连接标准和串行通信格式。

（1）物理连接

该标准规定采用一个 25 引脚的 DB-25 连接器，对连接器的每个引脚的信号功能、信号的电平加以规定。后来 IBM 的 PC 将 RS-232 简化成 9 个引脚的 DB-9 连接器，从而成为事实标准。RS-232 的引脚信号见表 9-1，而工业控制的 RS-232 口一般只使用 RXD、TXD、GND 三条线，通信双方 GND 相连，RXD 和 TXD 交叉连接，如图 9-4 所示。

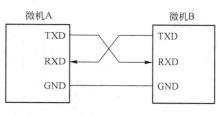

图 9-4　异步串行通信三线连接

表 9-1　RS-232 串口引脚定义

信 号 名 称	25D 引脚	9 针引脚	信号功能定义
DCD	8	1	载波检测（输入）
RXD	3	2	接收数据（输入）
TXD	2	3	发出数据（输出）
DTR	20	4	数据终端就绪（输出）
SG	7	5	信号地线（GND）
DSR	6	6	数据装置就绪（输入）
RTS	4	7	请求发送（输出）
CTS	5	8	允许发送（输入）
RI	22	9	振铃指示（输入）

RS-232 信号传输采用负逻辑电平，即 TxD 和 RxD 信号，逻辑 1 = -3 ~ -15 V；逻辑 0 = +3 ~ +15 V。在进行连接时，一定要区分通信的双方采用的逻辑电平是否一致，如果一致，可以直接连接；如果不一致，则需要进行电平连接的转换（参看图 5-32a）。

在 RTS、CTS、DSR、DTR 和 DCD 等控制线上，信号有效（接通状态）= +3 ~ +15 V；信号无效（断开状态）= -3 ~ -15 V。

（2）通信格式

如图 9-1 所示，其中数据位可设置 5~8 bit 4 种。

通过 RS-232 通信，通信双方的波特率设置和帧格式的设置必须一致，才能保证数据正确的传送。波特率即信号传输的速率，对于二进制数据来说，就是每秒传送的二进制位数（bit/s）。

9.2　单片机串行接口的结构

9.2.1　串行口构成及工作原理

STC89C52 串行口内部结构如图 9-5 所示。由图可见，单片机串行接口组成如下。

1）接收、发送缓冲器 SBUF（特殊功能寄存器）。有两个各自独立的缓冲区，可同时收发数据，两个缓冲器共用一个特殊功能寄存器字节地址（99H）。

2）控制寄存器。与串行通信控制有关的特殊功能寄存器有串行通信控制寄存器 SCON

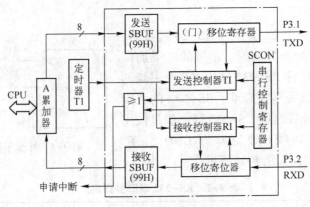

图 9-5 串行口结构

和波特率因子选择寄存器 PCON，通过对其设置，实现对串行通信的控制。

3）发送控制器和接收控制器。主要是根据串行控制寄存器的设置，传送波特率发生器 T1 产生的移位控制脉冲，在移位寄存器中形成发送帧（发送端）和分解接收帧（接收端），产生串行中断请求信号 TI 或 RI。

4）移位寄存器。在发送端起到"并转串"作用，把发送缓冲区的数据按照帧格式逐位移出；在接收端起到"串转并"作用，把串行接收的数据逐位移入接收缓冲区。

9.2.2 串行口控制寄存器

1. 串行口控制寄存器 SCON

串行口控制寄存器 SCON，字节地址 98H，可位寻址。SCON 格式如图 9-6 所示。各位定义如下。

SCON	D7	D6	D5	D4	D3	D2	D1	D0	
	SM0	SM1	SM2	REN	TB8	TB8	TI	RI	98H
位地址	9FH	9EH	9DH	9CH	9BH	9AH	99H	98H	

图 9-6 串行口控制寄存器格式

1）SM0、SM1：串口 4 种工作方式选择。

SM0、SM12 位编码对应 4 种工作方式，见表 9-2。

表 9-2 串行通信工作方式

SM0	SM1	方 式	功 能 说 明	波 特 率
0	0	0	同步移位寄存器方式	波特率 $=f_{osc}/12$
0	1	1	8 位异步收发	波特率 $=2^{SMOD}/32\times$定时器 T1 的溢出率
1	0	2	9 位异步收发	波特率 $=f_{osc}\times(2^{SMOD}/64)$
1	1	3	9 位异步收发	波特率 $=2^{SMOD}/32\times$定时器 T1 的溢出率

2）SM2：多机通信控制位。SM2 主要用于多机通信。

当串口以方式 2 或方式 3 接收时，当 SM2 = 1 时，则只有当接收到的第 9 位数据（RB8）为"1"时，才使 RI 置"1"，产生中断请求，并将收到的前 8 位数据送入 SBUF；当收到的第

174

9 位数据（RB8）为"0"时，则将收到的前 8 位数据丢弃。当 SM2=0 时，则不论第 9 位数据是"1"还是"0"，都将接收的前 8 位数据送入 SBUF 中，并使 RI 置"1"，产生中断请求。

当串口为方式 1 时，如果 SM2=1，则只有收到有效的停止位时 RI 自动置"1"。

当串口为方式 0 时，SM2 必须为"0"。

3）REN：允许串行接收位。REN=1/0，允许/禁止串行接收。

4）TB8：发送的第 9 位数据。在方式 2 和方式 3 时，TB8 是要发送的第 9 位数据，其值由软件置"1"或清"0"。在双机串行通信时，TB8 一般作为奇偶校验位使用；也可在多机串行通信中表示主机发送的是地址帧还是数据帧，当 TB8=1 时为地址帧，当 TB8=0 时为数据帧。

5）RB8：接收的第 9 位数据。在方式 2 和方式 3 时，RB8 存放接收到的第 9 位数据。

6）TI：发送中断标志位。

7）RI：接收中断标志位。

2. 特殊功能寄存器 PCON

PCON 字节地址为 87H，不能位寻址。格式如图 9-7 所示。

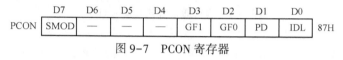

图 9-7　PCON 寄存器

SMOD 位：波特率选择位。当 SMOD=1 时波特率加倍，所以也称 SMOD 位为波特率倍增位。

9.3　串行口的工作方式

9.3.1　方式 0

方式 0 为同步移位寄存器输入/输出方式。该方式并不用于单片机间的异步串行通信，而是用于外接移位寄存器，用来扩展并行 I/O 口。方式 0 以 8 位数据为 1 帧，没有起始位和停止位，先发送或接收最低位。波特率固定为 $f_{osc}/12$。

1. 方式 0 输出的工作原理

当串口设置在方式 0 输出时，将数据写入发送缓存区的下一个机器周期，串行数据由 RXD 端（P3.0）送出，移位脉冲由 TXD 端（P3.1）送出。在移位脉冲的作用下，串行口发送缓冲器的数据逐位地从 RXD 端输出。如图 9-8 所示。

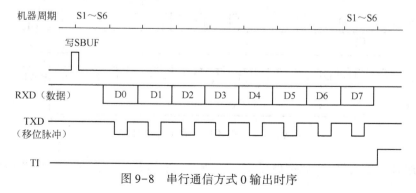

图 9-8　串行通信方式 0 输出时序

2. 方式 0 输入

当 CPU 向串行口 SCON 寄存器写入控制字（设置为方式 0，并使 REN 位置 "1"，同时 RI=0）时，产生一正脉冲，串口开始接收数据。引脚 RXD 为数据输入端，TXD 为移位脉冲信号输出端，当接收器接收完 8 位数据时，中断标志 RI 置 "1"，表示一帧接收完毕，可进行下一帧接收，时序如图 9-9 所示。

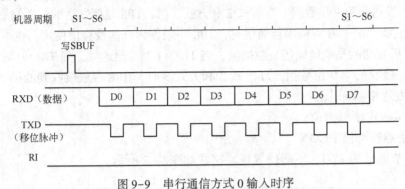

图 9-9　串行通信方式 0 输入时序

9.3.2　方式 1

方式 1 为双机串行通信方式，如图 9-4 所示。TXD 和 RXD 引脚分别用于发送和接收数据。

方式 1 收发一帧数据为 10 位，1 个起始位（0），8 个数据位，1 个停止位（1），先发送或接收最低位。方式 1 帧格式如图 9-10 所示。

图 9-10　串行通信方式 1 帧格式

方式 1 为波特率可变的 8 位异步通信接口，方式 1 的波特率 = $2^{SMOD}/32 \times$ 定时器 T1 的溢出率。

1. 方式 1 发送

串口以方式 1 输出，数据位由 TXD 端输出，发送一帧信息为 10 位，1 位起始位 0，8 位数据位（先低位）和 1 位停止位 1，当 CPU 执行写数据到发送缓冲器 SBUF 的命令后，就启动发送。方式 1 发送时序如图 9-11 所示。

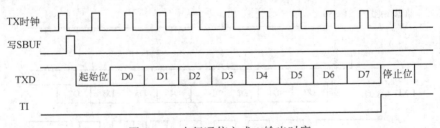

图 9-11　串行通信方式 1 输出时序

图中发送时钟 TX 的时钟频率就是发送波特率。发送开始时，内部逻辑将起始位向 TXD

引脚（P3.1）输出，此后每经 1 个 TX 时钟周期，便产生 1 个移位脉冲，并由 TXD 引脚输出 1 个数据位。8 位全发送完后，中断标志位 TI 置 "1"。

2. 方式 1 接收

当串行口以方式 1 接收时，数据从 RXD（P3.0）引脚输入。当检测到起始位负跳变时，则开始接收。方式 1 接收时序如图 9-12 所示。

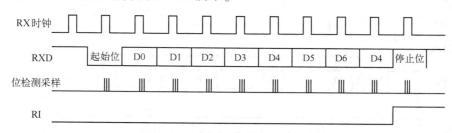

图 9-12　串行通信方式 1 输入时序

接收时，定时控制信号有两种，一种是接收移位时钟（RX 时钟），频率和传送的波特率相同，另一种是位检测器采样脉冲，它的频率是 RX 时钟的 16 倍。也就是在 1 位数据期间，有 16 个采样脉冲，以波特率的 16 倍速率采样 RXD 引脚状态。

当采样到 RXD 端从 1 到 0 的负跳变（有可能是起始位）时，就启动接收检测器。连续采样 3 次（第 7、8、9 个脉冲时采样），取其中两次相同的值，以确认是否的确是从起始位（负跳变）开始，这样能较好消除干扰引起的影响，以保证可靠无误地开始接收数据。

当确认起始位有效时，开始接收一帧信息。接收每一位数据时，也都进行 3 次连续采样（第 7、8、9 个脉冲时采样），接收的值是 3 次采样中至少两次相同的值，以保证接收到的数据位的准确性。当一帧数据接收完毕后，必须同时满足以下两个条件，这次接收才真正有效。

1）RI＝0，即上一帧数据接收完成时，RI＝1 发出的中断请求已被响应，SBUF 中的数据已被取走。

2）SM2＝0 或收到的停止位＝1（方式 1 时，停止位已进入 RB8）。

此时将接收到的数据装入 SBUF 和 RB8（装入的是停止位），且中断标志 RI 置 "1"。否则，该帧数据将被丢弃。

9.3.3　方式 2、方式 3

串口工作于方式 2 和方式 3 时，为 9 位异步通信接口。每帧数据均为 11 位，包括 1 位起始位 0，8 位数据位（先低位），1 位可程控为 1 或 0 的第 9 位数据及 1 位停止位。方式 2、方式 3 帧格式如图 9-13 所示。

方式 2 的波特率＝$2^{\text{SMOD}}/64 \times f_{\text{osc}}$。

方式 3 波特率＝$(2^{\text{SMOD}}/32) \times$定时器 T1 的溢出率。

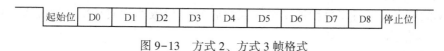

图 9-13　方式 2、方式 3 帧格式

1. 方式 2、方式 3 发送

发送前，先按通信协议来设置 TB8（如奇偶校验位或多机通信的地址/数据的标志位），然后将要发送的数据写入 SBUF，即可启动发送过程。串行口能自动把 TB8 取出，并装入第 9 位数据位的位置，再逐一发送出去。若发送完毕，则使 TI 位置 "1"。

方式 2 和方式 3 发送时序如图 9-14 所示。

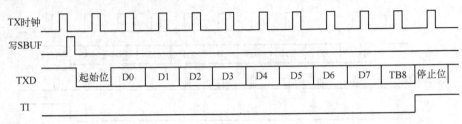

图 9-14 方式 2、方式 3 发送时序

2. 方式 2、方式 3 接收

接收时，数据由 RXD 端输入，接收 11 位信息。当位检测逻辑采样到 RXD 引脚从 1 到 0 的负跳变，并判断起始位有效后，便开始接收一帧信息。在接收完第 9 位数据后，需满足以下两个条件，才将接收到的数据送入接收缓冲器 SBUF。

1）RI=0，意味着接收缓冲器为空。

2）SM2=0 或接收到的第 9 位数据位 RB8=1。

当满足上述两个条件时，接收到的数据送入 SBUF（接收缓冲器），第 9 位数据送入 RB8，且 RI 置 "1"。否则，接收的信息将被丢弃。串行口方式 2、方式 3 接收时序如图 9-15 所示。

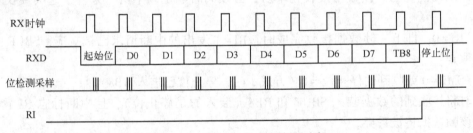

图 9-15 方式 2、方式 3 接收时序

9.4 波特率的设定

9.4.1 波特率及其对通信的影响

1. 波特率的定义

波特率的定义：串行口每秒钟发送（或接收）的位数称为波特率。设发送一位所需要的时间为 T，则波特率为 $1/T$。

2. 波特率对通信的影响

1）在串行通信中，收、发双方接收或发送的波特率必须一致。若不一致，就不能正确判断和处理一帧信息。

2）波特率的高低和通信速率直接相关。例如采用方式 1 通信，若波特率为 9600 bit/s，则可以传送 960 个字符；而波特率为 2400 bit/s，则可传送 240 个字符。

3）波特率的选取和数据传输的误差有关。由方式 1 和方式 3 的波特率计算公式可知，溢出率和 f_{osc}、X（计数初值）的值有关，当 f_{osc}、X 选择不当时，计算中不能被整除，会带来波特率计算误差，有的误差较大时将会影响通信数据正确传输。一般要保证传输的可靠性，要求误差小于 2.5%。要消除误差可通过调整 f_{osc} 或者 X 实现，例如采用的时钟频率为 11.0592 MHz。

9.4.2　波特率的计算

波特率和串口工作方式有关，对串口可设定 4 种工作方式。由表 9-2 可知，方式 0 和方式 2 的波特率是固定的；方式 1 和方式 3 的波特率是可变的，由定时器 T1 的溢出率（T1 每秒溢出的次数）来确定。

由于在实际通信中，波特率发生器是不断工作的，所以设定波特率时，通常用定时器方式 2 来确定波特率，它不需用软件重装初值，可避免因软件重装初值带来的定时误差。

设定时器 T1 方式 2 的初值为 X，T1 的计数脉冲为 f_{osc} 的 12 分频，则 T1 的溢出率为

$$T1 \text{ 的溢出率} = f_{osc}/(12\times(256-X))$$

代入方式 1、方式 3 的波特率计算公式，就有

$$\text{波特率} = 2^{SMOD}/32\times f_{osc}/(12\times(56-X))$$

在实际使用时，常根据已知波特率和时钟频率 f_{osc} 来计算 T1 的初值 X。为避免繁杂的初值计算，表 9-3 列出了常用波特率和初值 X 之间的关系。

表 9-3　常用波特率与定时器 T1 参数设置

波特率/(bit/s)	f_{osc}/MHz	SMOD	方式	初值 X
62500	12	1	2	FFH
19200	11.0592	1	2	FDH
9600	11.0592	0	2	FDH
4800	11.0592	0	2	FAH
2400	11.0592	0	2	F4H
1200	11.0592	0	2	E8H

9.5　串行口通信应用案例

9.5.1　用串行通信接口扩展并行 I/O

51 系列单片机串行通信方式 0 是移位寄存器方式，利用这种方式，可以实现串行接口与并行接口之间的转换和扩展。

【例 9-1】如图 9-16 所示，分析其工作原理，编程实现用发光二极管 VD1～VD8 显示按

键S0~S7 状态。

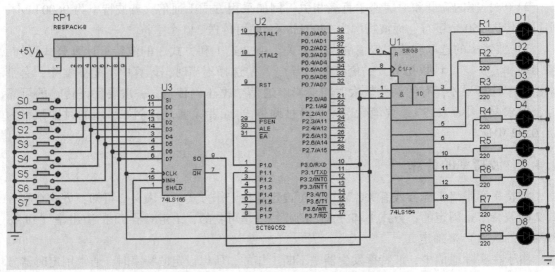

图 9-16　串行口转变为并行口传输数据

解：（1）分析电路工作原理

该电路在 STC89C52 的串口外接一片 74LS164 和一片 74LS165 芯片。

74LS165 是 8 位并行输入、串行输出同步移位寄存器，可将接在 74LS165 的 8 个开关 S0~S7 的状态通过串行口的方式 0 读入到单片机内。74LS165 的 SH/LD ＊ 端（1 引脚）为控制端，由单片机的 P1.1 引脚控制。若 SH/LD ＊ ＝0，则 74LS165 可以并行输入数据，且串行输出端关闭；当 SH/LD ＊ ＝1，则并行输入关断，可以向单片机串行传送。当 8 位数据移位串行输入完成后，产生 RI 中断。

74LS164 是串行同步输入、8 位并行输出的移位寄存器，8 引脚（CLK 端）为同步脉冲输入端。9 引脚为控制端，9 引脚电平由单片机的 P1.0 控制，当 9 脚为 0 时，允许串行数据由 RXD 端（P3.0）向 74LS164 的串行数据输入端 A 和 B（1 引脚和 2 引脚）输入，8 位并行输出端关闭；当 9 引脚为 1 时，A 和 B 输入端关闭，允许 74LS164 中的 8 位数据并行输出。当串行口将 8 位串行数据发送完毕后，产生 TI 中断。

因为 74LS164 和 74LS165 共用一个串行口方式 0，需要满足表 9-4 的控制要求，P1.0 和 P1.1 不能同时为 0，即不能同时串行输入、输出。

表 9-4　串行口方式 0 同时扩展输入/输出的控制信号

P1.1（SH/LD ＊）	P1.0（R）	功　　能
0	0	不用
0	1	74LS165 串行输入、74LS164 并行输出
1	0	74LS165 并行输入、74LS164 串行输出
1	1	74LS165 并行输入、74LS164 并行输出

编程实现题目所要求的功能，图 9-17 为主程序的流程，图 9-18 为中断服务程序的流程。

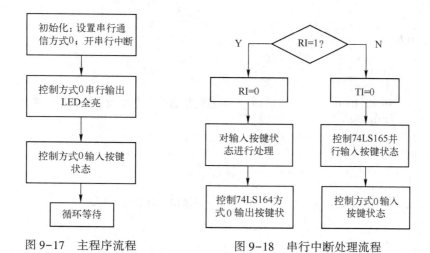

图 9-17　主程序流程　　　　　　　图 9-18　串行中断处理流程

（2）参考程序

```
/ * * * * * * * * * * * * * * * * * * * * * * * * * * * * * * * * * * * * *
*  功能:单片机串行通信工作方式 0 串-并行转换
*  晶振:12 MHz     波特率:2400 bit/s
* * * * * * * * * * * * * * * * * * * * * * * * * * * * * * * * * * * * * */
    #include <reg52. h>
unsigned char ch = 0xff;
sbit SH = P1^1;
sbit R = P1^0;
/ *    初始化函数    * /
void uart_init( )
{
    TMOD = 0x20;                     //T1 为方式 2
    TL1 = 0xF3;      TH1 = 0xF3;     //波特率为 2400 bit/s 的初值
    SCON = 0x10;                     //串口工作在方式 0,允许接收
    PCON = 0x00;                     //SMOD = 0
    TR1 = 1;                         //波特率发生器开始工作
    ES = 1; EA = 1;                  //开串口中断
}
/ *    主程序    * /
void main( )
{
    uart_init( );                    //调用初始化函数
    SH = 1;R = 0;                    //74LS165 并行输入、74LS164 串行输出
    SBUF = ch;                       //发送 0xff( LED 全亮)
    while( ! TI);
    TI = 0;
    SH = 0;R = 1;                    //允许移位串行输入,并行输出
    while( 1);
}
/ *    串行通信中断服务程序;    * /
void receive( void) interrupt 4 using 1
```

```
    {
        if( RI)
        {
            RI = 0;
            ch = SBUF;
            SH = 1;R = 0;                      //按键状态并行输入,允许移位串行输出
            SBUF = ch;
        }
        if( TI)
        {
            TI = 0;
            R = 1;SH = 0;                      //并行输出,移位串行输入
        }
    }
}
```

9.5.2 单片机之间串行通信

51 系列单片机之间进行串行通信,通常采用方式 1 进行,由于单片机的串行通信接口是采用 TTL 电平,所以通信双方只要用三线连接即可进行全双工异步串行通信,如图 9-4 所示。

【例 9-2】 如图 9-19 所示,试分析其工作原理,并编程实现自发自收控制发光二极管 VD1 ~ VD8 循环显示 0 ~ 255。

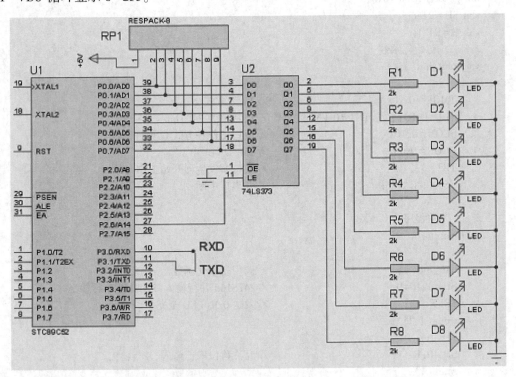

图 9-19   单片机和单片机进行串行通信（自发自收）

解： 图 9-19 中,单片机的 RXD 和 TXD 引脚短接,实际上是通过单片机自发自收方式

来说明单片机之间进行全双工串行通信，其工作原理和控制方法和 2 个单片机直接进行异步全双工串行通信是一样的，只不过自发自收只需要把程序下载到一个单片机，而双机通信需要确定发送方和接收方。

参考程序如下：

```
/ * * * * * * * * * * * * * * * * * * * * * * * * * * * * * * * * * * * *
 * 功能:接收 PC 串行发送的数据,驱动 LED 发光
 * 晶振:12 MHz
 * 波特率:选 2400 bit/s 最合适,误差 0.16%
 * 计数初值:TH1 和 TL1 都设为 F3
 * * * * * * * * * * * * * * * * * * * * * * * * * * * * * * * * * * * * * /
#include <reg52. h>
unsigned char ch = 0;
sbit P26 = P2^6;
/ *    初始化函数    * /
void uart_init( )
{
    TMOD = 0x20;                     //T1 为方式 2
    TL1 = 0xF3;      TH1 = 0xF3;      //波特率为 2400 bit/s 的初值
    SCON = 0x50;                     //串口工作在方式 1。允许接收
    PCON = 0x00;                     //SMOD = 0
    TR1 = 1;
    ES = 1; EA = 1;                  //开串口中断
}
/ *    串行通信中断服务程序;    * /
void receive(void) interrupt 4 using 1
{
if( RI)
{
    ch = SBUF;                       //读取接收的数据
    RI = 0;
    P0 = ch;P26 = 1;P26 = 0;         //用接收到数据控制 LED
}
if( TI)
    TI = 0;
}
/ *    主程序    * /
void main( )
{
unsigned int i;
uart_init( );                        //调用初始化函数
while(1)
    {
        ch++;
        SBUF = ch;                   //发送 1 字节数字
        for( j = 0;j<30000;j++);     //延时,可以调整 LED 显示时间
    }
}
```

程序在 PROTEUS 下仿真运行或下载到实验装置中运行，都可以看到 LED 循环显示 00~FFH。

9.5.3　PC 和单片机串行通信

由前面介绍可知，PC 的串行通信是 RS-232 接口，其串行通信传输是采用负逻辑电平，而单片机的异步串行通信是采用 TTL 电平。所以，要实现 PC 和单片机之间的串行通信，必须要对传输信号进行电平转换。本书在 5.3.1 节中，对 PC 和单片机进行异步串行通信的两种电路连接方式已做了介绍，这里通过举例，对通信控制方法做进一步阐述。

【例 9-3】利用图 5-32bUSB 转串口固件下载电路，和图 9-19 电路的 RXD、TXD 连接（自发自收的短路线去掉），实现 PC 和 STC89C52 的串行通信：PC 串行传送 1 个字节数据给单片机，控制发光二极管进行显示，同时单片机回送接收的数据。设 $f_{osc} = 12\,MHz$。

解：采用 USB 转串口实现微机和单片机通信是一种简单易行的方法，转换电路基本由硬件实现，软件控制过程和标准串行接口一样。由电路可见，因为 P0 是漏极开路的双向 I/O 口，采用 P0 口作为 I/O 控制，需要在引脚接上拉电阻。这里通过 8D 锁存器 74LS373 用 P2.6 进行锁存控制，外接 LED，输出高电平时 LED 发光。

参考程序如下：

```
/*******************************************
 *  功能:接收 PC 串行发送的数据,驱动 LED 发光
 *  晶振:12 MHz
 *  波特率:选 2400 最合适,计算误差 0.16%
 *  计数初值:TH1 和 TL1 都设为 F3
 *******************************************/
#include <reg52. h>
unsigned char ch = 0;
sbit P26 = P2^6;
/*      初始化函数      */
void uart_init( )
{
        TMOD = 0x20;                 //设 T1 方式 2
        TL1 = 0xF3; TH1 = 0xF3;      //波特率为 2400 的计数初值
        SCON = 0x50;                 //串口工作在方式 1
        PCON = 0x00;                 //因子 SMOD = 0
        TR1 = 1;                     //波特率发生器开始工作
        ES = 1;      EA = 1;         //开串口中断
}
/*      串行通信中断服务程序;      */
void receive( void) interrupt 4 using 1
{
        if( RI)
        {
                ch = SBUF;           //读取数据
                RI = 0;              //清接收中断标志
                P0 = ch; P26 = 1; P26 = 0;   //用接收到数据控制 LED
                SBUF = ch;           //向 PC 回送数据
```

```
        }
        if(TI) TI=0;                        //如果发送结束,清发送中断标志
    }
/*        主程序        */
void main()
{
    uart_init();                            //调用初始化函数
    while(1) ;
}
```

本例题可以在第 5 章介绍的 STC-ISP 软件工具下,利用其"串口助手"直接运行。当程序下载且电路正常工作,在"串口助手"栏目下,选择"HEX 模式",在"发送缓冲区"按字节输入并发送数据,可以看到 LED 按照发送的数字显示,并且在"接收缓冲区"显示回传的数据。

9.5.4 多机通信应用设计

1. 单片机实现多机通信的结构及原理

多个单片机可利用串行口进行主–从式结构的多机通信,如图 9-20 所示。该多机系统,只有一个单片机作为主机,其他单片机都为从机。主机 RXD 与所有从机 TXD 端相连,主机 TXD 与所有从机 RXD 端相连。每个从机在系统中有唯一的地址编码,如 1、2、3、…、n。另外还要预留一个"广播地址",它是所有从机共有的地址,例如将"广播地址"设为 00H。

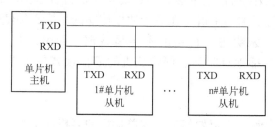

图 9-20　多机串行通信结构

主从式是指多机系统中,主机发送的信息可以被所有从机接收,任何一个从机发送的信息,只能由主机接收。从机和从机之间不能相互直接通信,它们的通信只能经主机才能实现。

下面介绍多机通信工作原理。

要保证主机与所选择的从机之间实现可靠通信,必须保证串行口具有识别功能。串行口控制寄存器 SCON 中的 SM2 位就是为满足这一条件而设置的多机通信控制位。

在串行口以方式 2 (或方式 3) 接收时,若 SM2=1,则表示进行多机通信,可能出现以下两种情况。

1) 从机收到主机发来的第 9 位数据 RB8=1 时,前 8 位数据才装入 SBUF,并置中断标志 RI=1,向 CPU 发出中断请求。在中断服务程序中,从机把接收到的 SBUF 中的数据存入数据缓冲区中。

2) 如从机接收到的第 9 位数据 RB8=0,则不产生中断标志 RI=1,不引起中断,从机

185

不接收主机发来的数据。

若 SM2 = 0，则接收的第 9 位数据不论是 0 还是 1，从机都将产生 RI = 1 中断标志，接收到的数据装入 SBUF 中。

应用 STC89 系列单片机串口这一特性，可实现多机通信。工作过程如下。

1) 各从机初始化程序允许从机的串行口中断，将串行口编程为方式 2 或方式 3 接收，且 SM2 和 REN 置 "1"，使从机处于多机通信且接收地址帧的状态。

2) 主机先将准备接收数据的从机地址发给各从机，接着才传送数据（或命令）。主机发出的地址帧信息的第 9 位为 1，数据（或命令）帧的第 9 位为 0。当主机向各从机发送地址帧时，各从机串口接收到的第 9 位信息 RB8 为 1，且由于各从机 SM2 = 1，则中断标志位 RI 置 "1"，各从机响应中断。在中断服务程序中，判断主机送来的地址是否和本机地址相符，若为本机地址，则该从机 SM2 位清 "0"，准备接收主机的数据或命令；若地址不相符，则保持 SM2 = 1 状态。

3) 接着主机发送数据（或命令）帧，数据帧的第 9 位为 0。此时各从机接收到的 RB8 = 0，只有与前面地址相符的从机（即 SM2 位已清 0 的从机）才能激活中断标志位 RI，从而进入中断服务程序，在中断服务程序中接收主机发来的数据（或命令）；与主机发来地址不符的从机，由于 SM2 保持为 "1"，又 RB8 = 0，因此不能激活中断标志 RI，也就不能接收主机发来的数据帧。从而保证主机与从机间通信的正确性。此时主机与建立联系的从机已设置为单机通信模式，即在整个通信中，通信的双方都要保持发送数据的第 9 位（即 TB8 位）为 0，防止其他的从机误接收数据。

4) 当主机与从机的数据通信结束后，一定要将从机再设置为多机通信模式，以便进行下一次的多机通信。这时要求与主机正在进行数据传输的从机必须随时注意，一旦接收数据第 9 位（RB8）为 "1"，说明主机传送的不再是数据，而是地址，这个地址就有可能是 "广播地址"，当收到 "广播地址" 后，便将从机的通信模式再设置成多机模式，为下一次多机通信做好准备。

2. 多机通信举例

下面通过一个具体案例，介绍如何来实现单片机的多机通信。

【例 9-4】 实现主单片机分别与 2 个从单片机串行通信，原理电路如图 9-21 所示。用户通过分别按下开关 K1 或 K2 来选择主机与对应 1#或 2#从机串行通信，当黄色 LED 点亮时，表示主机与相应的从机连接成功；若 1#从机通信，则 2、4、6、8 的 4 个绿色 LED 闪亮；若 2#从机通信，则 1、3、5、7 的 4 个绿色 LED 闪亮。如果断开 K1 或 K2，则主机与相应从机的串行通信停止。

本例实现主、从机串行通信，各从机程序都相同，只是地址不同。串行通信约定如下。

1) 2 台从机的地址为 01H、02H。

2) 主机发出的命令 0xff 为控制命令，使所有从机都处于 SM2 = 1 的状态；00H 为接收命令；01H 为发送命令。命令也是以数据帧形式发送的。

3) 从机的状态字如图 9-22 所示。其中，ERR（D7 位）= 1，表示收到非法命令；TRDY（D1 位）= 1，表示发送准备完毕；RRDY（D0 位）= 1，表示接收准备完毕。

串行通信时，主机采用查询方式，从机采用中断方式。主机串口设为方式 3，允许接收，并置 TB8 为 "1"。所以主机 SCON 控制字为 0xd8。

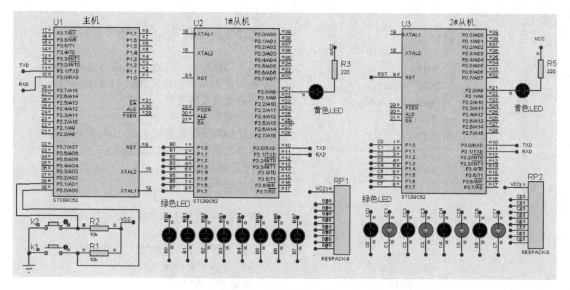

图 9-21　多机串行通信电路

状态字	D7	D6	D5	D4	D3	D2	D1	D0
	ERR	0	0	0	0	0	TRDY	RRDY

图 9-22　从机状态字格式

参考程序如下:

```
//主机程序
#include <reg52. h>
#include <math. h>
sbit k1 = P0^0;                       //定义 k1 与 P0.0 连接
sbit k2 = P0^1;                       //定义 k2 与 P0.1 连接
void delay_ms( unsigned int i)        //延时函数
    {
    unsigned char j;
    for( ;i>0;i--)
        for( j=0;j<125;j++)
        ;
    }
void main( )                          //主函数
    {
        EA = 1;                       //总中断允许
        TMOD = 0x20;                  //设置 T1 定时方式 2 自动装载初值
        TL1 = 0xfd; TH1 = 0xfd; PCON = 0x00;  //波特率设为 9600
        SCON = 0xd0;                  //串行通信方式 3,SM2 设为 0,TB8 设为 0
        TR1 = 1;                      //启动定时器 T1
        ES = 1;                       //允许串口中断
        SBUF = 0xff;                  //串口发送 0xff
    while( TI = = 0) ;                //判断是否发送完毕
        TI = 0;                       /发送完毕,TI 清 0
        while( 1)
```

```
        {
            if(k1==0)                           //判断是否 k1 按下,k1 按下往下执行
            {
                TB8=1;                          //第 9 位数据为"1",送 TB8,准备发地址帧
                SBUF=0x01;                      //串口发 1#从机的地址 0x01 以及 TB8=1
                while(TI==0);                   //判断是否发送完毕
                TI=0;                           //发送完毕,TI 清 0
                TB8=0;                          //发送的第 9 位数据为 0,送 TB8,准备发数据帧
                SBUF=0x0aa;                     //串口发送数据 0xaa 以及 TB8=0
                while(TI==0);                   //判断是否发送完毕
                TI=0;                           //发送完毕,TI 清 0
            }
            if(k2==0)                           //判断是否 k2 按下,k2 按下往下执行
            {
                TB8=1;                          //发送的第 9 位数据为"1",发地址帧
                SBUF=0x02;                      //串口发 2#从机的地址 0x02
                while(TI==0);                   //判断是否发送完毕
                TI=0;                           //发送完毕,TI 清 0
                TB8=0;                          //准备发数据帧
                SBUF=0x55;                      //发数据帧 0x00 及 TB8=0
                while(TI==0);                   //判断是否发送完毕
                TI=0;                           //发送完毕,TI 清 0
            }
        }
    }

//从机 1 串行通信程序
#include <reg52.h>
sbit led=P2^0;                                  //定义 P2.0 连接的黄色 LED
bit rrdy=0;                                      //接收准备标志位 rrdy=0,表示未做好接收准备
bit trdy=0;                                      //发送准备标志位 trdy=0,表示未做好发送准备
bit err=0;
void delay_ms(unsigned int i)                   //延时函数
    {
        unsigned char j;
        for( ;i>0;i--)
        for(j=0;j<125;j++)
        ;
    }
void main()                                     //从机 1 主函数
    {
        EA=1;                                   //总中断打开
        TMOD=0x20;                              //T1 方式 2 自动装载,用于设置波特率
        TL1=0xfd;TH1=0xfd; PCON=0x00;           //波特率设为 9600
        SCON=0xd0;                              //SM2 设为 0,TB8 设为 0
        TR1=1;                                  //启动定时器 T1
        P1=0xff;                                //向 P1 写入全 1,8 个绿色 LED 全灭
        ES=1;                                   //允许串口中断
        while(RI==0);                           //接收控制指令 0xff
```

188

```
            if( SBUF = = 0xff) err = 0;          //如果接收到的数据为 0xff,err = 0,表示通信正常
            else err = 1;                        //err = 1,表示接收出错
            RI = 0;                              //接收中断标志清 0
            SM2 = 1;                             //SM2 置"1",为多机通信做好准备
            while(1);
        }
    void int1( ) interrupt 4                     //串行口中断函数
        {
        if( RI)
            {
            if( RB8)                             //如果 RB8 = 1,表示接收的为地址帧
                {
                RB8 = 0;
                if( SBUF = = 0x01)               //1#机地址帧是 0x01,2#机本句改为 0x02)
                    {
                    SM2 = 0;                     //则 SM2 清 0,准备接收数据帧
                    led = 0;                     //点亮本从机黄色发光二极管
                    }
                }
            else                                 //如果接收的不是本从机的地址
                {
                rrdy = 1;                        //准备好接收标志置"1"
                P1 = SBUF;                       //串口接收的数据送 P1,LED 显示
                SM2 = 1;                         //SM2 仍为"1"
                led = 1;                         //熄灭本从机黄色发光二极管
                }
            RI = 0;
            }
        delay_ms(50);
        P1 = 0xff;                               //熄灭本从机 8 个绿色发光二极管
        }
```

2#从机程序和 1#从机一样，只在本机地址比较语句中改为 2#机的地址。因此，2#从机程序从略。

9.6 习题

1. 串行通信和并行通信有什么区别？各有什么优点？

2. 串行通信有哪几种方式？传输格式如何？各有什么特点？

3. 串行通信分为哪几种传输模式？各种模式的意义是什么？STC89 系列单片机串行口是什么类型？

4. MCS-51 系列单片机串行通信有几种工作方式？如何选择？简述各种工作方式的功能特点。

5. 什么是波特率？某异步通信接口，其帧格式由 1 个起始位（0），7 个数据位，1 个偶校验和 1 个停止位（1）组成。当该接口每分钟传送 1800 个字符时，试计算出传送波特率。

6. 计数波特率时，定时器的溢出率是什么意思？STC89 系列单片机用哪个定时器作波

特率发生器？串行通信的发生脉冲和接收脉冲是如何产生的？

7. 异步通信中，传送的波特率为 3600 bit/s，帧格式为：1 位起始位，7 位数据位，1 位奇校验位和 1 位停止位。1) 每秒传送多少个字符？2) 若传送字符"D"，请写出其一帧信息。

8. 异步串行通信，为什么说通信双方必须波特率和帧格式要相同？若双方的 f_{osc} 不一样，能否通信？

9. 如果采用"三线制"连接，请画出以下两种连接的原理框图，并说明他们的异同及原因：1) 单片机和单片机串行通信。2) 单片机和 RS-232 接口设备串行通信。

10. 设 STC89C52 单片机以 9600 bit/s 的波特率进行双机通信，$f_{osc} = 11.0592\,MHz$，选用 T1 作波特率发生器，12T 模式，SMOD = 0，请计算出定时计数常数，并写出初始化程序段。

11. 题 10 中，如果 $f_{osc} = 12\,MHz$，其他不变，请计算出定时计数常数，并分析带来的波特率误差是多少？如果波特率为 2400 bit/s，误差又是多少？误差大，会给通信带来什么影响？

12. MCS-51 系列单片机的串行通信具有多机通信功能，简述多机通信的设置及工作过程。

13. 利用图 5-32b 所示 USB 转串口固件下载电路，STC89C52 和微机连接如图 9-23 所示。请实现 PC 和 STC89C52 的串行通信：在 PC 上用键盘输入数据，并串行传送给单片机，单片机回送接收的数据。设 $f_{osc} = 12\,MHz$。（在 STC-ISP 的"串口助手"界面，可以观察运行结果）

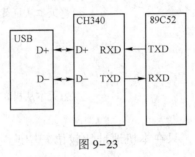

图 9-23

第 10 章　单片机应用系统扩展

单片机片内存储器和 I/O 资源若不能满足需要，就需外扩存储器芯片和 I/O 接口芯片，即单片机的系统扩展。

系统扩展分为并行扩展和串行扩展，并行扩展是指被扩展的接口具有并行传输数据的特征；串行扩展是指被扩展的接口具有串行传输数据的特征。

10.1　单片机并行扩展

10.1.1　并行扩展结构

单片机系统并行扩展结构如图 10-1 所示。

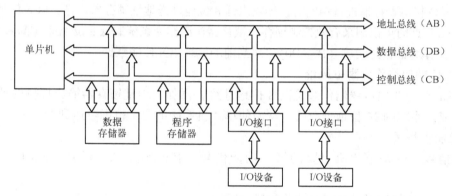

图 10-1　单片机并行扩展结构

由图可见，系统并行扩展主要包括数据存储器扩展、程序存储器扩展和 I/O 接口的扩展。

STC 单片机采用程序存储器空间和数据存储器空间截然分开的哈佛结构，因此形成了两个并行的外部存储器空间。在 STC 单片机系统中，I/O 口与数据存储器采用统一编址方式，即 I/O 接口芯片的每一个端口寄存器就相当于一个 RAM 存储单元。

由于采用并行总线结构，扩展的各种外围接口器件只要符合总线规范，就可方便地接入系统。并行扩展是通过系统总线把单片机与各扩展器件连接起来。系统总线即图中的地址总线（AB）、数据总线（DB）和控制总线（CB）。

1）地址总线（Address Bus，AB）：传送单片机单向发出的地址信号，以便进行存储单元和 I/O 接口芯片中的寄存器单元选择。

2）数据总线（Data Bus，DB）：用于单片机与外部存储器之间或与 I/O 接口之间双向传送数据。

3）控制总线（Control Bus，CB）：是单片机发出的各种控制信号线。

STC 单片机形成系统的三总线原理如图 10-2 所示。

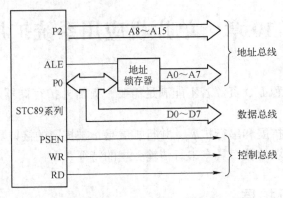

图 10-2　单片机三总线

1. P0 口作为低 8 位地址/数据总线

由于受引脚数目限制，P0 口既用作低 8 位地址总线，又用作数据总线（分时复用），为了维持在一次对外访问中地址信号不变，需增加 1 个 8 位地址锁存器。单片机对外部扩展的存储器单元或 I/O 接口寄存器进行访问时，先发出低 8 位地址送地址锁存器锁存，低 8 位地址锁存控制信号 ALE 此时可以用来有效控制锁存，锁存器输出作为系统的低 8 位地址（A7~A0）。随后，P0 口又作为数据总线口（D7~D0），对当前的地址单元传输数据。

2. P2 口的口线作为高位地址

P2 口的全部 8 位口线用作系统高 8 位地址线，再加上地址锁存器输出提供的低 8 位地址，便形成了系统的 16 位地址总线，从而使单片机系统的寻址范围可达到 64 KB。

3. 控制信号线

这些信号有的是单片机引脚的第一功能信号，有的则是 P3 口第二功能信号。其中包括：

PSEN*：外部扩展的程序存储器的读选通信号。

RD*和 WR*：外部数据存储器和 I/O 接口的读、写选通控制信号。

EA*：片内、外程序存储器访问选择控制端。

10.1.2　并行扩展方法

1. 扩展地址空间的分配

使一个存储单元或 I/O 口只对应一个地址，避免单片机对一个地址单元访问时发生数据冲突，这就是扩展地址空间的分配问题。

在扩展的多片存储器芯片中，要对某个单元进行读写，必须进行两种选择：一是必须选中该存储器芯片，这称为"片选"，只有被"选中"的存储器芯片才能被单片机访问，未被选中的芯片不能被访问；二是在"片选"的基础上还同时"选中"芯片的某一单元对其进行读/写，这称为"单元选择"。每个扩展的芯片都有"片选"引脚，同时每个芯片也都有多条地址引脚，以便对其进行单元选择。

需要注意的是，"片选"和"单元选择"都是单片机通过地址线一次发出的地址信号来完成选择的。

常用的存储器地址空间分配方法有两种：线选法和译码法。

（1）线选法

直接利用单片机某一高位地址线作为存储器芯片（或 I/O 接口芯片）的"片选"控制信号。为此，只要用某一高位地址线与存储器芯片的"片选"端直接连接即可。

优点：电路简单，直接用地址线选择芯片，体积小，成本低。

缺点：因为地址线数量有限，使可寻址芯片数目受限制，适用于外扩芯片数目不多的单片机系统的扩展。另外，会造成地址空间不连续，这会给程序设计带来一些不便。

（2）译码法

使用译码器对单片机的高位地址进行译码，将译码器的译码输出作为存储器芯片的片选信号。一般，片选信号数量等于 2^n（n 为参加译码的地址线数量），因此能有效扩大片选数量，有效地形成连续的存储器地址空间，适于多芯片的存储器扩展。常用的译码器有 74LS138（3-8 译码器）、74LS139（双 2-4 译码器）与 74LS154（4-16 译码器）。

1）74LS138 译码器：当译码器输入为某一固定编码时（3 个地址输入的编码），其 8 个输出引脚 Y0 * ~ Y7 * 中仅有 1 个引脚输出为低，其余全为高。而输出低电平的引脚恰好作为片选信号。74LS138 译码器的引脚及其功能如图 10-3 所示。

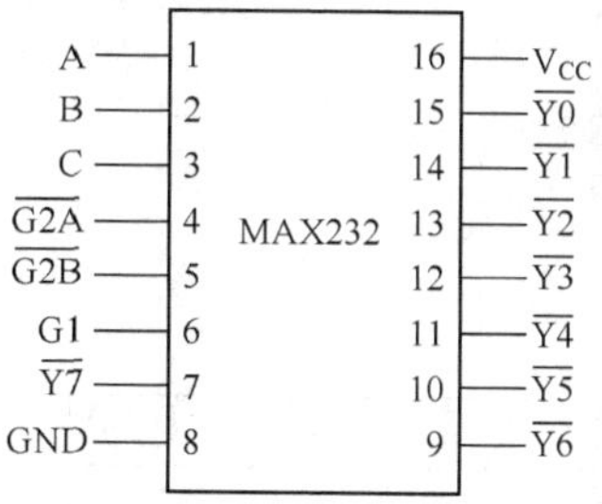

		输入端							输出端					
G1	$\overline{G2A}$	$\overline{G2B}$	C	B	A	Y7	$\overline{Y6}$	$\overline{Y5}$	$\overline{Y4}$	$\overline{Y3}$	$\overline{Y2}$	$\overline{Y1}$	$\overline{Y0}$
1	0	0	0	0	0	1	1	1	1	1	1	1	0
1	0	0	0	0	1	1	1	1	1	1	1	0	1
1	0	0	0	1	0	1	1	1	1	1	0	1	1
1	0	0	0	1	1	1	1	1	1	0	1	1	1
1	0	0	1	0	0	1	1	1	0	1	1	1	1
1	0	0	1	0	1	1	1	0	1	1	1	1	1
1	0	0	1	1	0	1	0	1	1	1	1	1	1
1	0	0	1	1	1	0	1	1	1	1	1	1	1
其他状态	×	×	×			1	1	1	1	1	1	1	1

图 10-3　74LS138 译码器引脚及功能
注：1 表示高电平，0 表示低电平，×表示任意

【例 10-1】 扩展 8 片 8 KB 的 RAM 6264，用 74LS138 设计一个片选译码器，把 64 KB 空间分配给各个芯片。

解： 按题意每个 RAM 芯片是 8 KB，其片内地址范围是 0000~1FFFH，需 A0~A12 共 13 根地址线用于存储器芯片内的单元选择；单片机剩下 3 根地址线 A13~A15 正好用于片选信号译码器 74LS138 的输入 A~C 脚，控制信号 G1、G2A *、G2B * 按工作要求连接，在译码器的输出就可以得到 8 个 RAM6264 的片选信号。译码电路原理图如图 10-4 所示。

2）74LS139 译码器。两个 2-4 译码器完全独立，分别有各自的数据输入端、译码状态输出端以及数据输入允许端，其引脚及其 1 组的功能如图 10-5 所示。

2. 地址锁存器

由图 10-2 介绍已知，外部扩展的低 8 位地址需要用外部的锁存器进行锁存，直至当前对扩展单元的数据传输完成。目前，常用的地址锁存器芯片有 74LS373、74LS573 等。

74LS373 是带有三态门输出的 8D 锁存器，其引脚、内部结构及功能如图 10-6 所示。

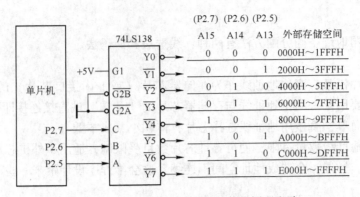

图 10-4 8 个 RAM6264 的片选信号译码电路

输入端			输出端			
允许	选择					
$\overline{G}$	B	A	$\overline{Y3}$	$\overline{Y2}$	$\overline{Y1}$	$\overline{Y0}$
0	0	0	1	1	1	0
0	0	1	1	1	0	1
0	1	0	1	0	1	1
0	1	1	0	1	1	1
1	×	×	1	1	1	1

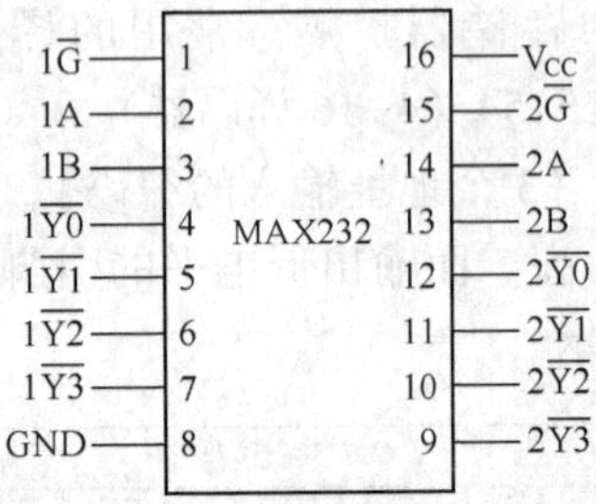

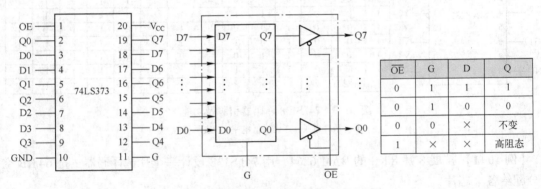

图 10-5 74LS139 译码器引脚及功能

注：1 表示高电平，0 表示低电平，×表示任意

$\overline{OE}$	G	D	Q
0	1	1	1
0	1	0	0
0	0	×	不变
1	×	×	高阻态

图 10-6 8D 锁存器 74LS373 引脚及功能

D0～D7 是 8 位输入信号；Q0～Q7 是锁存器 8 位输出信号；G 是锁存控制引脚，高电平有效；OE * 是三态输出控制引脚，低电平时允许输出，高电平时对外为高阻状态。

10.1.3 存储器扩展

1. 存储器的类型

常用于扩展的存储器主要有程序存储器（FLASH/EEPROM/EPROM）和数据存储器（SRAM）。由于现在的单片机内部有较大的程序存储器空间，所以程序存储器的扩展应用较少。片外常电可擦写存储器 EEPROM 操作简单，可按字节写入，有时扩展 EEPROM 用来存储较大的能够改写的非易失常数数据表，以便程序中使用。Intel 公司出产的典型存储器，

62xxx 是 SRAM，27xxx 是 EPROM，28xxx 是 EEPROM，后面的 xxx 表示位容量的大小，比如 6264 是 64 Kbit（8 KB）的 SRAM。

（1）并行 SRAM 存储器

典型芯片有 6116（2 KB）、6264（8 KB）、62128（16 KB）、62256（32 KB）。这些 RAM 芯片都是单一+5 V 电源供电，双列直插引脚，引脚排列如图 10-7 所示。

（2）并行 EEPROM 存储器

典型的芯片有 2816/2816A（2 KB）、2817/2817A（2 KB），2864A（8 KB）。这些 EEP-ROM 芯片也都是单一+5 V 电源供电，双列直插引脚，"A" 表示可以低电压擦写。引脚排列如图 10-8 所示。各引脚功能和相同容量的 62xxx 和 27xxx 完全兼容。

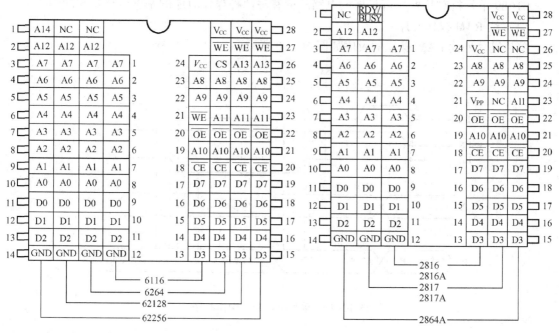

图 10-7　常见 SRAM 芯片引脚　　　　图 10-8　常见 EEPROM 芯片引脚

根据芯片的引脚，可以画出芯片的逻辑符号。以 SRAM 芯片为例，逻辑符号如图 10-9 所示。由图可见，除工作电源以外（VCC：工作电源+5 V；GND：地），存储器对外信号连接线分为 3 类，即地址信号 A0～An、数据信号 D0～D7、受控信号 WE＊、OE＊、CE＊。

单片机进行存储器扩展，实际上就是设计单片机的三总线如何和存储器 3 类信号进行连接。

对 3 类线要掌握以下特点。

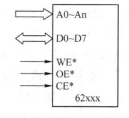

图 10-9　SRAM 逻辑符号

1）A0～An：片内地址输入线，单片机向存储器传送地址信号。片内地址线的数量确定了存储器芯片片内的单元数量。地址线有 $n+1$ 条，意味着存储器芯片内部有 2^{n+1} 个单元，通常用 16 进制表示。如 6264 的地址线有 13 条，则内部有 2^{13} 个单元，即 1FFFH 个单元（8 KB）。

2）D0～D7：双向三态数据线，用来对地址线确定的存储单元输入/输出数据信号。不传输数据时，引脚呈现高阻状态。

3) CE∗：片选信号输入线，低电平有效。只有存储器的片选信号有效，该存储器才能进行读、写或擦除操作，否则数据线为高阻状态。

4) OE∗：读选通信号输入线，低电平有效。对于 SRAM，直接连接单片机的 RD∗ 信号；对于 EPRON，直接连接 PSEN∗ 信号；对于 EEPROM，可以采用 RD∗ 和 PSEN∗ 相"与"的信号。

5) WE∗：写允许信号输入线，低电平有效。对于 SRAM 或 EEPROM，直接连接单片机的 WR∗ 信号；EPROM 不能在线写，所以不要连接。

2. STC89 系列单片机对外扩展读/写操作时序（12T 模式）

STC89 单片机对片外并行扩展的电路的读和写两种操作时序的基本过程是相同的。

（1）读 RAM 操作时序

单片机片外读 RAM 操作的时序如图 10-10 所示。

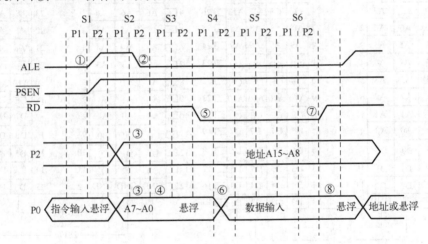

图 10-10　单片机片外读操作时序

在第一个机器周期的 S1 状态，ALE 信号由低变高（见①处），读周期开始。在 S2 状态，CPU 把低 8 位地址送到 P0 口总线上，把高 8 位地址送上 P2 口。ALE 的下降沿（见②处），把低 8 位地址信息锁存到外部锁存器 74LS373 内。而高 8 位地址信息一直锁存在 P2 口锁存器中（见③处）。在 S3 状态，P0 口总线变成高阻悬浮状态④。在 S4 状态，执行读指令后使 RD∗ 信号变为有效（见⑤处），地址信号（含片选信号）和读控制信号就绪后，P0 口总线（见⑥处）成为数据传输总线读取数据，当 RD∗ 回到高电平后（见⑦处），P0 总线变为悬浮状态（见⑧处）。至此，读片外存储器周期结束。

（2）写 RAM 操作时序

单片机片外写 RAM 操作时序如图 10-11 所示。开始的过程与读过程类似，但写的过程是单片机主动把数据送上数据总线，故在时序上，单片机先向 P0 口总线上送完 8 位地址后，在 S3 状态就将数据送到 P0 口总线（见③处）。此间，P0 总线上不会出现高阻悬浮现象。在 S4 状态，写控制信号 WR∗ 有效（见⑤处），地址信号（含片选信号）和写控制信号就绪后，P0 口上的数据就写到存储器内了，然后写控制信号变为无效（见⑥处）。

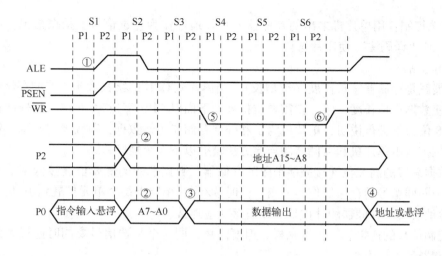

图 10-11　单片机片外写 RAM 操作时序

（3）访问 ROM 时序

单片机访问片外 ROM 操作时序如图 10-12 所示。因为对 ROM 是取指令（读）操作，其时序和读 RAM 类似，读取指令的控制信号是 PSEN * 而不是 RD *，在 PSEN * 低电平时读取指令信息。

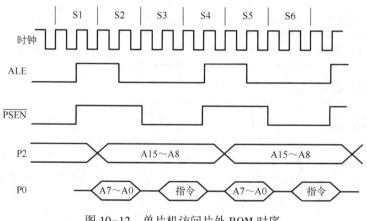

图 10-12　单片机访问片外 ROM 时序

3. 存储器扩展的类型

存储器扩展有三种类型，即字扩展、位扩展和字位都扩展。

（1）字扩展

字扩展就是存储单元扩展（或增加）。字扩展中单片机和存储器的连接方法遵循以下 3 个规则。

1）数据总线和存储器数据线直接对应连接。

2）地址总线和存储器的片内地址线直接对应连接。

3）控制信号包括读/写控制和片选控制两部分。

① 读/写控制：单片机的读/写控制输出信号直接和存储器的读/写控制输入连接。

② 片选控制：用单片机多出的存储器的片外地址作为片选信号，根据情况，可以采用"线选法"或"译码法"使用片选信号。

（2）位扩展

位扩展就是存储器字长扩展（或增长）。当单片机 CPU 的字长大于扩展的存储器数据位长时，要使数据传输长度一致，就需要位扩展。下面以 CPU 字长为 16 位，而外部存储器单元数据是 8 位为例进行说明，单片机为了和外部存储器传输数据，就需要对外部存储器进行位扩展。位扩展中单片机和存储器的连接方法遵循以下 3 个规则。

1）数据总线的高 8 位连接高字节单元存储器，数据总线的低 8 位连接低字节单元存储器，这两个同样型号的存储器作为一组，同时读/写，相当于每个单元扩展到 16 位。

2）地址总线和存储器的片内地址线直接对应连接。

3）控制信号的连接和字扩展一样，但要注意，同一个片选信号要同时连接到作为一组的两个存储器的片选引脚。

STC89 系列单片机是 8 位机，而存储器数据长度也是 8 位，一般不需要位扩展。在用到 16 位、32 位单片机时，就可能用到位扩展。

4. 并行存储器扩展举例

【例 10-2】分析图 10-13 中各器件的作用，给出各扩展的 SRAM 地址范围，编写程序将片外数据存储器中的 0x5000 ~ 0x50FF 的 256 个单元依次转移到片外 0x7000 ~ 0x70FF。

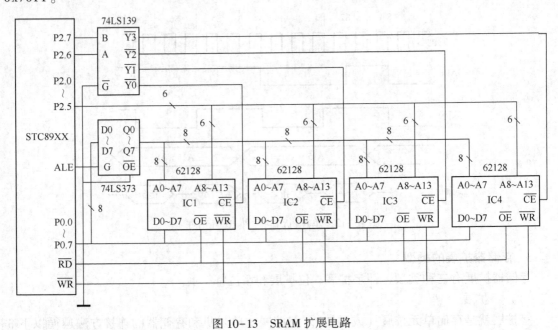

图 10-13　SRAM 扩展电路

解： 图中 SRAM 选用 62128 芯片，为 16KB，该芯片地址线为 A0 ~ A13，单独芯片的地址范围为 0000 ~ 3FFFH；单片机剩余高位地址线为 A14（P2.6）、A15（P2.7）两条，正好采用 2-4 译码器译码选择 4 片 62128；8D 锁存器 74LS373 用来锁存低 8 位地址；各 62128 芯片的地址范围见表 10-1。

表 10-1　扩展存储器地址范围

芯　片	译码地址		片内地址	寻址范围
	A15	A14	A13 A12… A0	
IC1	0	0		0000H~3FFFH
IC2	0	1		4000H~7FFFH
IC3	1	0	0000H~3FFFH	8000H~BFFFH
IC4	1	1		C000H~FFFFH

参考程序：

```
#include <reg52. h>
xdata unsigned char databuf1[256] _at_0x5000;
xdata unsigned char databuf2[256] _at_0x7000;
void main(void)
{
    unsigned char i;
    for(i=0;i<256;i++)
        databuf2[i] = databuf1[i];
}
```

10.1.4　I/O 接口扩展

1. I/O 接口的概念

（1）I/O 接口的基本功能要求

I/O 接口作为单片机与外设交换信息的通道，通常应该满足以下要求。

1）实现和不同外设的速度匹配。

多数外设速度慢，无法和 μs 级单片机比。单片机只有在确认外设已为数据传送做好准备的前提下才进行数据传送。要知道外设是否准备好，就需在 I/O 接口电路与外设间传送状态信息，以实现单片机与外设间的速度匹配。

2）输出数据锁存。

单片机传送给外设的数据，经常需要在外设中保持一段时间，而单片机有很多工作要做，不可能单独为一个外设服务，所以在扩展的 I/O 接口电路中应有输出数据锁存器，以保证单片机输出数据在外设中维持一定的时间，而不需要占用 CPU 大量时间，以致影响 CPU 处理其他工作。

3）输入数据三态缓冲。

外设向单片机输入数据时，要经过数据总线，但数据总线上可能“挂”有多个数据源。为使传送数据时不发生冲突，只允许当前时刻正在接收数据的 I/O 接口使用数据总线，其余 I/O 接口应处于隔离（高阻）状态，为此要求 I/O 接口电路能为输入数据提供三态输入缓冲功能。

（2）I/O 口的编址

在介绍 I/O 口编址之前，首先需弄清 I/O 接口（Interface）和 I/O 口（Port）的概念。I/O 接口是单片机与外设间连接电路的总称。I/O 口（简称 I/O 口）是指 I/O 接口电路中具有单元地址的寄存器或缓冲器。一个 I/O 接口芯片可以有多个 I/O 口,传送数据端口称数据口,传送命令端口称命令口,传送状态端口称状态口。当然,并不是所有外设都需具备全部这 3 种 I/O 口。

每个 I/O 口都要有地址,以便单片机进行端口访问和交换信息。常用 I/O 口编址有两种方式,独立编址方式和统一编址方式。

1) 独立编址:独立编址方式就是 I/O 口和存储器单元的地址空间分开编址。两个地址空间相互独立,I/O 口需要专门的读/写指令和控制信号。

2) 统一编址:把 I/O 口与数据存储器单元同等对待,即接口芯片中一个端口就相当于一个 RAM 单元。统一编址方式的优点是不需要专门的 I/O 指令,直接使用访问数据存储器指令进行 I/O 读/写操作。

STC89 系列单片机使用的就是 I/O 口和外部数据存储器 RAM 统一编址方式,因此外部数据存储器空间也包括 I/O 口在内。为了区分外部数据存储器所占的单元地址与 I/O 口所占地址,便于电路设计和编程控制,避免发生数据冲突,通常把存储器存储空间安排在存储空间的低端,I/O 口地址安排在存储空间的高端。

(3) I/O 数据的传送方式

为了实现和不同外设速度匹配,I/O 接口须根据不同外设选择恰当的 I/O 数据传送方式。I/O 数据传送方式有同步传送、异步传送和中断传送。

1) 同步传送:又称无条件传送。当外设速度和单片机速度相似时,常采用本方式,最典型的同步传送就是单片机和外部数据存储器间的数据传送。

2) 异步传送:即查询传送。单片机通过查询外设"准备好"后,再进行数据传送。由于程序在运行中经常查询外设是否"准备好",占用 CPU 时间,因此工作效率不高。

3) 中断传送:即利用单片机本身的中断功能和 I/O 接口芯片的中断功能来实现数据传送。当中断条件都具备时,只有中断事件发生,才引起中断服务进行数据传送,中断服务完成后又返回主程序继续执行。中断方式可大大提高单片机的工作效率。

(4) 常用的 I/O 接口类型

单片机的 I/O 接口电路一般有三种形式:直接传送式接口、可编程控制接口和模块化接口。

1) 直接传送式接口。

接口电路采用通用的 TTL、CMOS 等中、小规模集成电路构成。一般,这种 I/O 接口都是通过 P0 口扩展。由于 P0 口只能分时复用,故构成输出口时,接口芯片应具有锁存功能;构成输入口时,要求接口芯片应能三态缓冲或锁存选通。常用器件有锁存器、三态缓冲器及存储器等。

2) 可编程控制接口。

接口电路采用一些通用的可编程的中、大规模集成电路构成。一般,这种可编程集成电路可以接受单片机的编程指令设置,自行管理各自扩展的 I/O 接口功能。常用的可编程通用并行 I/O 接口芯片有 82C55(可编程通用并行 I/O 接口芯片)、8251(可编程并行口 IO/RAM/定时器接口芯片)、8253(可编程定时器)8279(可编程键盘/显示器接口芯片)等。

3) 模块化接口。

直接用现成的模块化器件和单片机连接,其接口部分都集成在模块内部,单片机需要按照模块使用说明书对其进行控制。例如 LCD 模块、WiFi 模块及移动通信模块等。从单片机控制角度看，模块化接口和可编程接口类似，需要单片机程序来设置模块的功能。关于模块化接口的使用，将在第 11 章介绍。

2. 直接传送式 I/O 接口电路

（1）常用元器件

常用的元器件有锁存器、三态缓冲器及译码器等。存储器和译码器的典型元器件 74LS373、74LS138 及 74LS139 等前面已经介绍，这里介绍两款典型的三态缓冲器。

图 10-14 是 2 路 4 位三态门 74LS244 的引脚、原理及功能表，2 组 4 位三态门，G∗ 有效时传送数据，G∗ 无效时输出端为高阻状态。

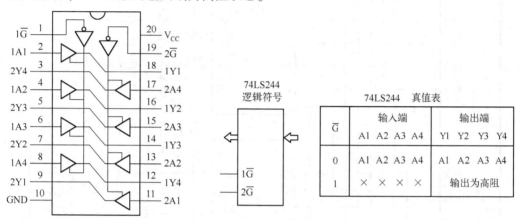

图 10-14　2 路 4 位三态门 74LS244

图 10-15 是 1 路 8 位双向三态门 74LS245 的引脚、原理及功能表，CE∗ 为使能控制位，低电平时传送数据，高电平时高阻；DIR 为传输方向控制位，低电平时数据由 B→A 传送，高电平时数据由 A→B 传送。

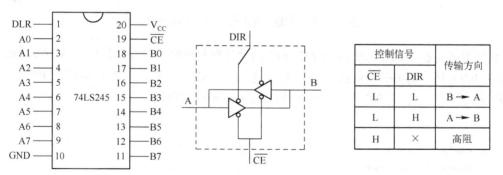

图 10-15　8 位双向三态门 74LS245

（2）接口电路应用举例

【例 10-3】 电路如图 10-16 所示，分析电路扩展方法，编程实现 8 个发光二极管 LED0~LED7 显示开关 S7~S0 的状态。

解：图 10-14 用三态缓冲器 74LS244 和 8D 锁存器 74LS373，扩展了简单的 I/O 口的电路，受单片机的 P2.7、RD∗、WR∗ 3 条控制线控制。74LS244 作为扩展的输入口，2 个 4 位三态门并联，2 个控制信号 1G∗ 和 2G∗ 合并作为一组 8 位三态门使用，8 个输入端分别接 8 个开关

S7~S0。74LS373 作为扩展的输出口，输出端接 8 个发光二极管 LED7~LED0。当某输入口线的开关按下时，该输入口线为低电平，读入单片机后，其相应位为"0"，然后再将口线的状态经 74LS373 输出，某位低电平时二极管发光，从而显示出按下的开关的位置。

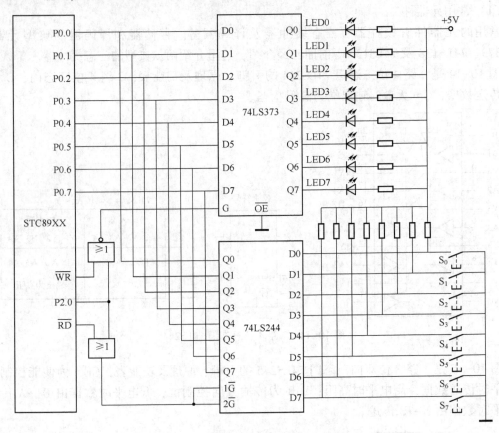

图 10-16　小规模集成电路用作 I/O 接口

由图可确定扩展的 74LS244 和 74LS373 芯片具有相同端口地址：0xfeff，只不过读入时，P2.0 和 RD * 都为低电平，通过"或"门，选中 74LS244 传送控制端；输出时 P2.0 和 WR * 都为低电平，经过"或非"门，选中 74LS373 的锁存控制端。

参考程序如下：

```
#include   <absacc.h>
#define uchar unsigned char
… …
    uchar i ;
i=XBYTE[0xfeff];
XBYTE[0xfeff]=i ;
…
```

由程序可以看出，对于所扩展接口的输入/输出如同对外部 RAM 读/写数据一样方便。可根据需要扩展多片 74LS244、74LS373 之类的芯片，但各芯片的片选信号（芯片工作使能信号）应通过线选法或译码法加以区别。

3. 通用可编程并行接口

通用可编程接口芯片起到一边连接单片机，一边连接外围设备或部件的作用，接口电路的设计就是要考虑两边如何连接。以下以 8155 芯片为例，介绍可编程接口芯片的使用。

（1）8155 的工作原理

8155 是一种通用的多功能可编程 RAM/IO 扩展器，片内不仅有 3 个可编程并行 I/O 接口（A 口、B 口为 8 位、C 口为 6 位），而且还有 256B SRAM 和一个 14 位定时/计数器，常用作单片机的外部扩展接口，与键盘、显示器等外围设备连接。

8155 是双排直插 40 脚芯片，其引脚及基本结构如图 10-17 所示。

1）8155 各引脚功能说明如下。

RESET：复位信号输入端，高电平有效。复位后，3 个 I/O 口均为输入方式。

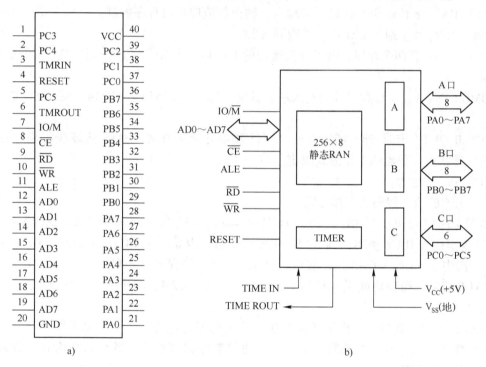

a)   b)

$\overline{CE}$	IO/$\overline{M}$	A7	A6	A5	A4	A3	A2	A1	A0	功能
0	1	×	×	×	×	×	0	0	0	命令/状态寄存器
0	1	×	×	×	×	×	0	0	1	A 口
0	1	×	×	×	×	×	0	1	0	B 口
0	1	×	×	×	×	×	0	1	1	C 口
0	1	×	×	×	×	×	1	0	0	计数器低8位
0	1	×	×	×	×	×	1	0	1	计数器高8位
0	0	×	×	×	×	×				RAM单元

c)

图 10-17　8155 引脚及基本结构

a）芯片引脚　b）芯片结构　c）片内地址分配

AD0~AD7：三态的地址/数据总线。与单片机的低 8 位地址/数据总线（P0 口）相连。单片机与 8155 之间的地址、数据、命令与状态信息都是通过这个总线口传送的。

RD ∗：读选通信号，控制对 8155 的读操作，低电平有效。

WR ∗：写选通信号，控制对 8155 的写操作，低电平有效。

CE ∗：片选信号线，低电平有效。

IO/M ∗：8155 的 RAM 存储器或 I/O 口选择线。当 IO/M = 0 时，选择 8155 的片内 RAM，AD0~AD7 上地址为 8155 中 RAM 单元的地址（00H~FFH）；当 IO/M = 1 时，选择 8155 的 I/O 口，AD0~AD7 上的地址为 8155 I/O 口的地址。

ALE：地址锁存信号。8155 内部设有地址锁存器，在 ALE 的下降沿将单片机 P0 口输出的低 8 位地址信息及 IO/M ∗ 的状态都锁存到 8155 内部锁存器。因此，P0 口输出的低 8 位地址信号不需外接锁存器。

PA0~PA7：8 位通用 I/O 口，其输入、输出的流向可由程序控制。

PB0~PB7：8 位通用 I/O 口，功能同 A 口。

PC0~PC5：有两个作用，既可作为通用的 I/O 口，也可作为 PA 口和 PB 口的联络控制信号线。

TIMER IN：定时/计数器脉冲输入端，其输入脉冲对 8155 内部的 14 位定时/计数器减 1 计数。

TIMER OUT：定时/计数器输出端。当计数器计满回 0 时，8155 从该线输出脉冲或方波，波形形状由计数器的工作方式决定。

VCC：+5 V 电源。

2）8155 的地址编码及工作方式。

由图 10-17 可见，当 CE ∗ = 0，IO/M ∗ = 0 时，选中 8155 片内 256B 的 RAM，这时 8155 只能作片外 RAM 使用，其 RAM 的低 8 位编址为 00H~FFH；当 CE ∗ = 0，IO/M ∗ = 1 时，选中 8155 的 I/O 口，其端口包括命令/状态寄存器、A 口、B 口、C 口，地址由 AD7~AD0 确定，端口地址低 8 位编码为 00H、01H、02H、03H、04H、05H（设地址无关位为 0）。

8155 的 A 口、B 口可工作于基本 I/O 方式或选通 I/O 方式。C 口可工作于基本 I/O 方式，也可作为 A 口、B 口在选通工作方式时的状态控制信号线。当 C 口作为状态控制信号时，其每位线的功能见表 10-2。

表 10-2　C 口选通方式下状态控制信号

C 口引脚	信　号	功　　能
PC0	AINTR	A 口中断请求线
PC1	ABF	A 口缓冲器满信号
PC2	ASTB ∗	A 口选通信号
PC3	BINTR	B 口中断请求线
PC4	BBF	B 口缓冲器满信号
PC5	BSTB ∗	B 口选通信号

3) 8155 内部寄存器。

与 I/O 口有关的内部寄存器共有 6 个，除了上面讲到的 A 口、B 口、C 口对应的寄存器外，还有命令/状态寄存器、定时器/计数器低 8 位、定时器/计数器高 8 位。

① 命令/状态寄存器：8155 命令/状态寄存器是同一个地址 00H。

I/O 工作方式选择是通过对 8155 内部命令寄存器设定控制字实现的。命令寄存器只能写入，不能读出，命令寄存器的格式如图 10-18 所示。

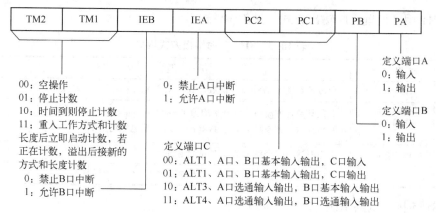

图 10-18　8155 命令寄存器格式

控制字低 6 位用来设置 A、B、C 口的工作方式和数据传输方向。高 2 位用来设置定时器/计数器的计数控制方式。可以根据需要设计接口电路，以及编程控制扩展 I/O 口和定时器的工作状态。

状态寄存器用于锁存输入/输出口和定时/计数器的当前状态，供 CPU 查询用。状态寄存器的端口地址与命令寄存器相同，低 8 位也是 00H，状态寄存器的内容只能读出不能写入。所以可以认为 8155 的 I/O 口地址 00H 是命令/状态寄存器，对其写入时作为命令寄存器；而对其读出时，则作为状态寄存器。状态寄存器的格式如图 10-19 所示。

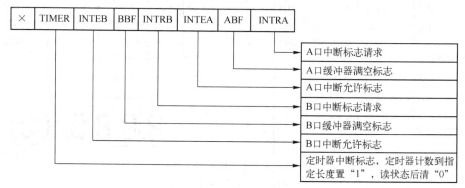

图 10-19　8155 状态寄存器格式

② 定时器/计数器

8155 内部的定时/计数器实际上是一个 14 位的减法计数器，它对 TIMER IN 端输入脉冲进行减 1 计数，当计数结束（即减 1 计数"回 0"）时，由 TIMER OUT 端输出方波或脉冲。当 TIMER IN 接外部脉冲时，为计数方式；接系统时钟时，可作为定时方式。

定时器/计数器由两个 8 位寄存器构成，寄存器的片内低字节地址为 04H（定时器低字节）、05H（定时器高字节）。其中的低 14 位组成计数器，剩下的两个高位（M2，M1）用于定义输出方式。其格式如图 10-20 所示。

M2	M1	T13	T12	T11	T10	T9	T8	T7	T6	T5	T4	T3	T2	T1	T0

图 10-20　8155 定时器/计数器格式

M2、M1 用来设置定时输出方式，见表 10-3。

表 10-3　8155 定时输出方式设置

M2	M1	输出方式	说明（T_I 为计数脉冲周期）
0	0	单负方波	单方波宽度为 $T_I \times n/2$（偶数计数）或 $T_I \times (n-1)/2$（奇数计数）
0	1	连续方波	偶数计数：方波高、低电平均为 $T_I \times n/2$ 奇数计数：方波高电平为 $T_I \times (n+1)/2$，低电平均为 $T_I \times (n-1)/2$
1	0	单负脉冲	溢出时输出一个宽为 TI 周期的负脉冲
1	1	连续脉冲	每次溢出时输出一个宽度为 TI 周期的负脉冲，并自动恢复初值

（2）8155 接口电路举例

【例 10-4】图 10-21 是一个单片机和 8155 的连接电路，分析接口电路功能和 8155 的端口地址，并编程实现 6 个数码管依次显示 012345。

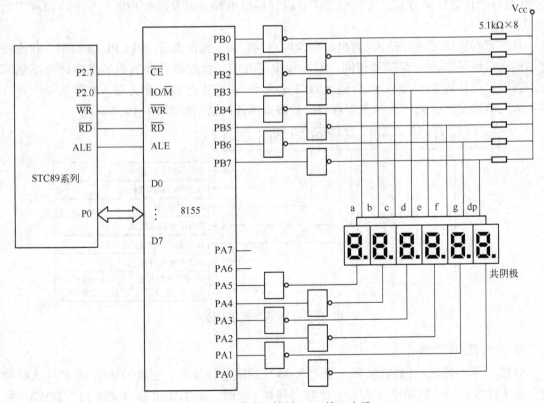

图 10-21　单片机扩展 8155 接口电路

解： 由图 10-21 可知单片机通过 P0 地址/数据总线连接 8155 扩展了 2 个并行口：PA 口输出控制 6 个数码管的共阴极；PB 口输出控制数码管段码。由此实现 6 个数码管的动态显示。8155 的 CE * 接单片机 P2.7（A15），IO/M * 接 P2.0（A8），8155 片内地址锁存器直接锁存低 8 位地址（A7~A0），所以 8155 内部 RAM 的地址范围是 0000H~00FFH，8155 各端口的地址（设无关位为 0）为：命令/状态口 0100H，A 口 0101H，B 口 0102H，C 口 0103H，定时器低字节 0104H，定时器高字节 0105H。

参考程序如下：

```
#include <reg52.h>
xdata unsigned char databuf1[256] _at_0x0000;
xdata unsigned char databuf2[6] _at_0x0100;
unsigned char led[6]={0x3F,0x06,0x5B,0x4F,0x66,0x6D},i=0,ch;    //共阴字形码表
void Iint8155(void)                //8155 初始化函数
{
    for(i=0;i<256;i++)             //8155 中 RAM 清 0
        databuf1[i]= 0;
    databuf2[0]=0x47;             //PA 口、PB 口、C 口均为输出口,停止计数
}
void   delay(uint t)              //延时函数
{
    while(t--) for(i=0;i<200;i++);
}
void   main()
{
    Iint8155();
    while(1)
    {
        ch=0x10;                  //位控码
        for(i=0;i<6;i++)
        {
            databuf2[2]=led[i];   //PB 口输出段码
            databuf2[1]=ch;       //PA 口输出位控码
            ch>>1;                //位控码右移 1 位
            delay(180);           //延时,控制每位显示的时间(可调)
        }
    }
}
```

10.2 单片机串行扩展

10.2.1 1-Wire 总线串行扩展

单总线（也称 1-Wire Bus）是由美国 DALLAS 公司推出的外围串行扩展总线。只有一条数据输入/输出线 DQ，总线上所有器件都挂在 DQ 上，电源也通过这条信号线供给。

单总线系统中配置的各种器件由 DALLAS 公司提供的专用芯片实现。每个芯片都有 64

位 ROM，厂家对每一芯片都用激光烧写编码，其中存有 16 位十进制编码序列号，是唯一用于区别芯片的地址编码。此外，芯片内还包含收发控制和电源存储电路，如图 10-22 所示。这些芯片耗电量都很小（空闲时几 μW，工作时几 mW），靠从总线上馈送到大电容中的电能就可以工作。

以下以 DS18B20 的温度测量系统来介绍单片机 1-Wire 总线串行扩展系统的应用。

1. 单总线温度传感器 DS18B20

DS18B20 是美国 DALLAS 公司生产的数字温度传感器，其体积小、低功耗、抗干扰能力强。DS18B20 可直接将温度转化成数字信号传送给单片机处理，因而可省去传统的信号放大、A/D 转换等外围电路。DS18B20 适用电压范围宽，是世界上第一片支持"单总线"接口的温度传感器。

DS18B20 测量温度范围为 -55~+128℃，在 -10~+85℃ 范围内，测量精度可达 ±0.5℃，适合于环境控制、过程监测、测温类消费电子产品以及多点温度测控系统。

图 10-23 为单片机与多个带有单总线接口的数字温度传感器 DS18B20 芯片的分布式温度监测系统，图中多个 DS18B20 都挂在单片机的 1 根 I/O 口线（即 DQ 线）上。单片机对每个 DS18B20 通过总线 DQ 寻址。DQ 为漏极开路，需加上拉电阻。图右是 DS18B20 的一种封装形式。

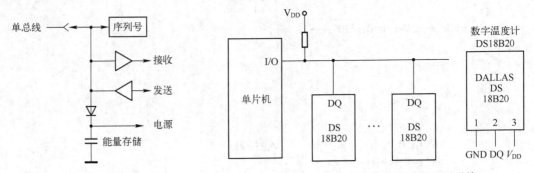

图 10-22 单总线芯片结构　　　　图 10-23 单总线分布式温度监测系统

现场温度测量直接以"单总线"数字方式传输，大大提高了系统抗干扰性，特别适用于测控点多、分布面广、环境恶劣以及狭小空间内设备的测温以及现场温度测量。

片内有 9 个字节的高速暂存器 RAM 单元，如图 10-24 所示。

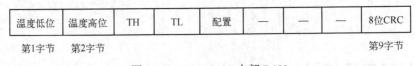

图 10-24 DS18B20 内部 RAM

第 1 字节和第 2 字节是在单片机发给 DS18B20 温度转换命令发布后，经转换所得的温度值，以两字节补码形式存放其中。单片机通过单总线可读得该数据，读取时低位在前，高位在后。第 3、4 字节分别是由软件写入用户报警的上、下限值 TH 和 TL。第 5 个字节为配置寄存器，可设置 DS18B20 的测温分辨率。第 6、7、8 字节未用，为全"1"。第 9 字节是前面所有 8 个字节的 CRC 码，用来进行校验，以保证正确通信。片内还有 1 个 EEPROM 为

TH、TL 以及配置寄存器的映像。

配置寄存器各位的定义如图 10-25 所示。

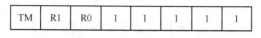

图 10-25　配置寄存器格式

其中，TM 位出厂时已被写入"0"，用户不能改变；低 5 位都为"1"；R1 和 R0 用来设置分辨率。表 10-4 给出了 R1、R0 与分辨率和转换时间的关系。用户可通过修改 R1、R0 位的编码，获得合适的分辨率。由表 10-4 可见分辨率每提高 1 位，转换时间增加 1 倍。

表 10-4　R1、R0 与分辨率和转换时间的关系

R0	R1	分辨率/位	最大转换时间/ms
0	0	9	93.75
0	1	10	187.5
1	0	11	375
1	1	12	750

读出来的温度转换值为 16 位，其中高 5 位为符号位，低 11 位为数据位，采用二进制补码表示，实际温度值=读取数据（真值）/16，然后加上符号即可。例如：读取的温度转换值为 0xfc90，由于是补码，符号是负数，应先将 11 位数据取反加 1 得到原码的数据位 0x0370，计算温度 = $(0x0370)/16 = (3\times16^2+7\times16)/16 = 55℃$，再加上符号位，即实际温度为 $-55℃$。

2. DS18B20 的工作时序

DS18B20 完全靠对时序严格、准确的控制进行工作。DS18B20 的工作时序包括初始化时序、写时序和读时序。

1）初始化时序。单片机将数据线 DQ 电平拉低 480~960 μs 后释放，等待 15~60 μs，DS18B20 即输出一持续 60~240 μs 的低电平，单片机收到此应答后即可进行操作。

2）写时序。当单片机将数据线 DQ 电平从高拉到低时，产生写时序，有写"0"和写"1"两种时序。写时序开始后，DS18B20 在 15~60 μs 期间从数据线上采样。如果采样到低电平，则向 DS18B20 写的是"0"；如果采样到高电平，则向 DS18B20 写的是"1"。这两个独立的时序间至少需要拉高总线电平 1 μs 的时间。

3）读时序。当单片机从 DS18B20 读取数据时，产生读时序。此时单片机将数据线电平从高拉到低使读时序被初始化。如果在此后 15 μs 内，单片机在数据线上采样到低电平，则从 DS18B20 读的是"0"；如果在此后的 15 μs 内，单片机在数据线上采样到高电平，则从 DS18B20 读的是"1"。

3. DS18B20 的命令

DS18B20 片内都有唯一的 64 位光刻 ROM 编码，出厂时已刻好。64 位光刻 ROM 格式如图 10-26 所示。

8位产品类型标号	D818B20的48位自身序列号	8位CRC码

图 10-26　DS18B20 光刻 ROM 编码

DS18B20 所有命令均为 1 字节，常用的命令代码见表 10-5。

表 10-5　DS18B20 命令表

命令编码	功　能
33H	读 DS18B20 中的 ROM 编码
55H	匹配 ROM，访问与 ROM 编码对应的 DS18B20
F0H	用于主机搜索识别总线上的所有从机 DS18B20 的 64 位 ROM 码
CCH	跳过读序列号操作（总线只有一个 DS18B20）
44H	启动温度转换
BEH	读取转换后的温度数据
4EH	将温度上、下限数据写入片内 RAM 第 3、4 字节
48H	把片内 RAM 第 3、4 字节数据复制到片内 RAM 第 3、4 字节
B8H	将 EEPROM 第 3、4 字节数据复制到片内 RAM 第 3、4 字节
B4H	读供电方式，寄生供电时，DS18B20 发送 0；外部电源供电，DS18B20 发送 1
ECH	报警搜索，只有温度超过设定的上下限的 DS18B20 才做响应

当主机需要对多个单总线上的 DS18B20 进行操作时，在系统安装及工作之前，应将主机逐个与 DS18B20 挂接，读出其序列号（33H），然后再将所有的 DS18B20 挂接到总线上，单片机发出匹配 ROM 命令（55H），紧接着主机提供的 64 位序列号之后的操作就是针对与之匹配的 DS18B20。具体的控制过程如下：①首先发送跳过 ROM 命令 CCH；②再送启动温度转换命令 44H，让挂接在总线上的所有 DS18B20 进行温度转换，不要逐一转换，这样可以缩短测温时间；③主机先发出匹配 ROM 命令 55H，取出需要测量温度的某个 DS18B20 存储的 64 位序列号，并发送到总线上，只有具有此序列号的 DS18B20 才接受主机的命令；④之后的操作就是针对该 DS18B20 的，这样就可逐一读取每个 DS18B20 的温度数据。

当主机只对一个 DS18B20 进行操作时，就不需要读取 ROM 编码以及匹配 ROM 编码，而只要执行 CCH 命令跳过读序列号操作，就可以执行温度转换和读取命令了。

4. 单总线 DS18B20 温度测量实例

【例 10-5】利用 DS18B20 和 LED 数码管实现单总线温度测量系统，原理电路如图 10~27 所示。DS18B20 测量范围是 -55~128℃，本例只显示 00~99。通过本例，读者应掌握 DS18B20 特性及单片机 I/O 实现单总线协议的方法。

电路中 74LS47 是 BCD-7 段译码器/驱动器，用于将单片机 P0 口输出欲显示的 BCD 码转化成相应的数字显示的段码，并直接驱动 LED 数码管显示。

参考程序如下：

```
#include " reg52. h"
#include " intrins. h"
#define uchar unsigned char
#define uint unsigned int
```

```c
sbit smg1 = P0^4;   sbit smg2 = P0^5;   sbit DQ = P3^7;
void delay5(uchar);
void init_ds18b20(void);
uchar readbyte(void);
void writebyte(uchar);
uchar retemp(void);
void main(void)
{    uchar i,temp;
     delay5(1000);
     while(1)
     {    temp = retemp();
          for(i=0;i<10;i++)                    //连续扫描数码管 10 次
          {    P0 = (temp/10)&0x0f;    smg1 = 0; smg2 = 1;
               delay5(1000);
               P0 = (temp%10)&0x0f;
               smg1 = 1;smg2 = 0;
               delay5(1000);
          }
     }
}

void delay5(uchar n)                           //延时 5 μs 函数(略)
{   ……  }
void init_ds18b20(void)                        //18B20 初始化
{    uchar x=0;
     DQ = 0;   delay5(120);                    //5×120 = 600 μs
     DQ = 1;   delay5(16);                     //5×80 μs
     delay5(80);                               //400 μs
}
uchar readbyte(void)                           //读取 1 字节数据
{    uchar i=0;
     uchar date=0;
     for (i=8;i>0;i--)
     {    DQ = 0;   delay5(1);
          DQ = 1;                              //15 μs 内释放总线
          date>>=1;
          if(DQ)    date |= 0x80;              //逐位读取
          delay5(11);                          //50 μs
     }
     return(date);
}
void writebyte(uchar dat)                      //写 1 字节数据
{ uchar i=0;
  for(i=8;i>0;i--)
  {  DQ = 0;
     DQ = dat&0x01;                            //写"1" 在 15μs 内拉低
     delay5(12);                               //写"0" 拉低 60μs
     DQ = 1;
     dat>>=1;
     delay5(5);
```

```
        }
    }
uchar retemp( void)                          //读取温度函数
{   uchar a,b,tt;    uint t;
    init_ds18b20( );
    writebyte(0x33);
    writebyte(0xCC);    writebyte(0x44);
    init_ds18b20( );
    writebyte(0xCC);    writebyte(0xBE);
    a=readbyte( );    b=readbyte( );    t=b;
    t<<=8;    t=t|a;    tt=t*0.0625;
    return(tt);
}
```

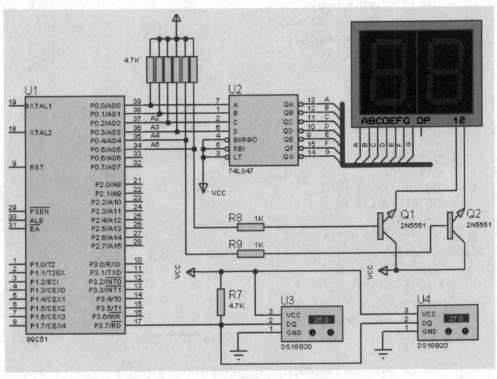

图 10-27　单总线 DS18B20 温度测量电路原理图

10.2.2　SPI 总线串行扩展

SPI (Serial Periperal Interface，串行外设接口) 是 Motorola 公司推出的一种同步串行外设接口，允许单片机与多个厂家生产的带有标准 SPI 接口的外围设备直接连接，以串行方式交换信息。

1. SPI 总线的扩展结构

SPI 外围串行扩展结构如图 10-28 所示。一般使用 4 条线：串行时钟 SCK，主器件输入/从器件输出数据线 MISO，主器件输出/从器件输入数据线 MOSI 和从器件选择线（片选线）。

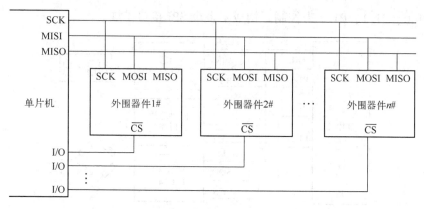

图 10-28　SPI 外围串行扩展结构

典型 SPI 系统是单主器件系统，一般用单片机作为主器件，从器件通常是外围接口器件，如存储器、I/O 接口、A/D、D/A、键盘、日历/时钟和显示驱动等。

单片机扩展多个外围器件时，由单片机进行片选控制，分别通过 I/O 口线来分时选通外围器件。在扩展单个 SPI 器件时，外围器件的片选端 CS * 可接地或通过 I/O 口控制。

在 SPI 串行扩展系统中，如某一从器件只作输入（如键盘）或只作输出（如显示器）时，可省去一条数据输出（MISO）线或一条数据输入（MOSI）线。

目前世界各芯片公司为广大用户提供一系列具有 SPI 接口的单片机和外围接口芯片，例如 Motorola 公司存储器 MC2814、显示驱动器 MC14499 和 MC14489 等各种芯片；美国 TI 公司的 8 位串行 A/D 转换器 TLC549、12 位串行 A/D 转换器 TLC2543 等。STC 单片机 12 系列之后的一些产品具有 SPI 接口，能够很方便地和 SPT 接口的芯片或设备连接。

2. STC89 系列单片机扩展 SPI 接口

在 SPI 串行扩展系统中，单片机启动一次传送的顺序如图 10-29 所示。在片选信号有效后，8 位数据的传送高位（MSB）在前，低位（LSB）在后，单片机发出的时钟 SCK 控制数据位传送，每个时钟传送 1 位数据。SPI 有较高的数据传输速度，最高可达 1.05 Mbit/s。

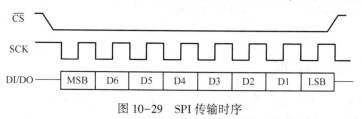

图 10-29　SPI 传输时序

STC89 系列单片机不带有 SPI，可采用软件与 I/O 口结合来模拟 SPI 的接口时序的三类信号，即片选、时钟和数据 I/O。

【例 10-6】图 10-30 利用单片机串行接口和 P1 引脚扩展多个 SPI，试分析电路原理，并编程实现串行接收 A/D 转换控制子函数。

解：电路分析：图中扩展了 3 路 SPI 接口：SPI 显示芯片 MAX7219 实现数码管显示的输出控制扩展；SPI 时钟芯片 HT1380 实现精确时钟输入；SPI 开关电容逐次逼近 8 位 A/D 转换芯片 TLC549 输入 A/D 结果。3 个芯片的数据传输线和同步时钟线都由单片机的异步串行接口方式 0 来实现的，这和 SPI 的顺序是匹配的（也可以由单片机 I/O 引脚实现）。片选信号分别由 P1.0、P1.1、P1.2 来控制。构成了多个 SPI 接口扩展。

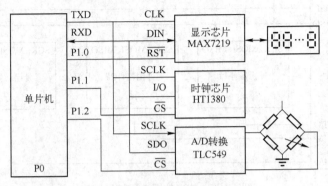

图 10-30　SPI 接口扩展

参考程序如下：

```
......
sbit cs1 = P1^0;               //MAX7219 片选信号
sbit cs2 = P1^1;               //HT1380 片选信号
sbit cs3 = P1^2;               //TLC549 片选信号
......
//A/D 转换控制子函数
unsigned char convert(void)
{     unsigned char i,temp;
      cs3 = 0;                 //启动 TLC549 进行 A/D
delay18us();                   //调用延时子函数(略),TLC549 转换时间要 17μs
      SCON = 0x10;             //设置串行口工作方式 0 并接收
while (!RI);                    //是否 8 位数据传输完成
      temp = SBUF;            //读取转换结果
RI = 0;                        //RI 标志清 0
      cs3 = 1;                 //停止 TLC549 选择
      return(temp);           //返回转换结果
}
```

10.2.3　I²C 总线串行扩展

I²C (Inter Interface Circuit) 全称为芯片间总线，是荷兰 PHILIPS 公司推出的一种串行总线标准。采用 I²C 技术的单片机以及外围器件种类很多（如存储器、I/O 芯片、A/D、D/A、键盘、显示器及日历/时钟），在各类电子产品、家用电器及通信设备中得到广泛应用。

1. I²C 串行总线系统的基本结构

I²C 串行总线只有两条信号线，一条是数据线 SDA，另一条是时钟线 SCL。SDA 和 SCL 是双向的，I²C 总线上各器件数据线都接到 SDA 线上，各器件时钟线均接到 SCL 线上。I²C 总线系统基本结构如图 10-31 所示。

由于 I²C 总线采用纯软件寻址方法，每个 I²C 总线器件都有唯一地址，无须片选线连接，大大减少了总线数量。

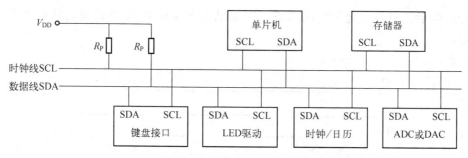

图 10-31　I²C 系统基本结构

I²C 串行总线的运行由主器件单片机控制，负责启动数据的发送（发出起始信号）、发出时钟信号，以及传送结束时发出终止信号。从器件可以是存储器、LED 或 LCD 驱动器、A/D 或 D/A 转换器、时钟/日历器件等，从器件须带有 I²C 串行总线接口。

I²C 总线空闲时，SDA 和 SCL 两条线均为高。连接到总线上器件的输出级必须是漏级或集电极开路，即各器件 SDA 及 SCL 都是"线与"关系。由于各器件输出为漏级开路，故须通过上拉电阻接正电源（见图 10-31 中的电阻 R_P），以保证 SDA 和 SCL 在空闲时被上拉为高电平。SCL 线上时钟信号对 SDA 线上各器件间数据传输起同步控制作用。SDA 线上数据起始、终止及数据的有效性均要根据 SCL 线上的时钟信号来判断。

在标准 I²C 普通模式下，数据传输速率为 100 kbit/s，高速模式下可达 400 kbit/s。总线上扩展器件数量不是由电流负载决定的，而是由电容负载确定。I²C 总线每个器件接口都有一定等效电容，连接器件越多，电容值就越大，这会造成信号传输延迟。总线上允许器件数以器件电容量不超过 400 pF 为宜。

I²C 总线应用系统允许多主器件，由哪一个主器件来控制总线要通过总线仲裁来决定，当一个以上的主器件同时试图控制总线时，只允许一个有效，从而保证数据不被破坏。

2. I²C 总线的数据传送规定

（1）数据位的有效性规定

I²C 总线数据传送时，每一数据位传送都与时钟脉冲相对应。时钟脉冲为高电平期间，数据线上数据须保持稳定。在 I²C 总线上，只有在时钟线为低电平期间，数据线上电平状态才允许变化，如图 10-32 所示。

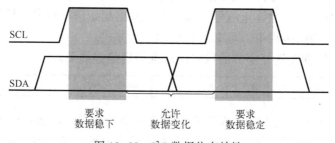

图 10-32　I²C 数据位有效性

（2）起始信号和终止信号

由 I²C 总线协议，总线上数据信号传送由起始信号（S）开始、由终止信号（P）结束。起始信号和终止信号都由主机发出，在起始信号产生后，总线就处于占用状态；在终止信号产生后，总线就处于空闲状态。下面结合图 10-33 介绍有关起始信号和终止信号的规定。

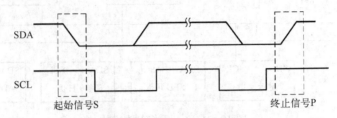

图 10-33   I²C 传送的起始与终止

1）起始信号（S）。在 SCL 线为高电平期间，SDA 线由高电平向低电平的变化表示起始信号，只有在起始信号以后，其他命令才有效。

2）终止信号（P）。在 SCL 线为高电平期间，SDA 线由低电平向高电平的变化表示终止信号。随着终止信号出现，所有外部操作都结束。

（3）I²C 总线上数据传送的应答

I²C 总线数据传送时，每字节须为 8 位长，传送字节数没有限制。数据传送时，最高位（MSB）在前，每一个被传送的字节后面都必须跟随 1 位应答位（即 1 帧共有 9 位）。

应答信号由接收方产生，和应答信号对应的时钟信号由主器件产生。这时发方须在这一时钟位上使 SDA 线处于高电平状态，以便收方在这一位上送出低电平应答信号 A。

由于某种原因收方不对主器件寻址信号应答时，例如收方正在进行其他处理而无法接收总线上的数据时，必须释放总线，将数据线置为高电平，由主器件产生一个终止信号以结束总线的数据传送。

当主器件接收来自从机数据时，接收到最后一个数据字节后，须给从器件发送一个非应答信号（A∗），使从机释放数据总线，以便主机发送一个终止信号，从而结束数据传送。

3. I²C 总线上的数据帧格式

I²C 总线上传送的信号包括数据信号和地址信号。

I²C 总线规定，在起始信号后必须传送一从器件地址（7 位），第 8 位是数据传送的方向位（R/W∗），用 "0" 表示主器件发送数据（W∗），"1" 表示主器件接收数据（R）。

每次数据传送总是由主器件产生的终止信号结束。但是，若主器件希望继续占用总线进行新的数据传送，则可不产生终止信号，马上再次发出起始信号对另一从器件进行寻址。因此，在总线一次数据传送过程中，可有以下几种组合方式。

1）主器件向从器件发送 n 字节的数据。数据传送格式如下。

S	从器件地址	0	A	字节 1	A	……	字节（n-1）	A	字节 n	A/A∗	P

其中：字节 1~字节 n 为主机写入从器件的 n 字节的数据。阴影部分表示主器件向从机发送，无阴影部分表示从器件向主器件发送。"从器件地址" 为 7 位，紧接其后的 "0" 表示 "写"。

2）主器件读出来自从机的 n 字节。数据传送格式如下。

S	从器件地址	1	A	字节 1	A	……	字节（n-1）	A	字节 n	A∗	P

其中：除第 1 个寻址字节由主机发出，字节 1~字节 n 数据传送都由从器件发送，主器件接收。主器件发送终止信号前应发送非应答信号，向从器件表明读操作要结束。

3）主器件的读、写操作。格式如下：

S	从器件地址	0	A	数据	A/A *	Sr	从器件地址 r	1	A	数据	A *	P

其中：一次数据传送过程中，主器件先发送 1 字节数据，然后接收 1 字节数据，此时起始信号和从器件地址都被重新产生一次，但两次读写的方向位相反。"Sr"表示重新产生的起始信号，"从器件地址 r"表示重新产生的从器件地址。

由上可见，无论哪种方式，起始信号、终止信号和从器件地址均由主器件发送，数据字节传送方向则由主器件发出的寻址字节中的方向位规定，每个字节传送都须有应答位（A 或 A *）相随。

4. 寻址字节

主器件传送数据先要发送从器件地址（7 位）和数据传送方向位，寻址字节格式如下：

器 件 地 址				引 脚 地 址			方向位
DA3	DA2	DA1	DA0	A2	A1	A0	R/W *

7 位从器件地址为"DA3、DA2、DA1、DA0"和"A2、A1、A0"，其中"DA3、DA2、DA1、DA0"为器件地址，即器件固有地址编码，出厂时就已给定，同一种器件该地址编码相同。"A2、A1、A0"为引脚地址，由器件引脚 A2、A1、A0 在电路中接高电平或接地决定。数据方向位（R/W *）规定了总线上的单片机（主器件）与从器件数据传送方向。R/W * =1，表示主器件接收（读）。R/W * =0，表示主器件发送（写）。

5. 数据传送格式

I^2C 总线每传送一位数据都与一个时钟脉冲对应，在时钟线为高电平期间，数据线的状态就是要传送的数据。要求每传送一个字节后，对方回答一个应答位。

I^2C 总线数据传送必须遵循规定的数据传送格式。如图 10-34 所示为一次完整的数据传送应答时序。由总线规范，起始信号表明一次数据传送的开始，其后为寻址字节。在寻址字节后是按指定读、写的数据字节与应答位。在数据传送完成后主器件都必须发送终止信号。在起始与终止信号之间传输的数据字节数没有限制。

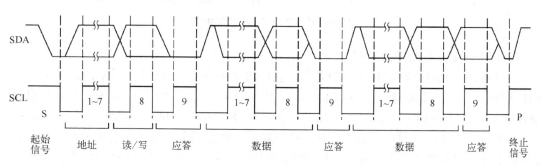

图 10-34　I^2C 总线数据传送时序

由上述数据传送时序可看出：

1）无论何种数据传送格式，寻址字节都由主器件发出，数据字节传送方向则由寻址字节中的方向位来规定，寻址字节只表明从器件的地址及数据传送方向。

2）每个字节传送都必须有应答信号（A/A＊）相随。

3）从器件接收到起始信号后都必须释放数据总线，使其处于高电平，以便主器件发送从机地址。

4）传送数据位的变化必须在 SCL 信号为高电平时发生。

6. 单片机的 I^2C 总线扩展系统

I^2C 系统中主器件通常由带有 I^2C 接口的单片机担当。从器件必须带有 I^2C 总线接口。许多公司都推出带有 I^2C 接口的单片机及各种外围扩展器件，如 ATMEL 的 AT24C×× 系列存储器、Philips 的 PCF8553（时钟/日历且带有 256×8 RAM）和 PCF8570（256×8 RAM）、MAXIM 的 MAX117/118（A/D 转换器）和 MAX517/518/519（D/A 转换器）等。STC89 系列单片机没有 I^2C 接口，可利用并行 I/O 口线结合软件来模拟 I^2C 总线时序。因此，在许多应用中，都将 I^2C 总线模拟传送作为常规设计方法。

【例 10-7】 图 10-35 为 STC89 系列 89S52 单片机与具有 I^2C 总线器件的扩展接口电路。图中，AT24C02 为 E2PROM 芯片，PCF8570 为静态 256×8 RAM，PCF8574 为 8 位 I/O 接口，SAA1064 为 4 位 LED 驱动器。请说明电路接口的工作原理，并编写总线时序控制的基本子函数，以及接收、发送一个字节的子函数。

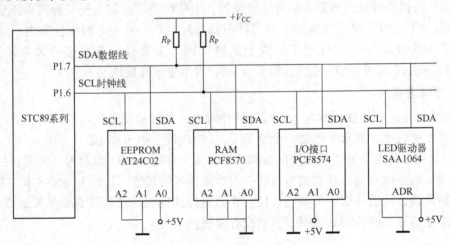

图 10-35　单片机 I^2C 扩展电路

解：（1）接口电路工作原理

各种器件的原理和功能有很大的差异，它们的使用方法可以通过厂家提供的用户手册了解和掌握，但它们都实行 I^2C 的标准，与单片机连接是相同的。AT24C02 是存储容量为256B 的 I^2C 总线 EEPROM 器件；PCF8570 是 256 ×8 位的 I^2C 总线 SRAM 器件；pcf8574t 是包含一个可扩展 8 位准双向口的 I^2C 总线接口器件，输出锁存，具有大电流驱动能力，可直接驱动 LED；SAA1064 是 Philips 公司生产的带 I^2C 总线接口的 4 位 LED 驱动器，可用于驱动 4 位 8 段数码管，特殊的是，SAA1064 的引脚地址是由引脚 ADR 上的输入电平决定的，ADR 引脚在接 VEE、3/8VCC、5/8VCC 和 VCC 时分别对应于 4 个不同的从地址（A1A0 =

00、01、10、11)。从电路连接来看，各从器件的引脚地址是：AT24C02 为 001，PCF8570 为 111，PCF8574 为 010，SAA1064 为 000，因此，即使不同厂家生产的"器件地址"相同，在此电路中也不会引起地址冲突。

（2）总线时序控制的基本函数

在用 I/O 引脚模拟 I²C 总线通信时，需编写以下 5 个函数：总线初始化、起始信号、终止信号、应答/数据"0"以及非应答/数据"1"函数。

1）总线初始化函数。初始化函数的功能是将 SCL 和 SDA 总线拉高以释放总线。

```
#include <reg52. h>
#include <intrins. h>          //包含函数_nop_( )的头文件
sbit    sda=P1^7;              //定义 I²C 模拟数据传送位
sbit    scl=P1^6;              //定义 I²C 模拟时钟控制位
void init( )                   //总线初始化函数
{
    scl=1;                     //scl 为高电平
    _nop_( );                  //延时约 1 μs
    sda=1;                     //sda 为高电平
    delay5us( );               //延时约 5 μs
}
```

2）起始信号 S 函数。要求一个新的起始信号前总线的空闲时间大于 4.7 μs，而对于一个重复的起始信号，要求建立时间也须大于 4.7 μs。起始信号的时序波形在 SCL 高电平期间 SDA 发生负跳变。起始信号到第 1 个时钟脉冲负跳沿的时间间隔应大于 4 μs。

```
void start( void)             //起始信号函数
{
    scl=1;
    sda=1;
    delay5us( );
    sda=0;
    delay4us( );
    scl=0;
}
```

3）终止信号 P 函数。在 SCL 高电平期间 SDA 的一个上升沿产生终止信号。终止信号结束时，要释放总线，使 SDA、SCL 维持在高电平上，在大于 4.7 μs 后才可进行下一次起始操作。

```
void stop( void)              //终止信号函数
{
    scl=0;
    sda=0;
    delay4us( );
    scl=1;
    delay4us( );
    sda=1;
    delay5us( );
}
```

4）应答位函数。与发送数据“0”相同，即在 SDA 低电平期间 SCL 发生一个正脉冲。

```
void Ack(void)
{
    uchar i;
    sda=1;                              //sda 释放后,被从器件拉为低电平表示应答
    scl=1;
delay4us();
    while((sda==1)&&(i<255))i++;        //单片机收到应答信号或超过一定时间,则退出循环
    scl=0;
    delay4us();
}
```

5）非应答位函数。与发送数据“1”相同，即在 SDA 高电平期间 SCL 发生一个正脉冲。

```
void NoAck(void)
{
sda=1;
scl=1;
delay4us();
scl=0;
sda=0;
}
```

（3）字节接收、发送子函数

除上述典型信号模拟外，在 I²C 总线数据传送中，经常使用单字节数据的发送与接收。

1）发送 1 字节数据子函数

下面是模拟 I²C 数据线由 SDA 发送 1 字节信号（地址或数据），发送完后等待应答，若发送数据正常，则 ack=1；若从器件无应答或损坏，则 ack=0。发送 1 字节数据参考程序如下：

```
void SendByte(unsigned char data)
{
    unsigned char i,temp;
    temp=data;
    for(i=0; i<8; i++)              //循环 8 次,发送 1 个字节
    {
        temp= temp<<1;             //左移一位,最高位进 Cy
        scl=0;
        delay4us();
        sda=Cy;                    //发送 1 位
        delay4us();
        scl=1;
        delay4us();
    }
scl=0;
delay4us();
sda=1;                             //发送完成后,释放总线,以便接收应答信号
```

220

```
        delay4us( );
    }
```

2）接收 1 字节数据子函数

下面是模拟从 I²C 的数据线 SDA 接收从器件传来的 1 字节数据的子程序：

```
void rcvbyte( )
{
    unsigned char  i,temp;
    scl = 0;
    delay4us( );
    sda = 1;                      //释放总线,做好接收准备
    for(i=0; i <8; i++)           //循环 8 次,逐位接收数据,并组合成 1 个字节
    {
        scl = 1;
        delay4us( );
        temp = (temp<<1) │ sda;   //temp 左移 1 位后与 SDA 逻辑"或"运算,进行组合
        scl = 0;
        delay4us( );
    }
    delay4us( );
    return temp;
}
```

10.3 单片机与 D/A、A/D 转换器的接口

10.3.1 概述

常见的闭环测控系统的典型结构如图 10-36 所示。

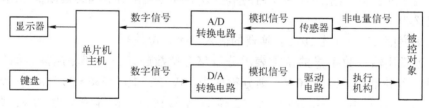

图 10-36 闭环控制系统典型结构

在这样的单片机测控系统中，非电量如温度、压力、流量及速度等，经传感器先转换成连续变化的模拟电信号（电压或电流），然后将模拟电信号转换成数字量后才能在单片机中进行处理。实现模拟量转换成数字量的器件称为 ADC（A/D 转换器）。

单片机把测量得到的数字量和控制标准进行比较，根据控制要求转换为不同大小的模拟信号输出，对这个模拟信号再经过功率放大，去驱动和调节各种不同的执行机构，如电磁阀、电动机转速、继电器及晶闸管等，实现对温度、压力、流量及速度等进行控制。数字量转换成模拟量的器件称为 DAC（D/A 转换器）。

现在部分单片机的芯片中集成了 DAC、ADC 功能，位数一般在 10 位左右，且转换速度也很快，单片机的 DAC、ADC 向高的位数和高转换速度上发展。STC12 等系列的许多单片

机本身具有 D/A 、A/D 功能。但是有一些单片机本身没有 D/A 或 A/D 功能，而其他方面的功能又比较强，如果选用这样的单片机，又要进行 D/A 或 A/D 转换，就需要在单片机外部扩展 D/A、A/D 电路。下面从应用的角度，介绍 STC89 系列单片机对典型的 ADC、DAC 芯片的接口设计及编程控制。

10.3.2　单片机 DAC 芯片接口设计

1. DAC 概述

目前集成化的 DAC 芯片种类繁多，设计者只需要合理选用芯片，了解它们的性能、引脚外部特性以及与单片机的接口设计方法即可。

（1）DAC 简介

DAC 有多种类型，以其内部结构和工作原理来看，有权电阻网络 DAC、倒梯形电阻网络 DAC、权电流型 DAC、开关树形 DAC 及权电容网络 DAC 等。不同类型的 DAC 各有其特点和不足，在有关课程中有详细介绍，在此不再赘述。

（2）要注意的几个问题

1）D/A 转换器的输出形式

D/A 转换器有两种输出形式：电压输出和电流输出。这是由生产厂家所决定的。电流输出的 D/A 转换器在输出端加一个运算放大器构成的 $I\text{-}V$ 转换电路，即可转换为电压输出。

2）D/A 转换器与单片机的接口形式

单片机与 D/A 转换器的连接有数据并行连接和串行连接。并行连接传输速度较快，但要占用单片机多位 I/O 口线；串行连接传输控制较复杂，但电路简单。在选择 D/A 转换器时，要根据系统结构考虑单片机与 D/A 转换器的接口形式。

（3）主要技术指标

1）分辨率。

分辨率指单片机输入给 D/A 转换器的单位数字量的变化所引起的模拟量输出的变化。

通常定义为

输出满刻度值/2^n　（n 为 D/A 转换器的输入数字量位数）

所以，通常用输入数字量的位数表示分辨率，位数越多，分辨率越高。例如，8 位的 D/A 转换器，若满量程输出为 10 V，则分辨率为 $10\text{V}/2^n = 10\text{V}/256 = 39.1\,\text{mV}$，该值占满量程的 0.391%，常用符号 1LSB 表示。而 12 位 D/A 转换，满量程输出为 10 V，则 1 LSB = 2.44 mV，占 0.024% 满量程，分辨率大大提高。

使用时，应根据性价比和对 D/A 转换器分辨率的需要来选定 D/A 转换器的位数。

2）建立时间。

建立时间是描述 D/A 转换器转换速度的参数，表明转换时间长短。其值为从输入数字量到输出达到终值误差±（1/2）LSB（最低有效位）时所需的时间。快速 D/A 转换器的建立时间可在 1 μs 以下。

2. 单片机扩展并行 8 位 DAC0832 的设计

（1）DAC 0832 简介

1）DAC0832 的特性。

美国国家半导体公司的 DAC0832 芯片是具有两级输入数据寄存器的 8 位 DAC，特性如下。

① 分辨率为 8 位。

② 电流输出，建立时间为 1 μs。

③ 具有双缓冲输入、单缓冲输入或直通输入 3 种输入方式。

④ 单一电源供电（+5～+15 V），低功耗，20 mW。

2）DAC0832 的引脚及逻辑结构。

DAC0832 的引脚如图 10-37a 所示，内部结构如图 10-37b 所示。

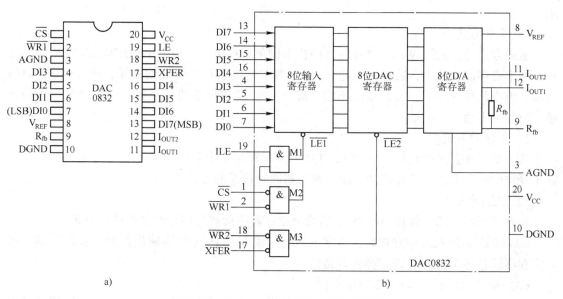

图 10-37　DAC0832 的引脚及逻辑结构

a）引脚　b）内部结构

各引脚的功能如下。

DI7～DI0：8 位数字量输入端，接收发来的数字量。

ILE、CS∗、WR1∗：当 ILE=1，CS∗=0，WR1∗=0 时，即 M1=1，第一级 8 位输入寄存器被选中。待转换的数字信号被锁存到第一级 8 位输入寄存器中。

XFER∗、WR2∗：当 XFER∗=0，WR2∗=0 时，第一级 8 位输入寄存器中待转换数字进入第二级 8 位 DAC 寄存器中。

IOUT1：D/A 转换电流输出 1 端，输入数字量全为"1"时，IOUT1 最大，输入数字量全为"0"时，IOUT1 最小。

IOUT2：D/A 转换电流输出 2 端，IOUT2 + IOUT1 = 常数。

Rfb：I-V 转换时的外部反馈信号输入端，内部已有反馈电阻 R_{fb}，根据需要也可外接反馈电阻。

VREF：参考电压输入端。

VCC：电源输入端，在+5～+15 V 范围内。

DGND：数字地。

AGND：模拟地，最好与基准电压共地。

由图 10-37b 可见，片内共两级寄存器，第一级为"8 位输入寄存器"，用于锁存单片机送来的数字量，由 LE1＊（即 M1＝1 时）加以控制；第二级输入寄存器是"8 位 DAC 寄存器"，用于存放待转换的数字量，由 LE2＊控制（即 M3＝1 时），这两级 8 位寄存器，构成两级输入数字量缓存。"8 位 D/A 转换电路"对"8 位 DAC 寄存器"输出数字量进行 D/A 转换，并输出转换后的模拟电流。如要得到模拟输出电压，需外接 I-V 转换电路。

（2）DAC0832 扩展的三种工作方式

对 DAC0832 二级寄存器的控制，构成了 DAC0832 扩展的三种工作方式，可根据情况采用。

1）直通方式。

直通方式是将 CS、WR1、WR2、XFER 引脚都直接接数字地，ILE 引脚为高电平时，芯片内两个寄存器均处于直通状态。此时，8 位数字量通过 DI7～DI0 输入端，就直接进入 D/A 转换。但在此种方式下，DAC0832 不能直接和 CPU 的数据总线相连接，而应通过三态门连接，故很少采用。

2）单缓冲方式。

所谓单缓冲方式就是使 DAC0832 的两个输入寄存器中有一个处于直通方式，而另一个处于受控的锁存方式，或者说两个输入寄存器同时选通的方式。

3）双缓冲方式。

所谓双缓冲方式，就是 DAC0832 的两个锁存器连接成分别分时受控锁存方式。

DAC0832 采用双缓冲方式时，数字量的输入锁存和 D/A 转换输出是分两步进行的：输入寄存器锁存传送→DAC 寄存器锁存传送。

（3）单片机扩展 DAC0832 应用实例

单片机扩展 D/A，主要就是为了产生可调节的电压或电流输出，输出的模拟信号可以用示波器等测量设备观察其变化。

【例 10-8】单片机控制 DAC0832 产生正弦波、方波、三角波。

解： 波形发生器仿真电路如图 10-38 所示。单片机 P1.0～P1.2 接有 3 个按键，当按键按下时，分别对应产生正弦波、方波、三角波。图中，DAC0832 工作在单缓冲方式，只有数字量的输入缓存器受单片机 P3.2（CS＊）和 P3.6（WR1＊）的控制。运放器 U3 和 DAC0832 内部反馈电阻一起构成 I-V 转换电路。I-V 转换的电压波形送虚拟示波器进行波形显示。

单片机控制 DAC0832 产生各种波形，实质就是单片机把波形的采样点数据送至 DAC0832，经 D/A 转换后输出模拟信号。改变送出的函数波形采样点的延时时间，就可改变函数波形的频率。

1）正弦波产生原理。

由于 DAC0832 是 8 位 D/A，如果要产生一个完整周期的正弦信号，单片机可以把正弦波分为 $2^8＝256$ 个采样点的数据送给 DAC0832。正弦波采样数据可用软件编程或 MATLAB 等工具计算。

2）方波产生原理。

单片机采用定时器定时中断来改变波形高、低电平状态，定时中断的时间决定方波的频率。

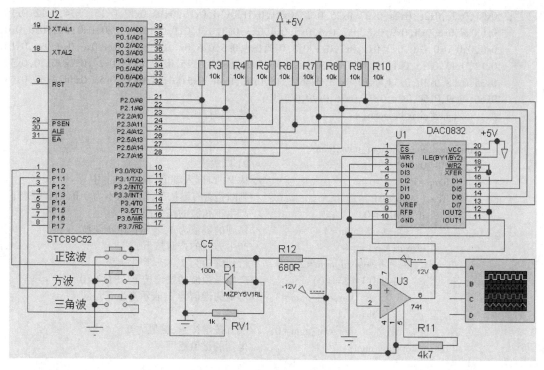

图 10-38　波形发生器仿真电路

3）三角波产生原理。

单片机把数字量从 0 不断增 1，送给 DAC0832，增至 0xff 后，又不断减 1，送给 DAC0832，减至 0 后，再重复上述过程。（思考：根据三角板产生原理，如何产生锯齿波、梯形波、阶梯波?）

参考程序如下：

```
#include<reg52. h>
#include<math. h>
sbit wr = P3^6;
sbit cs = P3^2;
sbit key0 = P1^0;              //定义 P1. 0 脚的按键为正弦波键 key0
sbit key1 = P1^1;              //定义 P1. 1 脚的按键为方波键 key1
sbit key2 = P1^2;              //定义 P1. 2 脚的按键为三角波键 key2
unsigned char flag;            //flag 为 1、2、3 时对应正弦波、方波、三角波
unsigned char   const code     //正弦波采样点数组 256 个数据
```

SIN_code [256] = {0x80,0x83,0x86,0x89,0x8c,0x8f,0x92,0x95,0x98,0x9c,0x9f,0xa2,0xa5, 0xa8,0xab,0xae,0xb0,0xb3,0xb6,0xb9,0xbc,0xbf,0xc1,0xc4,0xc7,0xc9,0xcc,0xce,0xd1,0xd3, 0xd5,0xd8,0xda,0xdc,0xde,0xe0,0xe2,0xe4,0xe6,0xe8,0xea,0xec,0xed,0xef,0xf0,0xf2,0xf3,0xf4, 0xf6,0xf7,0xf8,0xf9,0xfa,0xfb,0xfc,0xfc,0xfd,0xfe,0xfe,0xff,0xff,0xff,0xff,0xff,0xff,0xff,0xff, 0xff,0xff,0xfe,0xfe,0xfd,0xfc,0xfc,0xfb,0xfa,0xf9,0xf8,0xf7,0xf6,0xf5,0xf3,0xf2,0xf0,0xef,0xed, 0xec,0xea,0xe8,0xe6,0xe4,0xe3,0xe1,0xde,0xdc,0xda,0xd8,0xd6,0xd3,0xd1,0xce,0xcc,0xc9, 0xc7,0xc4,0xc1,0xbf,0xbc,0xb9,0xb6,0xb4,0xb1,0xae,0xab,0xa8,0xa5,0xa2,0x9f,0x9c,0x99, 0x96,0x92,0x8f,0x8c,0x89,0x86,0x83,0x80,0x7d,0x79,0x76,0x73,0x70,0x6d,0x6a,0x67,0x64, 0x61,0x5e,0x5b,0x58,0x55,0x52,0x4f,0x4c,0x49,0x46,0x43,0x41,0x3e,0x3b,0x39,0x36,0x33,

```
0x31,0x2e,0x2c,0x2a,0x27,0x25,0x23,0x21,0x1f,0x1d,0x1b,0x19,0x17,0x15,0x14,0x12,0x10,
0xf,0xd,0xc,0xb,0x9,0x8,0x7,0x6,0x5,0x4,0x3,0x3,0x2,0x1,0x1,0x0,0x0,0x0,0x0,0x0,0x0,
0x0,0x0,0x0,0x0,0x0,0x1,0x1,0x2,0x3,0x3,0x4,0x5,0x6,0x7,0x8,0x9,0xa,0xc,0xd,0xe,0x10,
0x12,0x13,0x15,0x17,0x18,0x1a,0x1c,0x1e,0x20,0x23,0x25,0x27,0x29,0x2c,0x2e,0x30,0x33,
0x35,0x38,0x3b,0x3d,0x40,0x43,0x46,0x48,0x4b,0x4e,0x51,0x54,0x57,0x5a,0x5d,0x60,0x63,
0x66,0x69,0x6c,0x6f,0x73,0x76,0x79,0x7c} ;
    unsigned char keyscan( )                    //键盘扫描函数
    {
    unsigned char keyscan_num,temp;
        P1 = 0xff;                              //P1 口输入
        temp = P1;                              //从 P1 口读入键值,存入 temp 中
        if( ~ ( temp&0xff) )                    //判断是否有键按下,即键值不为 0xff,则有键按下
            if( key0 = = 0)                     //产生正弦波的按键按下,
                keyscan_num = 1;                //得到的键值为 1,表示产生正弦波
            else if( key1 = = 0)                //产生方波的按键按下,
                    keyscan_num = 2;            //得到键值为 2,表示产生方波
                else if( key2 = = 0)            //产生三角波的按键按下, P1. 2 = 0
                    keyscan_num = 3;            //得到的键值为 3,表示产生三角波
                else
                    keyscan_num = 0;            //没有按键按下,键值为 0
        return keyscan_num;                     //得到的键值返回
    }
    void init( )                                //初始化:DAC0832、T0
    {
        wr = 0;cs = 0;                          //打开 DAC0832 输入寄存器
        EA = 1;ET0 = 1;                         //开 T0 中断
        TMOD = 1;                               //T0 工作在方式 1
    }
    void SIN( )                                 //产生一个周期的正弦函数
    {
    unsigned int i;
        do{
        P2 = SIN_code[ i];
        i = i+1;
        }while( i<256) ;
    }
    void square( )                              //产生一个周期的方波函数
    {
        P2 = 0xff;                              //方波初始值为高电平
        TH0 = 0xfe; TL0 = 0x00;                 //设置 T0 计数初值
        TR0 = 1;                                //启动 T0 计数
        while ( P2 = = 0xff) ;
        while ( P2 = = 0x00) ;
        TR0 = 0;
    }
    void Traingle( )                            //产生一个周期的三角波函数
    {
        P2 = 0;                                 //P2 初值 0
        while( P2<0xff)
```

226

```
            P2=P2+1;                        //产生三角波上升沿
        while(P2>0)
            P2=P2-1;                        //产生三角波下降沿
    }
    void main()                             //主函数
    {
        init();                             //初始化函数
        while(1)
        {
            flag=keyscan();                 //将键盘扫描函数得到的键值赋给flag
            switch(flag)
            {
                case 1:
                    SIN();
                    break;
                case 2:
                    square();
                    break;
                case 3:
                    Traingle();
                    break;
                default:break;
            }
        }
    }
    void timer0() interrupt 1               //定时器T0的中断函数
    {
        P2=~P2;                             //方波的输出电平求反
        TH0=0xfe;                           //重装定时时间常数
        TL0=0x00;
        TR0=1;
    }
```

在仿真运行时，可用虚拟示波器观察由按键选择的函数波形输出（可在虚拟示波器上用右键下拉菜单，勾选"Digital Oscilloscope"打开虚拟示波器屏幕）。

10.3.3 单片机与ADC芯片接口设计

1. ADC概述

A/D转换器（ADC）把模拟量转换成数字量，单片机才能进行数据处理。现在部分单片机片内也集成了A/D转换器，位数为8位、10位或12位，且转换速度也很快，但是在片内A/D转换器不能满足需要的情况下，还是需要外部扩展ADC。

（1）ADC类型

ADC芯片产品较多，对应用设计者来说，需要合理地选择ADC芯片。

1）按照转换原理分类。目前广泛应用在单片机应用系统中的主要有逐次比较型转换器、双积分型转换器及∑-Δ式转换器。

逐次比较型ADC是最常用的A/D转换器，其精度、速度和价格都适中。

双积分型 ADC，具有精度高、抗干扰性好及价格低廉等优点，与逐次比较型 A/D 转换器相比，转换速度较慢，近年来在单片机应用领域中已得到广泛应用。

∑-Δ 式 ADC 具有积分式与逐次比较型 ADC 的优点。它对工业现场串模干扰具有较强抑制能力，不亚于双积分 ADC，且比双积分 ADC 有更高的转换速度。与逐次比较型 ADC 相比，有较高信噪比，分辨率高，线性度好。由于上述优点，∑-Δ 式 ADC 得到了用户的重视，已有多种 ∑-Δ 式 A/D 芯片可供用户选用。

2）按照转换结果传送方式分类。可以分为并行传送和串行传送。

并行传送速度较快，但连线较多。ADC 按照并行输出数字量的有效位数分为 4 位、8 位、10 位、12 位、14 位、16 位以及 BCD 码输出的 $3\frac{1}{2}$、$4\frac{1}{2}$、$5\frac{1}{2}$ 等多种。

串行接口的 ADC 连线少，使用方便，接口简单，但传送速度较慢，而带有同步 SPI 串行接口的 A/D 转换器的使用逐渐增多。较为典型的串行 A/D 转换器为美国 TI 公司的 TLC549（8 位）、TLC1549（10 位）以及 TLC1543（10 位）和 TLC2543（12 位）等。

3）按照转换速度分类。A/D 转换器按照转换速度可大致分为超高速（转换时间 ≤ 1 ns）、高速（转换时间 ≤ 1 μs）、中速（转换时间 ≤ 1 ms）、低速（转换时间 ≤ 1 s）等几种不同转换速度的芯片。目前许多新型的 A/D 转换器已将多路转换开关、时钟电路、基准电压源、二/十进制译码器和转换电路集成在一个芯片内，为用户提供了极大方便，也提高了整体控制的速度。

（2）A/D 转换器主要技术指标

1）转换时间或转换速率。转换时间是指 A/D 转换器完成一次转换所需要的时间。转换时间的倒数为转换速率。

2）分辨率。分辨率是衡量 A/D 转换器能够分辨出输入模拟量最小变化程度的技术指标。分辨率取决于 A/D 转换器的位数，习惯上用输出的二进制位数或 BCD 码位数表示。

例如，对输出的二进制 12 位的 ADC，满量程输入电压为 5 V，即用 2^{12} 个数进行量化，其分辨率为 12 位（1LSB），也即 $5V/2^{12} = 1.22\,mV$，能分辨出输入电压 1.22 mV 的变化。

又如，对双积分型输出 BCD 码为 $3\frac{1}{2}$ 的 ADC，其满量程输入电压为 2 V，分辨率为三位半，如果换算成二进制位数表示，其分辨率约为 11 位，因为 1999 最接近于 $2^{11} = 2048$。

量化过程引起的误差称为量化误差。量化误差是由于有限位数字量对模拟量进行量化而引起的误差。量化误差理论上规定为一个单位分辨率的 ±1/2LSB，提高位数既可以提高分辨率，又能减少量化误差。

2. 单片机并行扩展 8 位 A/D 转换器 ADC0809

（1）ADC0809 引脚及内部结构

ADC0809 是逐次比较型 8 路模拟输入、8 位数字量输出的 ADC，引脚及内部结构如图 10-39 所示。

1）ADC0809 引脚功能。

芯片为双列直插式封装，引脚功能如下。

IN0~IN7：8 路模拟信号输入。

D0~D7：转换完毕的 8 位数字量输出端。

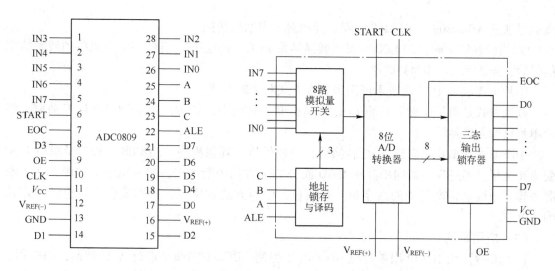

图 10-39 ADC0809 引脚及内部结构

C、B、A：C、B、A 端控制 8 路模拟输入通道的切换，分别与单片机的 3 条地址线相连。C、B、A = 000~111 对应选择 IN0~IN7 通道地址。

ALE：为 C、B、A 编码的锁存控制输入端。

OE：为转换结果输出允许控制输入端。

START：为启动 A/D 转换信号输入端。

CLK：为 ADC0809 时钟信号输入端。

EOC：转换结束输出信号。当 A/D 转换开始时，该引脚为低电平，当 A/D 转换结束时，该引脚为高电平。

$V_{REF}(+)$、$V_{REF}(-)$：基准电压输入端。

2）ADC0809 的内部结构。

ADC0809 采用逐次比较方法完成 A/D 转换，由单一 +5 V 电源供电。片内带有锁存功能的 8 选 1 模拟开关，由加到 C、B、A 引脚的编码决定所选通道。

ADC0809 完成一次转换需 100 μs（此时加在 CLK 引脚的时钟频率为 640 MHz，即转换时间与加在 CLK 引脚的时钟频率有关），它具有输出 TTL 三态锁存缓冲器，可直接连到单片机的数据总线上。通过适当的外接电路，ADC0809 可对 0~5 V 的模拟信号进行转换。

（2）ADC0809 的工作原理

1）输入模拟电压与输出数字量的关系。

ADC0809 输入模拟电压与转换输出结果数字量关系如下：

$$V_{IN} = \frac{\left[V_{REF(+)} - V_{REF(-)} \right]}{256} \cdot N + V_{REF(-)}$$

其中：V_{IN} 处于（$V_{REF}(+) - V_{REF}(-)$）之间，N 为十进制数。通常情况下 V_{REF}（+）接 +5 V，V_{REF}（-）接地，即模拟输入电压范围为 0~+5 V，对应的数字量输出为 0x00~0xff。

2）ADC0809 的转换工作原理。

单片机控制 ADC0809 进行 A/D 转换过程如下。

① 首先由加到 C、B、A 上的编码决定选择 ADC0809 的某一路模拟输入通道，同时产生

高电平加到 ADC0809 的 START 引脚，开始对选中通道转换。

② 当转换结束时，ADC0809 发出转换结束 EOC（高电平）信号。单片机接到转换结束信号后，需控制 OE 端为高电平。

单片机读取 A/D 转换结果可采用查询方式和中断方式。

查询方式是单片机循环检测 EOC 脚是否变为高电平，如为高电平则说明转换结束，然后单片机读入转换结果。

中断方式是单片机启动 ADC 转换后，单片机执行其他程序。ADC0809 转换结束后 EOC 变为高电平，通过反相器向单片机 INT0 或 INT1 * 发出中断请求，单片机响应中断，在中断服务程序中读取转换完毕的数字量。很明显，中断方式效率高，特别适合于转换时间较长的 ADC。

（3）应用举例

【例 10-9】图 10-40 用单片机 STC89C52 控制 ADC0808/0809 进行 A/D 转换，图中用 3 个按键 S1、S2、S3 的编码选择 ADC0808/0809 的 IN0 ~ IN7 共 8 个模拟信号输入通道，输入模拟电压用一个可调电阻 R_{V1} 调节接到 IN0 ~ IN5，IN6 直接接 5 V 电压，IN7 直接接地。转换结束用中断方式告诉单片机，单片机从 P1 口读入转换后二进制的结果，再通过 P0 口输出，用 LED1 ~ LED8 显示转换的二进制数字量（5 V 全亮，0 V 全灭）。

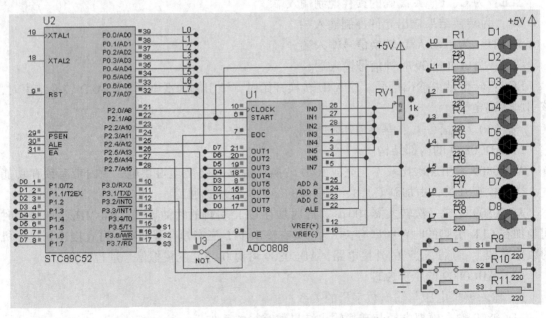

图 10-40　单片机控制 ADC0808/0809 图例

实现以上功能的参考程序如下：

```
#include "reg52. h"
#define uchar unsigned char
#define uint unsigned int
#define LED  P0
#define out_0809  P1
```

230

```
unsigned charpass,temp;
sbit start = P2^1;sbit OE = P2^7;sbit EOC = P2^3;sbit CLOCK = P2^0;        //定义 0809 的控制信号
sbit add_a = P2^4;sbit add_b = P2^5;sbit add_c = P2^6;              //定义 0809 输入通道选择信号
sbit flag = PSW^5;                              //AD 转换标志
void main( void)
{
    EA = 1;EX0 = 1;IT0 = 1;                         //允许 INTO 中断
    while(1)
    {
        P3 = 0xff;                             //P3 准备接受键值
flag = 1;
        pass = P3;pass = pass>>5;                   //读取选择模拟输入通道
        switch( pass)
        {
            case 0x00： add_a = 0;add_b = 0;add_c = 0; break;  //选择 ADC0809 的通道 0
            case 0x01： add_a = 1;add_b = 0;add_c = 0; break;  //选择 ADC0809 的通道 1
            case 0x02： add_a = 0;add_b = 1;add_c = 0; break;  //选择 ADC0809 的通道 2
            case 0x03： add_a = 1;add_b = 1;add_c = 0; break;  //选择 ADC0809 的通道 3
            case 0x04： add_a = 0;add_b = 0;add_c = 1; break;  //选择 ADC0809 的通道 4
            case 0x05： add_a = 1;add_b = 0;add_c = 1; break;  //选择 ADC0809 的通道 5
            case 0x06： add_a = 0;add_b = 1;add_c = 1; break;  //选择 ADC0809 的通道 6
            case 0x07： add_a = 1;add_b = 1;add_c = 1; break;  //选择 ADC0809 的通道 7
            default：break;
        }
        start = 0;
        start = 1;
        start = 0;                             //锁存通道、启动转换
        while( flag)
{CLOCK = !CLOCK;}
    }
}
void int_0( )    interrupt 0                        //AD 结束中断处理
{
    OE = 1;                                //允许输出
    temp = out_0809;                           //暂存转换结果
    OE = 0;                                //关闭输出
    LED = ~ temp;                            //采样结果通过 P0 口输出到 LED
    flag = 0;
}
```

思考题：将本例接口电路及程序修改，采用查询方式来读取 A/D 转换结果。

3. 单片机扩展 12 位串行 ADC-TLC2543 的设计

串行 A/D 转换器与单片机连接具有占用 I/O 口线少的优点，下面介绍串行 A/D 转换器 TLC2543 的扩展应用。

（1）TLC2543 的特性及工作原理

美国 TI 的 12 位串行 SPI 接口的 A/D 转换器，转换时间为 $10\,\mu s$。片内有 1 个 14 路模拟开关，用来选择 11 路模拟输入以及 3 路内部测试电压中的 1 路进行采样。为了保证测量结果

的准确性，该器件具有 3 路内置自测试方式，可分别测试"REF+"高基准电压值，"REF-"低基准电压值和"REF+/2"值，该器件的模拟量输入范围为 REF+～REF-，一般模拟量的变化范围为 0～+5 V，所以此时 REF+脚接+5 V，REF-脚接地。

（2）TLC2543 的引脚及内部逻辑结构

TLC2543 的引脚及内部逻辑结构如图 10-41 所示，各引脚功能如下。

AIN0～AIN10：11 路模拟量输入端。

CS ∗：片选端。

DATAINPUT：串行数据输入端。由 4 位的串行地址输入来选择模拟量输入通道。

DATA OUT：A/D 转换结果的三态串行输出端。为高电平时处于高阻抗状态，为低电平时处于转换结果输出状态。

EOC：转换结束端。

I/O CLOCK：I/O 时钟端。

REF+：正基准电压端。通常为 V_{cc} 被加到 REF+，最大的输入电压范围为加在本引脚与 REF-引脚的电压差。

REF-：负基准电压端。通常接地。

Vcc：电源。

GND：地。

（3）TLC2543 工作过程

工作过程分为两个周期：I/O 周期和实际转换周期。

1）I/O 周期。

I/O 周期由外部提供的 I/O CLOCK 定义，延续 8、12 或 16 个时钟周期，取决于选定的输出数据长度。器件进入 I/O 周期后同时进行两种操作。

TLC2543 的工作时序如图 10-42 所示。在 I/O CLOCK 的前 8 个脉冲的上升沿，以 MSB 前导方式从 DATA INPUT 端输入 8 位数据到输入寄存器。其中前 4 位为模拟通道地址，控制 14 通道模拟多路器从 11 个模拟输入和 3 个内部自测电压中，选通 1 路到采样保持器，该电路从第 4 个 I/O CLOCK 脉冲下降沿开始，对所选的信号进行采样，直到最后一个 I/O CLOCK 脉冲下降沿。I/O 脉冲时钟个数与输出数据长度（位数）有关，输出数据的长度由输入数据的 D3、D2 可选择为 8 位、12 位或 16 位。当工作于 12 位或 16 位时，在前 8 个脉冲之后，DATA INPUT 无效。

在 DATA OUT 端串行输出 8 位、12 位或 16 位数据。当 保持为低电平时，第 1 个数据出现在 EOC 的上升沿，若转换由 CS ∗ 控制，则第 1 个输出数据发生在 CS ∗ 的下降沿。这个数据是前 1 次转换的结果，在第 1 个输出数据位之后的每个后续位均由后续的 I/O CLOCK 脉冲下降沿输出。

2）转换周期。

在 I/O 周期最后一 I/O CLOCK 脉冲下降沿后，EOC 变低，采样值保持不变，转换周期开始，片内转换器对采样值进行逐次逼近式 A/D 转换，其工作由与 I/O CLOCK 同步的内部时钟控制。转换结束后 EOC 变高，转换结果锁存在输出数据寄存器中，待下一 I/O 周期输出。I/O 周期和转换周期交替进行，从而可减少外部的数字噪声对转换精度的影响。

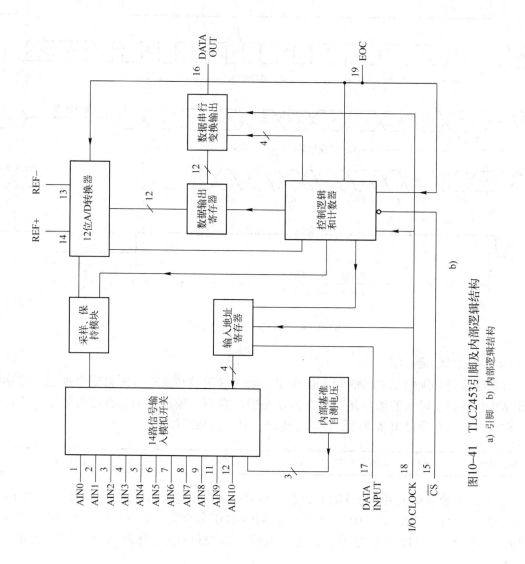

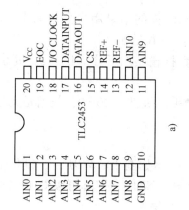

图10—41 TLC2453引脚及内部逻辑结构

a) 引脚 b) 内部逻辑结构

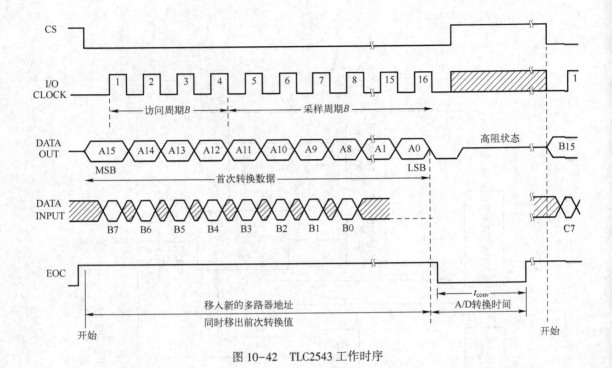

图 10-42 TLC2543 工作时序

（4）TLC2543 命令字

每次转换都必须向 TLC2543 写入命令字，以便确定被转换信号来自哪个通道，转换结果用多少位输出，输出的顺序是高位在前还是低位在前，输出结果是有符号数还是无符号数。命令字写入顺序是由高位到低位串行传送。命令字格式如下：

通道地址选择（D7~D4）	数据的长度（D3~D2）	数据的顺序（D1）	数据的极性（D0）

1）通道地址选择位用来选择输入通道。0000~1010 分别是 11 路模拟量 AIN0~AIN10 的地址；地址 1011、1100 和 1101 所选择的自测试电压分别是（（VREF+）-（VREF-））/2、VREF-、VREF+。1110 是掉电地址，选掉电后，TLC2543 处于休眠状态，此时电流小于 $20\mu A$。

2）数据长度（D3~D2）位用来选择转换的结果用多少位输出。D3D2 为 x0：12 位输出；D3D2 为 01：8 位输出；D3D2 为 11：16 位输出。

3）数据的顺序位（D1）用来选择数据输出的顺序。D1=0，高位在前；D1=1，低位在前。

4）数据的极性位（D0）用来选择数据的极性。D0=0，数据是无符号数；D0=1，数据是有符号数。

（5）单片机扩展 TLC2543 举例

【例 10-10】 单片机与 TLC2543 接口电路如图 10-43 所示，模拟信号通道由 S1~S4 选择，输入电压调节通过调节 R_{V1} 来实现。编写程序，使其可以对 14 个模拟通道选择，进行数据采集、A/D 转换，在数码管上显示转换结果。

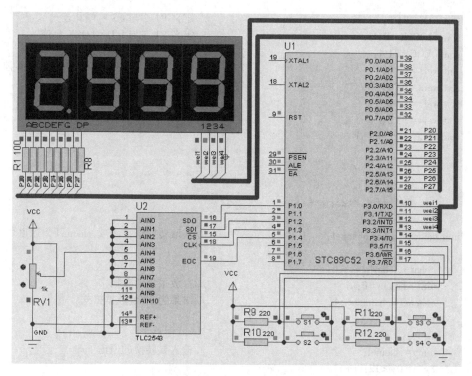

图 10-43　串行 ADC TLC2543 扩展电路

解：TLC2543 与单片机接口采用 SPI 串行接口，由于 STC89 系列单片机不带 SPI，需采用软件与 I/O 口线相结合，模拟 SPI 接口时序。由图 10-43 可见，TLC2543 三个控制输入端分别为 I/O CLOCK、DATA INPUT 以及 CS ∗，分别由单片机 P1.3、P1.1 和 P1.2 控制。转换结束后"EOC"输出变高电平，转换结果从三态输出端"DATA OUT"输出，由单片机 P1.0 脚串行接收，单片机将命令字通过 P1.1 引脚串行写入到 TLC2543 的输入寄存器中。

片内 14 通道选择，使用开关 S1~S4 依次接 P3.4~P3.7，可选择 11 个模拟输入中的任一路或 3 个内部自测电压中的一个，并且自动完成采样保持。

采集的数据为 12 位无符号数，采用高位在前的输出数据。写入 TLC2543 的命令字为 0xa0。由 TLC2543 的工作时序可知，命令字写入和转换结果输出是同时进行的，即在读出转换结果的同时也写入下一次的的命令字，采集 n 个数据要进行 n+1 次转换。因为第 1 次读出的转换结果是无意义的。

参考程序如下：

```
#include <reg52. h>
#include <intrins. h>                          //包含_nop_( )函数的头文件
#define uchar unsigned char
#define unit unsigned int
unsigned char code table[ ] = {0xc0,0xf9,0xa4,0xb0,0x99,0x92,0x82,0xf8,0x80,0x90};   //显示码表
uchar pass;
unit ADresult[11];                             //11 个通道的转换结果单元
sbit   DATOUT=P1^0;                            //定义 P1.0 与 DATA OUT 相连
sbit   DATIN=P1^1;                             //定义 P1.1 与 DATA INPUT 相连
```

```
sbit   CS = P1^2;                              //定义 P1.2 与 CS * 端相连
sbit   IOCLK = P1^3;                           //定义 P1.3 与 I/O CLOCK 相连
sbit   EOC = P1^4;                             //定义 P1.4 与 EOC 引脚相连
sbit wei1 = P3^0;                              //P3.0~P3.3 用作 4 个数码管的位线控制
sbit wei2 = P3^1;
sbit wei3 = P3^2;
sbit wei4 = P3^3;
void delay_ms( unit i)
{
    int j;
    for( ; i>0; i--)
        for(j=0; j<123; j++);
}
unit getdata( uchar channel)                   //获取转换结果函数,channel 为通道号
{
    uchar i,temp;
    unit ad_data = 0;                          //存放采集的数据
    channel = channel<<4;                      //结果为 12 位数据格式
    IOCLK = 0;
    CS = 0;
    temp = channel;                            //输入要转换的通道
    for( i=0;i<12;i++)
    {
        if( DATOUT) ad_data = ad_data | 0x01;  //读入转换结果
        DATIN = ( bit) ( temp&0x80);           //写入方式/通道命令字
        IOCLK = 1;                             //IOCLK 上跳沿
        _nop_();_nop_();_nop_();               //空操作延时
IOCLK = 0;                                     //IOCLK 下跳沿
_nop_();_nop_();_nop_();
temp = temp<<1;                                //左移 1 位,准备发送通道控制字下一位
ad_data<<= 1;                                  //转换结果左移 1 位
}
CS = 1;                                        //CS 上跳沿
ad_data>>= 1;                                  //抵消第 12 次左移,得到 12 位转换结果
return( ad_data);
}
void dispaly( void)                            //显示函数
{
    uchar qian,bai,shi,ge;                     //定义千、百、十、个位
    unit value;
    value = ADresult[ pass] * 1. 221;          // * 5000/4095
    qian = value%10000/1000;
    bai = value%1000/100;
    shi = value%100/10;
    ge = value%10;
    wei1 = 1;P2 = table[ qian] -128;delay_ms( 1);wei1 = 0;
    wei2 = 1; P2 = table[ bai]; delay_ms( 1); wei2 = 0;
    wei3 = 1; P2 = table[ shi]; delay_ms( 1); wei3 = 0;
    wei4 = 1; P2 = table[ ge]; delay_ms( 1); wei4 = 0;
```

236

```
        }
    main( void )
    {
    while( 1 )
        {
        P3 = P3 | 0xf0;
        pass = P3; pass = pass>>4; pass = ~ pass&0x0f;    //读取选择模拟输入通道
        if( pass>= 12 )  pass = 0;
        ADresult[ pass ] = getdata( pass );               //启动 2 通道转换,第 1 次转换结果无意义
        while( 1 )
            {
                _nop_( );   _nop_( ); _nop_( );
                ADresult[ pass ] = getdata( pass );       //读取本次转换结果,同时启动下次转换
                while( !EOC );                            //判断是否转换完毕,未转换完则循环等待
                dispaly( ); break;
            }
        }
    }
```

10.4 其他单片机常用接口电路简介

10.4.1 光电耦合接口

1. 光电耦合器工作原理

光电耦合器（Optical Coupler, OC），简称光耦。光耦以光为媒介传输电信号，对输入、输出电信号有良好的隔离作用，在各种电路中得到广泛的应用。光耦一般由三部分组成：光的发射、光的接收和信号放大。如图 10-44 所示，输入的电信号驱动发光二极管（LED），使之发出一定波长的光，光的强度取决于激励电流的大小，光被光电晶体管接收，因光电效应而产生光电流，再经过进一步放大后输出。这就完成了电—光—电的转换，从而起到输入、输出、隔离的作用。由于光耦输入与输出间互相隔离，电信号传输具有单向性等特点，因而具有良好的电绝缘能力和抗干扰能力。

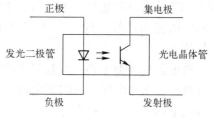

图 10-44 光电耦合器工作原理

光电耦合器具有体积小、使用寿命长、工作温度范围宽、抗干扰性能强以及无触点且输入与输出在电气上完全隔离等特点。

2. 常见的光电耦合器

光电耦合器的种类较多，常见有光电二极管型、光电晶体管型、光敏电阻型、光控晶闸管型、达林顿晶体管型等。常用的光电耦合器为晶体管输出型、晶闸管输出型。

例如：二极管—晶体管耦合的 4N25、TLP541G，二极管—达林顿管耦合的 4N38、TPL570，以及二极管—TTL 耦合的 6N137。

光电耦合器技术参数主要有发光二极管正向电压降 V_F、正向电流 I_F、电流传输比 CTR、

输入级与输出级之间的绝缘电阻、集电极–发射极反向击穿电压 V_{CEO}、集电极–发射极饱和电压降 V_{CE} (sat)、上升时间、下降时间、延迟时间和存储时间等参数。在选择光电耦合器时应该注意有关的参数。

3. 光电耦合电路

在单片机应用中，光耦主要用于数字信号的隔离，而较少用于模拟信号的隔离。特别是对于既包括弱电控制部分（单片机控制部分），又包括强电控制部分（大功率驱动部分）的工业应用测控系统，采用光耦隔离可以很好地实现弱电和强电的隔离，达到抗干扰目的。

图 10-45 是单片机的光电耦合的基本连接电路，实现数字信号的隔离。单片机发出的信号作为光耦的输入信号，其为高电平则发光二极管正向导通，导致光电晶体管导通，接口最后输出高电平；反之则输出低电平。输出信号和单片机的输入信号完全隔离，可以去控制后面的强电部分，有效抑制了干扰的串入。电路中，输入回路电阻 $R1$ 的计算，要保证发光二极管在导通时正向电流满足要求，即 $R1 = (V_{CC} - (V_F + V_{CS}))/I_F$；输出回路电阻 $R2$，在光电晶体管导通时起到限流作用，使流过晶体管电流小于最大饱和导通电流。

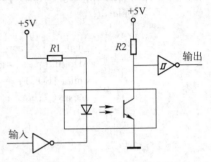

图 10-45 光电耦合接口电路

10.4.2 继电器接口

1. 继电器工作原理

继电器（Relay）是一种靠电磁感应工作的自动化电器开关，是当输入量（如电流、电压、功率、阻抗、频率、温度、压力、速度及光等）的感应机构（输入部分）的变化达到规定要求时，在电气输出电路中使被控量的执行机构（输出部分）实现"通"、"断"控制的一种电器。继电器通常应用于自动化的控制电路中，它实际上是用小电流去控制大电流运作的一种"自动控制开关"，在电路中起着自动调节、安全保护及转换电路等作用。

继电器的种类很多，按其工作原理或结构特征，可分为电磁继电器、固体继电器、温度继电器、舌簧继电器、时间继电器、高频继电器、极化继电器、光继电器、声继电器、霍尔效应继电器及差动继电器等。

常用的电磁式继电器工作原理如图 10-46a 所示，它一般由铁心、线圈、衔铁及触点簧片等组成的。只要在线圈两端加上一定的电压，线圈中就会流过一定的电流，从而产生电磁效应，衔铁就会在电磁力吸引的作用下克服返回弹簧的拉力吸向铁心，从而带动衔铁的动触点 B 与静触点（常开触点 C）吸合。当线圈断电后，电磁的吸力也随之消失，衔铁就会在弹簧的反作用力下返回原来的位置，使动触点与原来的静触点（常闭触点 A）吸合。这样吸合、释放，从而达到了在电路中的导通、切断的目的。

在电路中，继电器的逻辑符号括线圈、常开触点和常闭触点，如图 10-46b 所示。线圈在电路中用一个长方框符号表示，同时在长方框内或长方框旁标上继电器的文字符号。继电器线圈未通电时处于断开状态的静触点，称为"常开触点"；处于接通状态的静触点称为"常闭触点"。继电器的触点有两种表示方法：一种是把它们直接画在长方框一侧，这种表示法较为直观。另一种是按照电路连接的需要，把各个触点分别画到各自的控制电路中，通常在同一继电器的触点与线圈旁分别标注上相同的文字符号，并将触点组编上号码，以示区别。

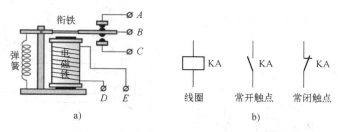

图 10-46　电磁式继电器结构及符号
a）工作原理　b）符号

继电器的触点有以下 3 种基本形式。

1）动合型（常开，H 型）：线圈不通电时动、静触点是断开的，通电后两个触点闭合。

2）动断型（常闭，D 型）：线圈不通电时动、静触点是闭合的，通电后两个触点断开。

3）转换型（Z 型）是触点组型。如图 10-46a 所示，这种触点组共有 3 个触点，即中间是动触点（B 触点），上下各一个静触点。线圈不通电时，动触点和其中一个静触点断开（常开触点，C 触点），而另一个闭合（常闭触点，A 触点）；线圈通电后，动触点就移动，使原来断开的呈闭合状态，原来闭合的呈断开状态，达到转换的目的。这样的触点组称为转换触点。

2. 电磁继电器的主要技术参数

要正确使用继电器，就需要了解继电器的技术参数。继电器主要技术参数如下。

1）额定工作电压：是指继电器正常工作时线圈所需要的电压。根据继电器的型号不同可以是交流电压，也可以是直流电压。

2）直流电阻：是指继电器中线圈的直流电阻，可以通过万用表测量。

3）吸合电流：是指继电器能够产生吸合动作的最小电流。在正常使用时，给定的电流必须略大于吸合电流，这样继电器才能稳定地工作。而对于线圈所加的工作电压，一般不要超过额定工作电压的 1.5 倍。

4）释放电流：是指继电器产生释放动作的最大电流。当继电器吸合状态的电流减小到一定程度时，继电器就会恢复到未通电的释放状态。

5）触点切换电压和电流：是指继电器触点允许加载的电压和电流。它决定了继电器能控制电压和电流的大小，使用时不能超过此值，以免损坏继电器的触点。

3. 电磁继电器接口电路

电磁继电器接口电路主要考虑电磁继电器的输入端（线圈）如何和单片机连接，输出端（触点）如何和被控对象连接。

图 10-47 是基本的连接方法。图 10-47a 是用 PNP 管控制继电器线圈，图 10-47b 是用 NPN 管控制继电器线圈。当 P1.0 输出低电平时，晶体管导通使继电器线圈通电，常开触点吸合。触点的作用就是一个通断开关，可以连接在各种用电器电源的回路中。电路中单片机 P1.0 输出通过驱动门是为了提高对外部连接电路的驱动能力。光电耦合器起到隔离作用，

当继电器控制强电电器时，具有抗干扰作用。需要注意，在继电器线圈两端并接了1个二极管，其正极接低电压端，当线圈由通电转为断电，线圈产生的反电势可以通过这个二极管进行释放（产生电流回路），所以该二极管又叫作"续流二极管"。

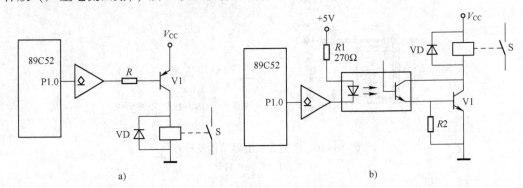

图 10-47　电磁继电器接口电路

a）用 PNP 管控制继电器线圈　b）用 NPN 管控制继电器线圈

10.4.3　晶闸管接口

1. 晶闸管工作原理及类型

晶闸管（Silicon Controlled Rectifier，SCR）是晶体闸流管的简称。图 10-48 所示是 SCR 的结构和符号。晶闸管是 PNPN 四层半导体结构，它有三个极：阳极 A，阴极 C 和门极 G（控制极）。

晶闸管工作条件如下。

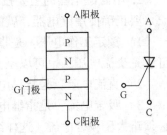

1）在阳极 A-阴极 C 之间承受正向电压，且门极 G-阴极 C 之间加正向电压，则晶闸管导通。

2）在阳极 A-阴极 C 之间承受反向电压或电压为 0 时，不管晶闸管原本处于何种状态，都自动关断。

3）晶闸管在导通后，若门极失去作用，晶闸管仍保持导通，即门极只起触发作用。

图 10-48　SCR 结构及符号

4）晶闸管导通后，当阳极电流小于维持电流时，晶闸管关断。

通常讲晶闸管一般指单向晶闸管，其在电路中表示的符号如图 10-48 右边所示。随着应用的需求和改进，晶闸管派生器件有多种类型，如快速晶闸管、双向晶闸管、逆导晶闸管及光控晶闸管等。

晶闸管是一种大功率开关型半导体器件，具有硅整流的特性，能在高电压、大电流条件下工作，且其工作过程可以控制，只有导通和关断两种状态，被广泛应用于可控整流、交流调压、无触点电子开关、逆变及变频等电子电路中。

2. 晶闸管主要技术参数

晶闸管的技术参数包括电压定额、电流定额和控制极定额，应根据应用的要求，通过产品的技术手册，来选择晶闸管，在额定参数范围内使用。主要参数如下。

1）额定正向平均电流（I_F）：在规定环境温度和散热条件下，允许通过 50 Hz 正弦半波电流平均值。一般 I_F 为正常工作电流的 1.5~2 倍。

2）断态重复峰值电压（V_{DRM}）：晶闸管未导通时，可以重复加在晶闸管两端的正向峰值电压。晶闸管承受的正向电压峰值，不能超过手册给出的这个参数值。

3）反向重复峰值电压（V_{RRM}）：在控制极开路时，可以重复加在晶闸管两端的反向峰值电压。$V_{RRM} = V_{RB} - 100\,V$，$V_{RB}$ 为反向击穿电压。

4）额定电压（V_D）：通常把 V_{DRM} 和 V_{RRM} 中较小的一个数值标作为额定电压。

5）控制极触发电压（V_G）、触发电流（I_G）：在规定的环境温度下，使晶闸管从关断状态转为导通状态所需的最小控制极电压和电流。一般 V_G 为 1~5 V，I_G 为几毫安到几十毫安。

6）维持电流（I_H）：在规定温度下，控制极断路，维持晶闸管导通所必需的最小正向电流。

3. 晶闸管接口电路

单片机和晶闸管的连接，一般要考虑单片机控制信号回路和晶闸管主回路电路的隔离问题。单片机控制信号是弱电信号，晶闸管主回路一般是强电。图 10-49 中的电路给出了两种情况。图 10-49a 是一种单向晶闸管接口电路，光耦起到隔离作用，当 P1.x 输出高电平，就会在晶闸管控制端产生触发电压；图 10-49b 是一种双向晶闸管接口电路，采用了光控晶闸管进行隔离，并由其产生晶闸管主回路双向晶闸管的触发电压。晶闸管的触发信号，都是由单片机软件控制发出的，单片机可以判断和选择合适的触发角，通过调整定时器定时控制改变触发时刻。单向晶闸管只能在晶闸管加正向电压时触发主回路才能导通，即使过零触发，这样的电路也只能得到单向半波电流；双向晶闸管在交流电的情况下任何时候触发都有作用，如果过零触发，就能得到完整的交流电流。

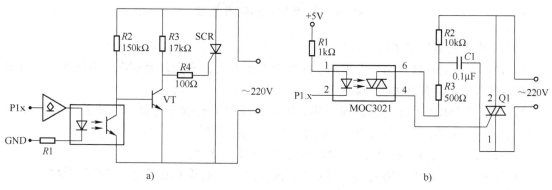

图 10-49 单片机和 SCR 接口电路

a）单向晶闸管接口电路　b）双向晶闸管接口电路

10.4.4 固态继电器接口

1. 固态继电器工作原理

固态继电器（Solid State Relay，SSR），是由输入电路、隔离（耦合）和输出电路组成的新型无触点开关。固态继电器的输入端用微小的控制信号，配合隔离器件实现了控制端与负载端的隔离，输出部分利用大功率电子元件（如开关晶体管、双向晶闸管等半导体器件）的开关特性，可达到无触点、无火花地接通和断开电路的目的，直接驱动大电流负载。

固态继电器是一种四端有源器件，其中两个端子为输入控制端，另外两端为输出受控端，它既有放大驱动作用，又有隔离作用，很适合驱动大功率开关式执行机构，较之电磁继电器可靠性更高，且无触点，寿命长，速度快，对外界的干扰也小，已被广泛应用于各种单片机大功率的控制系统。

SSR 按控制对象可以分成交流型（AC-SSR）和直流型（DC-SSR）两类，分别作为控制交流或直流电路的负载开关，不能混用。图 10-50 以交流型的 SSR 为例来说明它的工作原理。图中可见 SSR 对外有两个输入端（A 和 B）及两个输出端（C 和 D），工作时只要在 A、B 上加上一定的控制信号，就可以控制 C、D 两端之间的"通"和"断"，实现"开关"的功能。耦合电路是光电耦合，为 A、B 端输入的控制信号提供一个输入/输出端之间的通道，但又在电气上断开 SSR 中输入端和输出端之间的（电）联系，以防止输出端对输入端的影响，在使用时可直接与单片机输出接口相接，受单片机逻辑电平控制。触发电路的功能是产生合乎要求的触发信号，驱动开关电路工作。吸收电路是为防止从电源中传来的尖峰、浪涌（电压）对开关器件双向晶闸管的冲击和干扰，一般是用"$R-C$"串联吸收电路。交流电源和负载串接在晶闸管控制的主回路中，受到无触点开关控制。

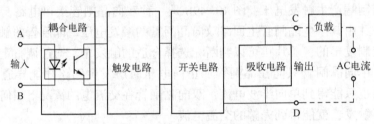

图 10-50　固态继电器工作原理

固态继电器具有以下主要特点。

1）内部无机械部件，结构上采用了灌注全密封方式，因此具有耐振、耐腐蚀、长寿命及高可靠性等优点，其开关寿命高达 10 万次。

2）交流型 SSR 采用了过零触发技术，因此在线路上有效地降低了电压上升速率 dv/dt 和电流上升速率 di/dt 值，使 SSR 长期工作时对电路的射频干扰极小。

3）开关时间短，约为 10 ms，可应用在频率较高的场合。

4）输入电路与输出电路之间采用光电隔离，避免了负载电流对输入电路的影响。

5）输入功率低，可以直接用 TTL、COMS 等集成驱动电路控制。

6）负载能力强，可以适合多种功率负载的控制，能承受的浪涌电流可达额定值的 6~10 倍。

2. 固态继电器用作单片机接口的选型

选择应用 SSR，要依据单片机控制对象的特点和要求，以及 SSR 产品的主要技术参数。SSR 的技术参数有多项，其中最基本的参数会印刷在产品外壳的表面，一般包括控制方式、负载电流、负载电压、控制电压及控制电流。在选用 SSR 时，主要考虑以下方面。

1）各种负载浪涌特性对 SSR 的选择。

被控负载在接通瞬间会产生很大的浪涌电流，由于热量来不及散发，很可能使 SSR 内部晶闸管损坏，所以用户在选用 SSR 时，应对被控负载的浪涌特性进行分析，SSR 应留有余地，在保证稳态工作的前提下能够承受浪涌电流。

2）使用环境温度的影响。

SSR 的负载能力受环境温度和自身温升的影响较大，在安装使用过程中，应保证其有良好的散热条件，如配散热器、涂适量导热硅脂等方法增强散热效果，或者考虑降额使用来保证正常工作。

3）过电流、过电压保护措施。

在使用 SRR 时，因过电流和负载短路会造成 SSR 内部输出晶闸管永久损坏。在选择 SSR 时应选择产品输出保护，内置压敏电阻吸收回路和 RC 缓冲器，可吸收浪涌电压；也可在 SSR 输出端并接 RC 吸收回路和压敏电阻来实现输出保护。

4）SSR 输入回路信号。

输入电压、输入电流、接通电压及关断电压，是单片机对 SSR 控制的输入信号，在选择 SSR 时，应该考虑它们之间的匹配，能够实现正常控制。

5）合理选择 SSR 类型。

交流 SSR 有多种类型，按开关方式分有电压过零导通型（简称过零型）和随机导通型（简称随机型）；按输出开关元件分有双向晶闸管输出型（普通型）和单向可控硅反并联型（增强型）；按安装方式分有印制电路板上用的针插式（自然冷却，不必带散热器）和固定在金属底板上的装置式（靠散热器冷却）；另外输入端又有宽范围输入（DC 3~32 V）的恒流源型和串电阻限流型等。应该根据应用的需要进行合理的选择。

3. 固态继电器控制电路举例

【例 10-11】图 10-51 是一个对温度箱进行温度控制的电路。选用 JGX-5F 型（随机型）SSR 对电炉丝通电状态进行控制，以达到调节温度的功能。其负载电压为 AC 24~380 V，负载电流最大为 5 A，控制电压为 3~32 V，控制电流仅为 3~12 mA。SSR 的 1、2 端口为输入控制端，用单片机 P3.3 脚送来的 PWM 信号控制，PWM 信号通过电压比较器整形电路后输入 SSR。第 3、4 端口是输出端，用来连接外部的 220 V 交流电炉丝。同普通继电器相比，随机型 SSR 通过改变 PWM 信号的占空比，来改变移相触发脉冲，控制晶闸管的导通角，从而改变加到加温电炉丝的平均电流，实现连续可调的温度控制。PWM 信号占空比与温度控制的关系见表 10-6，在不同温度段，控制 PWM 占空比不同，从而得到不同的加温速度。当温度达到目标值时，PWM 信号保持 10% 的占空比用于将温度稳定在目标温度点。

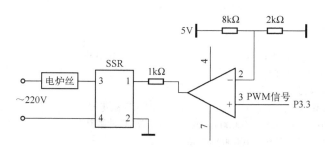

图 10-51 固态继电器温度控制电路

表 10-6　PWM 信号占空比与温度控制的关系

目标温度值-读取温度值	PWM 信号占空比
目标值-读取值>5℃	100%
2℃<目标值-读取值≤5℃	50%
0℃<目标值-读取值≤2℃	30%
目标值-读取值 = 0℃	10%

　　这里 PWM 的占空比是采用定时器来控制的，设置标志信号 flag，当定时器每发生一次中断，将 flag 加 1，并与设置的占空比数据比较。当 flag<占空比数据时，P3.3 输出 1；当 flag≥占空比数据时，P3.3 输出 0；flag 加到 100 后将清 0。输出 PWM 控制信号与设置的占空比直接相关。定时器中断程序流程如图 10-52 所示。

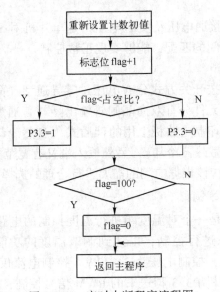

图 10-52　定时中断程序流程图

　　固态继电器控制参考程序如下：

```
#include<reg52. h>
sbit PWM = P3^3;
……
unsigned char flag, data;

void main( )
{
        EA = 1;ET0 = 1;              //允许 T0 中断
        TMOD = 0x01;                 //T0 为方式 1
        flag = 0;
        PWM = 1;                     //P3.3 高电平
        TH0 = (65536 - 10000)/256;   //送 T0 计数初值
        TL0 = (65536 - 10000)%256;
        TR0 = 1;
        while(1)
```

```
            ┤
          ……;                    //获取温度转换数据并计算调整 PWM 占空比的数据 data
          ┤
       ┤
    void timer0( ) interrupt 1
    ┤
          TH0 = (65536 - 10000)/256;
          TL0 = (65536 - 10000)%256;
          TR0 = 1;
    flag++;
          if( flag> = data)
             PWM = 0;
          If( flag = = 100)
             Flag = 0;
    ┤
```

10.5 习题

1. 什么是单片机扩展? 什么是单片机并行扩展总线? 并行总线结构是怎么形成的, 各有什么作用?

2. 简述单片机系统并行扩展的基本原则和实现方法。

3. 地址译码有哪些方法, 各有什么特点?

4. 结合图 10-11、图 10-12, 说明 STC89 系列单片机对外扩展读/写操作时低 8 位地址锁存是如何实现的? (12T 模式)

5. 存储器扩展可分为哪几类? 单片机的三总线如何和存储器三类信号进行连接?

6. 8031 扩展一片数据存储器 6264 和一片程序存储器 27128, 要求画出硬件电路连接图, 并给出芯片的地址范围 (假定未用地址全部为 0)。

7. 用到三片 74HC373 的某 89C51 应用系统的电路如图 10-53 所示。现要求向 74HC373 (1)、74HC373 (2)、74HC373 (3) 依次输出 A0H、A1H、A2H, 请编写相应的程序 (C 语言子函数或汇编语言程序段)。

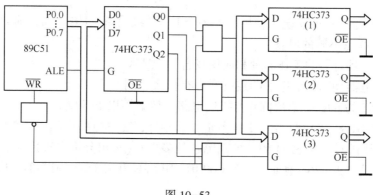

图 10-53

8. 试设计符合下列要求的 STC89C52 应用系统：用两片 74HC373 实现能受控选通、点亮 6 个数码管。

9. 图 10-54 是 4 片 8 KB×8 位存储器芯片的连接图。请确定每片存储器芯片的地址范围。

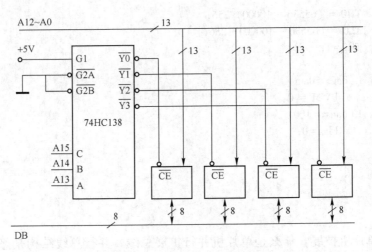

图 10-54

10. 在 STC89C52 应用系统中扩展一片 8155，一片 ADC0809，试画出其电路原理图，并编写以下程序：

1）对 8155 初始化，使 A 口、C 口为基本输出，B 口为基本输入，并启动定时器/计数器，按工作方式 1 定时工作，定时时间为 1 ms。

2）对 ADC0809 的 0~3 通道采样，设采样频率为 2 ms 一次，每个通道采 50 个数，把所采的数按 0，1，2，3 通道的顺序存放在 8155 内以 00H 为首址的 RAM 中。

11. 试说明图 10-36 闭环控制系统典型结构中各部分的作用。假设要控制一个炉温温度在 150℃，定性说明这个系统的工作过程。

12. 说明 I^2C 和 SPI 两种串行总线接口的传输方法。它们与并行总线相比各有什么优缺点？

13. I^2C 串行总线扩展系统中，扩展了多个 I^2C 总线设备，I^2C 设备没有片选信号端，单片机如何区分和联系不同的设备？

14. 说明光电耦合器的工作原理和应用场合。

15. 电磁继电器和固态继电器的控制原理有什么不同？

16. 图 10-55 为 89C51 单片机并行扩展电路，请解答以下各题。

1）图中 74LS138、74LS373、6264 各是什么器件，在本电路中起什么作用？

2）图中单片机对 2 片 6264 的寻址范围各是多少？（写出分析方法）

3）如果要 $1^\#$ 和 $2^\#$ 6264 地址范围为 C000H~DFFFH 和 E000H~FFFFH，应该怎样修改图中连接线？

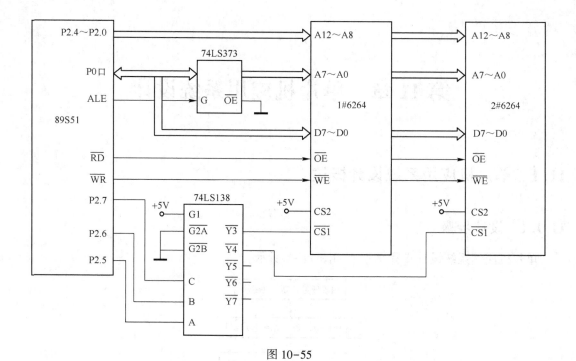

图 10-55

第11章 单片机应用系统设计

11.1 单片机应用系统设计概述

11.1.1 设计步骤

单片机应用系统设计步骤基本上如图 11-1 所示。

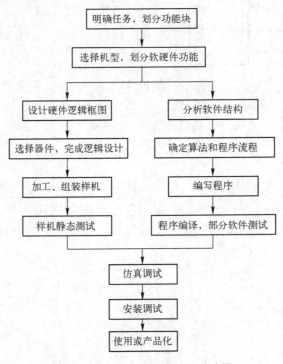

图 11-1 单片机应用系统设计步骤

一个单片机应用系统设计，一般可分为 4 个阶段。

1. 明确任务、需求分析及拟定设计方案阶段

单片机应用系统的设计，首先要针对要实现的任务，进行深入细致的需求分析，周密而科学的方案论证，正确确定系统功能结构，划分功能模块，这是设计工作的基础。

2. 硬件和软件设计阶段

根据拟定的方案，进行系统硬件和软件的设计。在硬件电路设计时，最好能够与软件的设计结合起来，统一考虑，合理地安排软、硬件的功能范围，使系统具有最佳的性能价格比。虽然设计过程一般是先设计硬件再设计软件，实际上在进行每一个步骤时都要考虑软件

248

和硬件的配合问题和折中问题，以实现在满足系统设计要求的前提下，使硬件费用降到最低的目的。整个研制过程中两者互相配合、互相协调，有利于提高系统功能与设计效率。当硬件电路设计完成后，就可进行硬件电路板的绘制和焊接工作了。软件设计中，正确编程方法就是根据需求分析，划分软件功能模块，先绘制出软件的流程图，该环节十分重要，特别是对较大的应用系统，一定要克服不绘制流程图直接在计算机上编写程序的习惯。流程图绘制可由简到繁逐步细化，先绘制系统大体上需要执行的程序模块，然后将这些模块按照要求组合在一起（如主程序、子程序以及中断服务子程序等），再将每个模块细化，最后形成流程图，程序编写速度就会很快，同时为后面的调试工作带来很多方便，如调试中某模块不正常，也可以通过流程图来查找问题的原因。

3. 调试阶段

以往调试主要是指对实际样机进行软硬件调试，在有了软件仿真开发工具后，调试就增加了一种手段，而软件仿真调试往往穿插在设计过程中进行，设计者在上述软硬件设计初步完成后，可以使用单片机软件仿真开发工具 PROTEUS 来进行仿真调试，帮助发现设计中的一些问题。如果在软件仿真工具下进行系统设计并调试通过，虽然还不能说明实际系统就完全通过，但至少在逻辑上是行得通的。软件仿真通过后，再进行软硬件设计的完善与实现，这样往往可以大大减少设计上所走的弯路。这也是目前世界上流行的一种开发方法。

应用系统样机出来后，就要进行实际系统的调试，使应用系统最后达到要求的目标。

4. 资料与文档整理编制阶段

与应用系统相关的资料与文档包括任务描述（合同、任务要求书、项目申报书）、设计的指导思想及设计方案论证（调查报告、可行性分析报告）、性能测定及现场试用报告与说明、使用指南、硬件资料（电原理图、元件布置图及接线图、接插件引脚图、线路板图、工艺说明）、软件资料（流程图、子程序使用说明、地址分配、程序清单）。资料与文档不仅是设计工作的结果，而且是以后使用、维修以及进一步再设计的依据。因此，要精心编写，描述清楚，使数据及资料齐全。

11.1.2 系统硬件设计

1. 单片机应用系统结构

本书图 10-36 曾给出了一个典型的单片机应用系统结构，实际的应用系统千差万别，但基本上是在典型系统结构上进行增减。

硬件设计，首先要根据要求确定系统硬件的整体结构，画出结构图，然后再对结构图中的各个功能模块进行器件选型和电路设计。

2. 硬件设计的基本过程

硬件设计一般步骤和主要环节如下。

1）根据任务和功能要求绘制硬件系统结构图。结构图是系统设计的"粗线条"，也是系统设计的基础，包括系统的所有功能模块及其基本的连接。通常结构图应该配合相应的说明文档，对各功能模块的功能、技术要点做必要的描述。

2）根据结构图对各功能模块细化，设计电路原理图。要实现结构图的功能，就必须对其中的功能模块进行具体设计，主要是根据功能要求和技术指标要求，选择确定元器件，并设计相应的电路原理图。原理图的设计，一般采用已有的 EDA 工具，如 PROTEL、Altium

Designer 等，它们内部集成了大量的元器件图库。在设计原理图过程中，对一些有疑问的问题，有时需要用实验方法或软件仿真工具进行仿真实验，以排除不确定因素。

3）应用系统工艺设计。包括 PCB 布局、机箱、面板、配线及接插件等。须考虑到安装、调试及维修方便。另外，硬件抗干扰措施也须在硬件设计时一并考虑进去。

4）设计 PCB。根据电路原理图和工艺要求，完成 PCB 的布线，一般可以在 EDA 工具下进行自动布线和手动布线。布线后，必须对布线进行全面严格的检查，看看是否和原理图连线一致，是否有短路或断路。确定无误后，才能送去加工制板。布线的走向、粗细等，对信号的传输和电路抗干扰都会有影响，应该注意。

5）制作样机：PCB 加工好后，即可安装元器件，进行硬件系统的制作。

6）硬件调试：对制作好的样机进行静态和动态的测试，排除硬件方面的故障。

7）系统联调：硬件和软件配合进行调试。

3. 硬件电路设计应考虑的问题

硬件电路设计时，应重点考虑以下问题。

（1）硬件设计原则

1）尽量选择标准化、模块化的典型电路。

2）应考虑留有充分余量，为后续产品升级留有余地。

3）硬件设计同时要结合软件方案一起考虑。

4）选用的器件要和系统整体要求的性能指标相匹配。

5）要充分考虑应用系统各部分的驱动能力。

6）必须考虑系统的可靠性及抗干扰设计。

7）尽量采用最新器件与最新技术。

8）应充分重视电源电路的设计。

（2）器件和芯片的选型

1）单片机选型。尽可能能直接、较多地满足应用系统要求，这可省去许多外围部件的扩展工作，使设计工作简化。优先选片内有闪存的产品，可省去扩展片外程序存储器的工作；尽量选择片内的 RAM 容量较大的产品，以适应数据处理及数据存储扩展的需要；对 I/O 口应留有余地，预留可供扩展的端口；选用具有多功能设置的引脚（如 A/D，外部中断、信号捕捉、I^2C 等），并设计成便于引出和连接，以备不时之需。

2）接口芯片的选择。主要考虑芯片是否符合与单片机的接口方式、芯片功能、速度匹配、芯片的驱动能力、供货情况以及芯片价格等因素。

3）选择检测元件。选择好测量元件（如传感器、ADC）是影响控制系统精度的重要因素之一。测量各种参数的传感器，如温度、流量、压力、液位、成分、位移、重量及速度等，种类繁多，规格各异，因此要选择合适的检测元器件。

4）选择执行机构。执行机构是单片机控制系统的重要组成部件之一，比如角度控制、阀门控制、转速控制、开关控制及频率控制等。执行机构的选择一方面要与控制算法匹配，另一方面要根据被控对象的实际情况和控制要求决定。

（3）考虑软硬件的综合运用

在硬件设计之初，应该考虑软件和硬件功能的划分。具有相同功能的单片机应用系统，其软硬件功能可以在很宽的范围内变化，一些硬件电路的功能可以由软件来实现，反之亦然。软件替代硬件，可以降低成本，但可能降低系统速度；硬件替代软件，会增加成本，但也提高工作速度。一般情况下，只要软件能做到且能满足性能要求，就可以完全减少或部分减少对硬件的要求。硬件多不但增加成本，而且系统故障率也会升高。以软代硬的实质，是以时间换空间，软件执行需要消耗时间，在实时性要求不高的场合，以软代硬是很合算的。现在，一些单片机运行速度很快，有的内嵌 DSP 和可编程逻辑器件，使软件运行的速度可以与硬件相媲美。

（4）总线驱动

单片机应用系统有时往往是多芯片系统，在单片机扩展多片芯片时，要注意 4 个并行双向口 P0~P3 口的驱动能力。

STC89 系列单片机的 P0、P2 口通常作为地址总线端口，当系统扩展的芯片较多时，可能造成负载过重，致使驱动能力不够，系统不能可靠地工作，所以通常要附加总线驱动器或其他驱动电路。因此在多芯片应用系统设计中首先要估计总线的负载情况，以确定是否需要对单向地址总线的驱动能力进行扩展。常见的单向总线驱动器为 74LS244（如图 10-14）。

P0 口作为数据/地址复用总线，数据传输是双向传输，其驱动器应为双向驱动、三态输出，并由两个控制端来控制数据传送方向。常见的双向驱动器为 74LS245（如图 10-15）。

11.1.3　系统软件设计

1. 软件设计原则

1）根据软件各功能模块之间的联系以及在时间上的关系，设计出合理的软件结构，使其清晰、简洁且流程合理。

2）培养结构化程序设计风格，各功能模块实现模块化、系统化，既便于调试、连接，又便于移植、修改。

3）根据系统输入/输出变量建立正确的数学模型，它是关系到系统性能好坏的重要因素。

4）在编写应用程序之前，应绘制出程序流程图，明确程序的算法流程。

5）合理分配系统资源，包括 ROM、RAM、定时器/计数器及中断源等，既能节约存储容量，又能给程序设计与操作带来方便。

6）运行状态实现标志化管理。各个功能程序运行状态、运行结果及运行需求都设置状态标志以便于查询和控制。

7）加强软件抗干扰设计，它是提高单片机应用系统可靠性的有力措施。

8）为了提高系统运行的可靠性，还应设置自诊断程序，在系统运行前先运行自诊断程序，用来检查系统各特征参数是否正常。

2. 软件设计过程

1）软件整体结构设计和定义。明确软件所要完成的功能，以模块化形式，划分功能模块；自顶向下确定功能模块之间的关系及软件接口；合理分配系统资源，如存储空间、数据结构及 I/O 接口。

2）软件功能模块定义。就是确定各功能模块的具体功能，明确处理问题的算法流程，一般以流程图来描述，正确详细的流程图，对程序的设计和检查至关重要。对于 C51 程序，功能模块实际上就是由函数和数据构成。功能较复杂的模块，包含多个子函数，可以按照软件整体结构设计的方法，先确定模块内各函数之间的关系，然后再自顶向下定义子函数功能。

3）编写代码。就是用程序设计语言实现算法流程的功能。MCS51单片机在Keil C51环境下进行编程。代码设计要遵照结构化设计原则，要具有清晰的缩进格式，养成良好的注释习惯，这样会给程序设计、检查和修改带来很大的便利。

4）软件调试。软件调试包括仿真调试和实际调试。一般的调试方法有虚拟仿真、分功能模块、单步和断点及联机调试等方法。

5）软件文档整理。调试完成后应进行软件设计文档的整理。

11.1.4 系统调试

1. 硬件调试

用户样机焊接完毕，就可对样机的硬件进行调试。硬件调试的任务就是排除应用系统的设计性错误和工艺性故障。单片机应用系统中常见的硬件故障包括逻辑错误、元器件失效、可靠性差及电源故障。

硬件调试包括静态调试和动态调试。静态调试主要是排除明显的硬件故障，比如电源故障、元器件实效问题；动态调试主要是排除运行中的错误，比如逻辑错误、可靠性差等。

（1）静态调试

静态调试一般分两步进行。

1）第一步在样机加电之前，根据硬件设计图，用万用表等工具，重点检查样机关键线路是否连接正确，并核对元器件型号、规格和安装是否符合要求，应特别注意电源的检查，防止电源的短路和极性错误。

2）第二步是在加电后检查各芯片插座上有关引脚的电位，测量各点电平是否正常，具体步骤如下。

① 电源检查：当用户样机板连接或焊接完成之后，先不插主要元器件，通上电源。通常用+5V直流电源（这是TTL电源），用万用表电压档测试各元器件插座上相应电源引脚电压数值是否正确，极性是否符合。如有错误，要及时检查、排除，以使每个电源引脚的数值都符合要求。

② 各元器件电源检查：断开电源，按正确的元器件方向插上元器件。最好是分别插入，分别通电，逐一检查每个元器件上的电源是否正确，排除元器件是否损坏，直到最后全部插上元器件。通电后，每个元器件上电源值应正确无误。

（2）用户样机的在线仿真与动态调试

动态调试通常软硬件配合进行，通过对应用系统下载并运行专门用于调试的程序，看程序运行的结果。这些调试程序一般是一个一个的小程序，一个程序测试一个或部分电路功能，可以验证电路的连接和逻辑的对错。通过程序运行，配合用仪器仪表测试，或者应用系统本身的状态显示功能显示程序运行状态，逐步完成系统硬件各部分的调试。

2. 软件调试

（1）常见的软件故障

常见的软件故障包括：程序运行过程错误、中断错误、I/O错误及处理结果错误。软件调试的任务是排除软件错误，实现信号和数据的正确处理。

（2）软件调试的方法

1）软件仿真运行调试。在 Keil C51 集成开发环境下，可以对程序进行仿真运行调试，便于对程序进行初步的测试和修改。也可以在 PROTEUS 虚拟仿真环境下，结合硬件仿真，更好地进行程序的运行和测试。这些集成软件环境，提供了单步运行、断点运行及虚拟仪表测试等功能，有利于提高调试效果。

2）实际应用系统下的调试。在系统样机制作完成后，把设计的软件执行代码或专门的功能测试软件下载到单片机内部的 FLASH 中运行，进行软硬件综合调试。

11.2　掌上型单片机学习开发装置设计

11.2.1　"掌上机"结构

"掌上机"实验装置的结构如图 11-2 所示，全部电路集中在 1300 mm×1000 mm 的双面 PCB 上。它由 STC 单片机及下载编程接口，键盘矩阵，LCD、LED 及数码管等多种显示器，扩展 SRAM，RS-232 串行通信接口，温度 A/D 转换器，继电器控制电路，以及用户扩展接口等组成。"掌上机"实验装置的电路原理图可参看附图中的图 A-1。

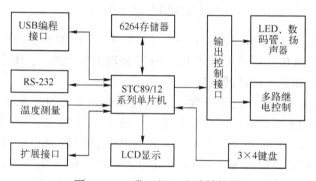

图 11-2　"掌上机"电路结构图

STC 单片机和 MCS51 系列单片机兼容，是当前国内单片机应用的主要机型之一。"掌上机"的单片机采用 PDIP40 封装，可以换插 89 系列、12 系列 STC 单片机。"掌上机"既能够满足单片机原理的各章节实验教学基本要求，又能够适合单片机应用系统开发的完整过程的训练，且使用便利，携带方便，随处可用，从原来的箱式实验设备偏重对单片机各部分工作原理的实验教学，上升到基于"掌上机"的单片机应用系统的整体学习、开发及应用。

11.2.2　"掌上机"硬件设计

1. 人-机交互电路

人-机交互是实际的单片机应用系统最常用的技术。"掌上机"主要采用 3×4 矩阵键盘和 LCD 显示屏 5110LCD 实现人机交互，其电路如图 11-3 所示，其中，图 11-3a 为 LCD 连接电路，图 11-3b 为矩阵键盘。

5110LCD 模块原用于诺基亚手机，是 5110 液晶屏和该屏的驱动芯片 LCD8544 集成，可以实现液晶屏 48 行 84 列的图形矩阵 LCD 控制/驱动，其对外部连接信号如图 11-3a 所示。

"掌上机"通过单片机的 P1.0 产生模块选中信号 SCE，用 P2.5 产生模块复位 RST，用 P0.2 区分传输的是数据（D）或命令（/C），用 P0.3 作为串行信号输入，用 P0.4 产生传输控制脉冲，LED 引脚用于 LCD 背光亮度调整。单片机通过对模块引脚的控制，可以实现字符、汉字及图形的显示。

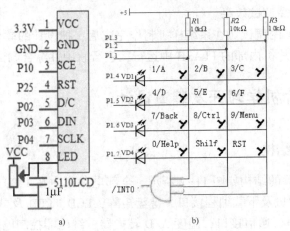

图 11-3　人-机交互电路
a) LCD 连接电路　b) 矩阵键盘

由图 11-3b 可见，3×4 矩阵键盘用单片机 P1.1~P1.7 作为矩阵的行、列线，采用中断、中断+查询、查询等不同方式，可以进行判键和按键处理的各种操作，图中键值可以自行定义。

2. USB 编程接口和异步串行通信电路

STC 系列单片机具有串行口在线下载编程功能，有利于应用系统的在线修改完善程序，对用户了解和掌握应用系统设计的完整过程是很有益的。"掌上机"考虑到台式计算机和笔记本计算机的不同接口配置的情况，提供了 9 针的 RS-232 接口和 USB 接口转串口两种可选择的串行通信接口，该电路如图 5-32 所示，其原理在第 5 章已经做了介绍。

电路可以进行串行通信的学习和实验，进行单片机固件的下载编程，了解不同情况下实现串行通信的方法，还可以通过 USB 接口直接为"掌上机"提供工作电源。

3. A/D 和 D/A 转换电路

STC12C5A 系列单片机双排直插 40 引脚芯片和 STC89 系列单片机引脚兼容，且其本身的 P1 口（P1.7~P1.0）可用作 8 路 10 位高速电压输入型 A/D 转换器，速度可达到 250 kHz，可用作温度检测、电池电压检测、按键扫描及频谱检测等。上电复位后 P1 口为弱上拉型 I/O 口，用户可以通过软件设置选择为 A/D 转换或作为 I/O 口使用。"掌上机"的 A/D 转换电路如图 11-4 所示，可以通过跳线 JP2 的 3 脚相连接入温度传感器 AD590 的信号，测量 0-100℃ 的温度值；也可以通过 JP2 的 1 引脚相连接入电位器 RW 调节得到的 0~5 V 电压值。被测信号经射极跟随器输入单片机 P1.0 引脚进行 A/D 转换。

STC12C5A 系列单片机有 2 路脉宽调制（PWM），"掌上机"用 PWM 来设计 D/A 电路，其工作于 8 位 PWM 模式，通过设置改变时钟输入源频率，可以得到不同 PWM 输出，产生不同的电压输出信号。

4. 存储器扩展电路

"掌上机"的存储器扩展电路如图 11-5 所示，P0 用作地址/数据总线，扩展了一片 8 KB

的 SRAM 6264，由 P2.7 片选，存储器的地址范围是 7000H ~ 8FFFH。可以进行扩展存储器的读/写操作、数据存取等实验。

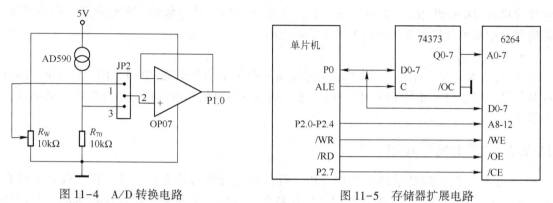

图 11-4　A/D 转换电路　　　　　　　　图 11-5　存储器扩展电路

5. 常用 I/O 器件控制电路

为了便于学习掌握基本的 I/O 扩展及控制方法，"掌上机"的单片机通过一个 8D 锁存器，由 P0.0 ~ P0.7 口输出控制信号接锁存器的 D1 ~ D8，P2.6 控制信号锁存，锁存器的输出对一些常用的 I/O 器件进行控制，该部分电路如图 10-6 所示。由图可见，锁存器 Q1 ~ Q8 连接了 8 个 LED 发光二极管、一个 8 段数码管，Q1 ~ Q3 控制 3 个继电器，Q5 控制扬声器。为了简化设计，这些部件都是用同一个锁存器控制，为了避免实验中互相干扰，采用了 JP3 ~ JP7 跳线。JP3 连接数码管公共端 COM，用来选择是共阳极或共阴极数码管；JP4 ~ JP6 用来

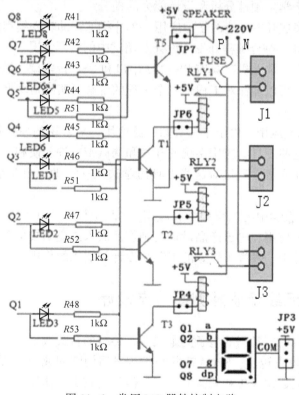

图 11-6　常用 I/O 器件控制电路

255

连接 Q1~Q3 信号放大后对继电器线圈的驱动，其触点通过 J1~J3 接线端子对外部电器进行交流或直流控制，JP7 用来连接扬声器，不用时可以断开跳线，避免连接器件频繁通断。结合单片机自身的中断系统、定时器等功能，可以进行 LED 花样显示、声光报警、音乐演奏、数码管显示及电器控制等多种相关的实验和应用。

6. 接口扩展

此外，"掌上机"通过一个 24 芯双排针插座引出了单片机的 P0 口、P1 口、P3 口部分控制信号，以及+5 V 电源和 GND，用户通过插座的引出信号可以自行进行电路扩展的设计和运用。

11.2.3 "掌上机"应用

"掌上机"的实践教学环境和单片机工程应用的开发环境完全一致，在实践教学过程中，以"掌上机"为基础，突出工程化应用特色，使学习人员对于单片机技术的实际应用开发能力得到较大提升。

1）满足课程教学实验的要求。由于"掌上机"具有多接口多功能系统的特点，能够较好地适应验证性、设计性、综合性实验广泛的要求。本书各章的主要习题和第 12 章提出的单片机原理及应用课程各章的软硬件所有实验，都可以在"掌上机"上完成。

2）电路原理的学习和应用。单片机的实践教学，要注重硬、软件紧密结合的特点，而硬件的学习和掌握是基础。教学中，以"掌上机"为学习实例，安装和应用 PROTEL、Altium 和 PROTEUS 等 EDA 工具，了解和熟悉电路原理图、印制电路板及电路模拟仿真等技术的实际运用，有利于学生硬件分析和设计能力的提升。

3）Keil μVision 集成开发环境的学习应用。单片机课程的软件编程实践，主要在该环境下用 Keil C51 进行设计，符合工程开发、设计及调试中的实际情况。

4）固件下载编程。"掌上机"具有 RS-232 串口和 USB 转串口，学生通过安装应用下载工具和接口驱动程序，可以加深对工程开发全过程的了解，实际地掌握和应用在线编程及调试技术。

5）共享软件的综合运用。由于单片机的广泛应用，对常用的一些技术，有许多共享软件工具，学习和运用这些工具给应用系统的开发和调试带来许多便利。例如，串行通信调试工具、LCD 字模生成工具等，通过对这些工具边学边用，有助于自学能力和综合运用能力的培养。

6）在集中性实践教学中的工程训练和应用。"掌上机"由于具有多接口、开放性强等特点，在单片机技术及应用、电子产品设计与制作及嵌入式应用技术等课程设计中，在专业的毕业实习或毕业设计中，发挥了较好的工程化设计和实练的作用。

11.3 智能手机无线示波器测量节点设计

示波器是一种基本的、常用的电子测量仪器。传统的台式数字示波器的结构一般是采用模拟信号通道、ADC 模数转换、FPGA 现场可编程逻辑门阵列或 DSP 处理器加 LCD 液晶显示的方式，具有较好的数据采集和测量的能力。但价格较贵，体积大，不便携带。为了满足各种人员使用的需要，出现了盒表式、模块式组合等多种类型的示波器，各有特点。这里介绍一种新的无线测量节点，该节点和智能手机的智能处理、屏幕显示等功能相结合，实现"智能手机无线示波器"功能。该系统有以下特点。

1）采用虚拟仪器的构架，以智能手机为仪器的用户终端，以无线测控节点为前端的测控模块。

2）手机和测控节点之间采用 WiFi 无线通信，便于连接和信号传输。

3）测控节点采用高性能单片机控制，具有通信控制、信号测量、数据处理及 I/O 控制等功能。

4）智能手机软件实现智能化控制，以及波形信号的存储、分析、显示等示波器的功能。

5）系统具有体积小、连接使用方便、价格低的特点，具有智能管理和分析功能，便于功能扩展，适用于广泛的人群。

11.3.1　智能手机无线示波器总体结构

系统的结构如图 11-7 所示。系统由智能手机和无线测量节点组成。

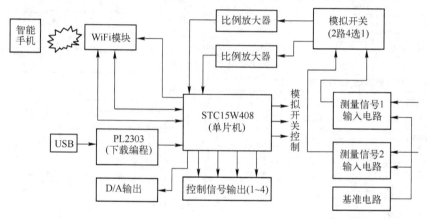

图 11-7　系统结构框图

1）单片机采用 STC15W408 型，是测量节点的核心控制器件，与 51 系列单片机兼容，运行速度比 STC89 系列快 3~4 倍，具有 10 位 A/D 功能，SOP16 封装。

2）单片机具有在线编程功能，通过 USB 接口~PL2303 下载编程。

3）测量信号电路由信号输入接口、基准电路、模拟开关及比例放大器组成，具有双踪示波器功能。测量信号 1 和测量信号 2 通过基准（偏移）电路，分别接入 4 选 1 模拟开关，通过单片机控制选通，组成不同档位的比例放大器，然后送入单片机 A/D 转换。

4）单片机和 WiFi 模块通过串行通信传输数据，WiFi 模块采用 HLK-RM04，具有 WiFi 和 LAN 通信功能，能够实现用户串口、以太网、无线网（WiFi）3 个接口之间的转换，利用它和单片机之间进行串行通信，和手机之间进行 WiFi 通信。被测信号可以传给手机，手机发出的命令也可以通过 WiFi 模块传给单片机。

5）STC15W408（单片机）内部有 10 位 8 路 A/D，单片机把测量的输入信号转换为数字信号，以幅度离散值通过串行通信传给 WiFi 模块。

6）电路供电：USB 接口或者外接 DC +5 V。

此外，测量节点还有扩展的一路 D/A 和 4 路 I/O 控制。

11.3.2　测量节点硬件设计

系统的无线通信节点电路原理如图 11-8 所示。图中 STC15W408AD 单片机引脚连接见表 11-1。

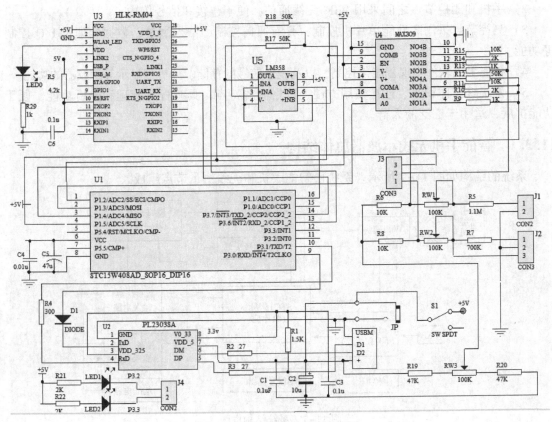

图 11-8　测量节点电路原理图

表 11-1　STC15W408AD 引脚连接

引　　脚	信　　号	作 用 说 明
1	ADC2	A/D 转换通道 2
2	P13	MAX309. A0
3	P14	MAX309. A1
4	P15	内部调零信号
6	VCC	DC +5 V
8	GND	地
9	/RXD	固件下载
10	/TXD	固件下载
11	P32	输出或调试，外接 LED1
12	P33	输出或调试，外接 LED2
13	/RXD2	WiFi 模块通信
14	/TXD2	WiFi 模块通信
16	ADC1	A/D 转换通道 1

1. 测量信号输入电路

测量信号由 J1、J2 接入,最后送入单片机 16 引脚（ADC1）和 1 引脚（ADC2）进行处理。

（1）信号输入接口

从图 11-8 中可见,系统有 2 路被测信号输入 J1、J2,通过探头接入波形信号。输入信号幅度范围设定为 $\pm500\,\text{V}$,为了适合电子器件的电压/电流限制,所以对输入信号采用了电阻分压、限流电路。2 路被测量信号中,J1 是作为较高电压的输入通道,信号经过 R5、R6、RW1 分压、限流后作为输入信号,以节点设计的最大测量电压 $V_{\text{pp}}=600\,\text{V}$ 来计算,经过分压后,输入电压 $\leqslant5\,\text{V}$,电流 $i<600/1200\,\text{A}\approx50\,\text{mA}$,能够符合测量电路器件的要求。J2 是作为较低电压的输入通道,该通道信号一方面可以经过 R7、R8、RW2 分压、限流后作为输入信号,另一方面可以通过 J2 的 3 引脚直接接入外部低电压信号,以提高对低电压波形的测量精度。

（2）基准电路

由于采用的单片机工作在 +5 V 电压,其自带的 A/D 无法转换负电压,所以需要在被测量信号上叠加一个直流电压,使被测量信号上升到正值范围,同时把显示的基准线放在显示图格的水平中线。一般示波器垂直（幅度）和水平（频率）都显示 10 格,相当幅度每格显示 0.5 V,则中线为 2.5 V。电路中用 $R19$、R_{w3}、$R20$ 对 5 V 电源分压,得到 2.5 V 基准电压。

（3）模拟开关

图 11-8 中可见,电路采用 MAX309,2 路 4 选 1 模拟开关,用单片机的 P1.3 和 P1.4 作为 MAX309 的 A、B 2 路的通道选择,各从 4 条支路选择 1 条支路电阻,接入不同档位的测量信号,以 A 路为例可以选择 $R9$、$R10$、$R11$、$R12$ 等不同电阻作为比例放大器的输入电阻,送到比例放大环节。

（4）比例放大器

系统用双运放器 LM358 组成 2 路比例放大器,其作用是为了使不同幅度的测量信号都能在示波器上正常显示。模拟开关选择的输入电阻和负反馈电阻 $R17$ 或 $R18$,构成不同的放大比例。

2. 无线通信电路

为了实现测量节点和智能手机之间 WiFi 无线传输,选用了 HLK-RM04 模块,这是海凌科技电子新推出的低成本嵌入式 UART-ETH-WiFi（串口-以太网-无线网）模块,能够实现用户串口、以太网、无线网（WiFi）3 个接口之间的转换。

在节点中,主要使用了 HLK-RM04 模块以下两方面的功能。

1）与单片机之间通过串行通信传递信号。其 UART_TX 连接单片机的 RXD_2,UART_RX 连接单片机的 TXD_2,数据传输可达到 230400 bit/s。

2）与智能手机之间通过模块自带的天线进行 WiFi 通信。支持无线标准包括 IEEE 802.11n（150 Mbit/s）、IEEE 802.11g（54 Mbit/s）、IEEE 802.11b（11 Mbit/s）。通信速率能够满足中、低频率信号测量的要求。

3. 单片机编程下载电路

节点的控制核心 STC15W408 单片机具有在线编程功能,使编程调试和应用极为方便。系统设计了 USB 转串行接口电路,可以直接通过微机 USB 接口下载单片机固件,其电路见图 11-8 中的 PL2303SA 芯片连接电路,它一边和微机 USB 接口连接,一边和单片机串行接口 1 连接,USB 接口既可以进行编程下载,又可以为节点提供工作电源。

11.3.3　测量节点软件设计

1. 测量节点和智能手机的通信协议

要在智能手机上实现虚拟示波器的功能，实现人机交互、WiFi 通信、波形显示和数据处理，就需要确立数据传输协议。智能手机和测量节点通过 WiFi 传输信号包括以下格式。

（1）测量信号数据格式（测量节点→手机）

规定了数据格式由起始符（＄）、信号类型编码（CCCHHHHH）、数据（500 个数字滤波数据）组成。

信号编码 CCC 表示信号类型：000-校准信号、001-通道 A 信号、010-通道 B 信号；HHHHH 表示信号幅度档位，如"比例放大器"中所述的四个档位，可以使用手机设置档位，也可以是单片机根据实际测量信号的幅度调整的档位。例如：编码为 00100011 表示测量 J1 输入信号，选择通道 A 的 R11 接入。本节点设计的传输"数据"，是以手机屏幕显示区间每屏采样 500 个像素点作为一帧，由于该单片机采样速度为 30 万次/s，按照数字示波器对被测波形达到最高的还原度的要求，采样频率应保持为 5~10 倍的被测信号频率，意味着该节点最大可以测量 60 kHz 的信号。若采样 3 个点，数字滤波得到 1 个像素点，则可以测量 20 kHz 的信号，一帧数据要采样 500×3＝1500 次，约 1500/300000 s＝5 ms。测量波形的信号经 A/D 转换、数字滤波处理后传送给智能手机。手机接到起始符作为一帧数据的开始，即可对数据进行处理和显示。

（2）命令格式（手机→测量节点）

命令是由手机发给测量节点，其格式由起始符（＄）、命令编码（CCHHHFFF）组成。其中，CC 表示测量类型：00-基准、01-通道 A、10-通道 B、11-双通道；HHH 表示信号测量幅度选择、FFF 表示信号测量的频率选择，用来调整单片机的信号采样频率，单片机根据命令调整采样频率和比例放大倍数。

2. 单片机程序设计

测量节点由 STC15W408 单片机控制，单片机程序由主程序、命令处理子程序、测量控制子程序及数据发送子程序等构成。

（1）单片机主程序

主程序流程图如图 11-9 所示。"初始化"完成中断、A/D、定时器等部件的初始化设置以及子函数及一些变量的定义；"自检"程序通过 LED1 和 LED2 显示检测单片机运行的基本情况；"串行接收"是接收手机发来的各种命令，测量节点完全是根据手机命令来工作，当接到命令信号，立即转入中断服务程序。

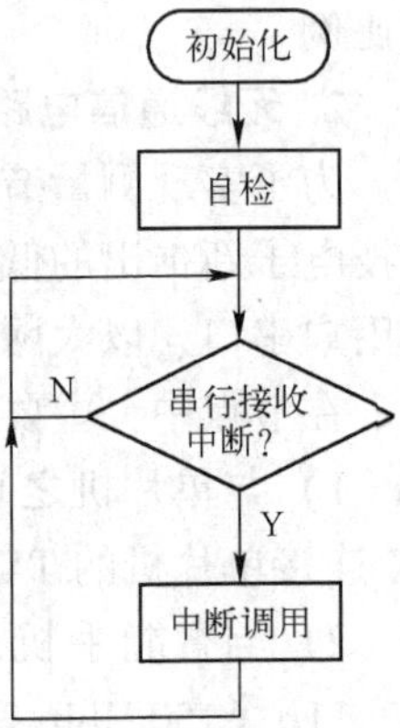

（2）命令处理子程序

实际上就是主程序执行的中断服务程序。按照手机发送的命令格式，对命令进行解析，判断是什么命令，再调用相应的处理子程序。

（3）测量控制子程序

测量控制子程序流程图如图 11-10 所示。该程序完成示波器的信号测量。根据手机命令中的测量类型、幅度及频率选择等有关参数，设置测量节点的模拟开关、采样频率等参数，并通过软件的方法，以波形过水平坐标中线作为同步触发信号，保证一屏波形图能周期

图 11-9　主程序流程

重叠显示。为了保证波形数据的适时快速传送，在每个波形数据采集并数字滤波处理后，立即调用数据传送子程序。当一帧数据传送完，下一帧又用软件方法确定同步触发信号，确保其采集的周期起点完全重叠。

（4）数据发送子程序

数据发送子程序流程图如图11-11所示。测量节点是通过串行通信发送数据，该程序在测量控制程序中调用，采集完一个数据，就串行发送一个数据，同时开始采集下一个数据，这样数据采集和串行发送并行进行，可以提高传送数据的速度，以满足示波器正常显示。当每个数据采集完成和上一个数据传送完成，才发送下一个数据。对每帧数据，都要按照完整的测量信号数据格式进行组合后发送。

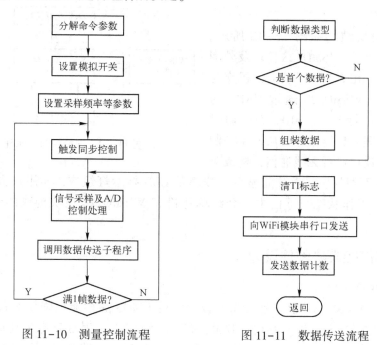

图 11-10　测量控制流程　　　　　图 11-11　数据传送流程

11.4　单片机远程无线测控模块设计

无线控制系统由于构建比较简单，且适应于远、近距离的无线连接，在物联网技术及自动控制中得到越来越广泛的应用。本应用系统以普通单片机 STC12C5A60S2 和单片无线通信模块 WISMO228 为基础，采用远程无线通信和近距离无线局域网相结合的方法，设计并实现远程无线控制系统。

11.4.1　无线测控模块结构

1. 设计思想

在很多应用领域，无线通信逐渐取代了有线通信，无线控制取代了有线控制。无线控制要解决的特殊问题主要是信息的无线传输，包括远距离无线通信和监控现场受控节点的无线连接。目前国内有多种方案，但其远距离通信主要是基于微机、平板电脑、ARM，现场节点控制主要采用 Zigbee、WiFi 等，系统相对比较复杂，成本也较高，真正投入实际应用不是太方便。本系统的设计解决了以下技术问题。

1）直接使用人们最广泛使用的智能手机作为远程控制器，用 Android 系统开发应用软件，和控制现场控制器进行无线通信，实现远程控制。

2）现场控制器采用 STC12C5A60S2 单片机和 WISMO228 无线通信模块为核心进行设计。单片机实现远程通信控制、现场监控节点控制以及人-机交互控制，是系统控制核心；WISMO228 用来实现和手机之间的 GSM/GPRS 通信；控制器中还设计了 nRF24L01 无线射频收发模块，作为现场控制网络的主节点，具有和现场控制各个从节点进行无线信号传输的功能。

2. 模块结构

现场控制模块结构如图 11-12 所示。模块包括微控制器、WISMO228 模块及外围电路、无线射频 nRF24L01 模块、人机交互电路、电源等。WISMO228 通过 UART 与 STC12C5A60S2 进行连接。nRF24L01 通过 SPI 接口与微处理器相连，并与从节点控制器的 nRF24L01 模块进行无线通信，构成节点网络。

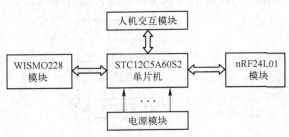

图 11-12　现场控制器原理框图

人机交互模块主要由液晶显示、按键及 LED 指示灯组成，向用户提供监视界面，显示电器设备的工作状态。下面主要介绍单片机和 WISMO228 模块构成的远程无线通信功能。

11.4.2　无线测控模块硬件设计

1. 主要器件简介

1）STC12C5A60S2 单片机：是宏晶科技生产的 CMOS 高性能增强型 8 位 51 系列单片机，内有 60KB 的 FLASH 和 1280B 的 RAM，有 36 个 I/O 口，其驱动电流高达 20 mA 左右，支持 STC_ISP 在线可编程，具有第二串口功能、2 路 PWM、8 路 10 位高精度 ADC。指令与 MCS-51 兼容，应用广泛。

2）WISMO228 无线通信模块：是由 AirPrime 公司生产的集发射、接收于一体，信号灵敏度极高的 GPRS/GSM 模块。内嵌 TCP/IP 协议栈，工作可选 GSM 方式或 4 个频段（850 MHz、900 MHz、1800 MHz、1900 MHz）的 GPRS 方式，传输速度支持 GPRS Class 10 级别标准。与微处理器连线简单，支持串口、SPI、SIM 卡等多种接口，典型工作电压为 3.6 V。模块主要由 RF 电路和 GSM 基带控制器两部分构成，其框图如图 11-13 所示，可以连接控制 SIM 卡、进行异步串行通信、PWM 控制、工作状态信号输出、外接天线、可编程 I/O 以及 A/D 转换等。

2. WISMO228 模块及其控制

WISMO228 通过 SMS（Short Message Service）外围接口建立无线通信链路，接收和发送控制信息。此接口完全符合 GSM11.11 标准规范，可作为用户登录 GSM 网络的身份验证，系统使用 6 脚 SIM 卡，支持 1.8 V 电压输入。

WISMO228 与单片机及外围电路连接如图 11-14 所示。SIM 卡的 VCC 与 VPP 引脚直接与

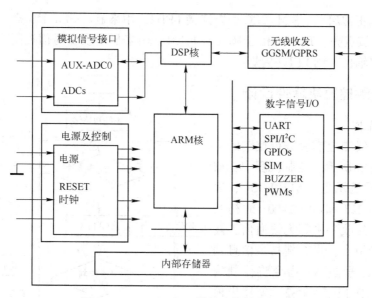

图 11-13　WISMO228 模块内部结构框图

WISMO228 模块的 SIM_VCC 引脚相连。SIM 卡的 CLK、I/O、RST 信号线直接与 WISMO228 模块的对应信号线相连接；WISMO228 的 ON/OFF 引脚与单片机的 P1.1 脚相连，通过单片机控制使该引脚在上电后保持低电平至少 685 ms，完成模块的初始化；单片机的复位信号 RESET 通过 T9 实现信号的变换和隔离，实现低电平复位；RXD（接收）和 TXD（发送）引脚分别连接单片机的 RX 和 TX 引脚，进行串行通信，单片机通过串行通信传送命令和数据，控制 WISMO228 进行远程信息传输；ANT 引脚连接外部天线，天线阻抗值为 50 Ω，外接板焊天线外壳接地，以保证无线信号传输。

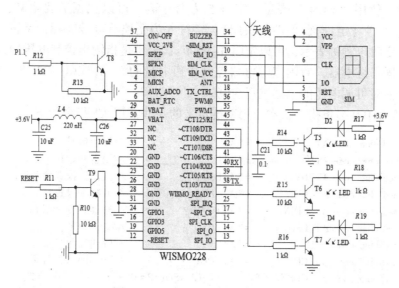

图 11-14　WISMO228 电路连接图

为了反映 WISMO228 工作状态，利用其 WISMO_READY 引脚电平由高变低再变高，表明 WISMO228 正在进行网络登录和完成初始化，引脚外接的 LED3 快速闪烁，最后点亮，表示模块初始化和正常启动；SIM_VCC 引脚连接 LED2，用来显示 SIM 卡状态，若 SIM 卡连接正常，则 LED2 被点亮；TX_CTRL 引脚连接 LED1，用来显示模块通信控制状态，若有数据正在从模块串口输出，则 LED2 闪烁。

11.4.3 无线测控模块软件设计

1. 主控制流程

单片机对无线测控模块进行控制的主流程图如图 11-15 所示。控制流程中：初始化包括对液晶显示器（5110LCD）、串行接口、WISMO228 和 nRF24L01 的初始化。然后主要是接收手机等无线通信工具发送的远程控制指令，当有新指令信息到达时，WISMO228 通过 AT 指令将控制信息内容传送给 STC12C5A60S2。单片机根据控制命令的要求将信息通过无线节点网络转发到相应的无线控制节点，并随时接收现场节点反馈的状态信号，显示控制状态，同时向手机发送状态信息。

手机和现场测控模块之间通过 AT

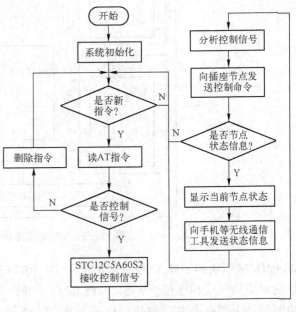

图 11-15　现场控制器控制主流程

（Attention）指令传送命令和数据（AT 指令是应用于终端设备与计算机应用之间的连接与通信的指令，每个 AT 命令行中只能包含一条 AT 指令，以 AT 作首，采用 ASCII 码传送的字符串方式）。系统定义对控制信号采用统一的编码规则为 10 位字符，由左向右，字符 1~4 为系统控制密码，暂用"####"表示；字符 5 为命令码，可以根据需要增减，目前只定义"T"（定时）、"G"（定量）、"C"（关闭）；字符 6 为受控节点号 1~8；字符 7~10 为定时或定量数据，定时以秒钟表示，可以定时 0~9999s；定量是指输出控制电压的大小，比如现场受控器件是固态继电器，对固态继电器控制导通电量的大小，以 0~220 对应接通交流电压的大小，以便对可调电压的电器进行控制。

AT 指令集有 100 多条指令，本应用系统定义的一些常用 AT 指令如下：

```
unsigned char code AT[ ]          ="AT";                    //握手信号
unsigned char code ATI[ ]         ="ATI";                   //设备初始化
unsigned char code ATE0V1[ ]      ="ATE0V1";                //关回显设置命令返回 OK/V1 0/V0
unsigned char code AT_IPR[ ]      ="AT+IPR=2400";           //波特率设置
unsigned char code AT_CPIN[ ]     ="AT+CPIN?";              //查询 SIM 卡状态
unsigned char code AT_CSQ[ ]      ="AT+CSQ";                //查询信号
unsigned char code ATH[ ]         ="ATH";                   //呼叫挂起
unsigned char code AT_COPS[ ]     ="AT+COPS?";              //查询网络运营商
unsigned char code AT_CDSNORIP[ ]="AT+CDNSORIP=0";          //GPRS IP 方式
unsigned char code AT_CIPHEAD[ ]  ="AT+CIPHEAD=1";          //GPRS 接收方式
unsigned char code AT_CIPSTART[ ]="AT+CIPSTART=\"TCP\",\"115.192.132.0\",\"1001\"";
                        //GPRS 连接方式\GPRS 连接地址（根据用户实际 IP 修改）\GPRS 连接的端口
unsigned char code AT_CIPSEND[ ]  ="AT+CIPSEND";            //GPRS 发送信息命令
```

```
unsigned char code AT_CIPCLOSE[ ] = "AT+CIPCLOSE" ;        //TCP 连接关闭
unsigned char code AT_CIPSHUT[ ]  = "AT+CIPSHUT" ;         //GPRS 连接关闭
unsigned char code ATA[ ]          = "ATA" ;               //来电接听
unsigned char code AT_CMGF[ ] = "AT+CMGF = 1" ;            //改用 TEXT 方式
unsigned char code AT_CMGS[ ] = "AT+CMGS = \"1252015070891220\"" ;
```

2. WISMO228 初始化控制

WISMO228 模块在上电之后需要在其 ON/OFF* 引脚加上至少 685 ms 的低电平方可使其启动。在 685 ms 低电平的时间内,复位引脚在 38 ms 处置位,模块在 130 ms 时初始化硬件,185 ms 时进行电源消抖,685 ms 时进入正常模式。在模块启动期间,WISMO_READY 引脚电平由高变低再变高,使得连接在此引脚上的发光二极管闪烁后点亮,表示模块正常启动。

（1）启动 WISMO228 模块函数

```
void start_GSM( )
{
    delay_ms( 200 ) ;
    wismo_on_off = 1 ;                      //P1.1 = 1,反向后为 0
    delay_ms( 800 ) ;                       //>685 ms
    wismo_on_off = 0 ;
}
```

（2）初始化 WISMO228 模块

```
void GSM_init( void )
{
    delay_ms( 5000 ) ; delay_ms( 5000 ) ;
    while( 1 )
    {
        clear_SystemBuf( ) ;        //清除缓冲区
        sendstring( AT ) ;          //发送 AT 给 WISMO228,检测是否连通
        delay_ms( 5000 ) ;
        if( strsearch( "OK" , SystemBuf ) ! = 0 )   //模块初始化成功会回复"OK"给单片机
            break ;                 //如果单片机没收到 OK,就继续发送初始化指令
        delay_ms( 5000 ) ;
    }
    sendstring( ATI ) ;             //发送 AT 指令:WISMO228 初始化
    delay_ms( 1000 ) ;
    sendstring( AT_IPR ) ;          //发送 AT 指令:设置模块波特率 2400
    delay_ms( 1000 ) ;
    sendstring( ATE0V1 ) ;          //发送 AT 指令:关闭回显设置 DCE 为 OK 方式
    delay_ms( 1000 ) ;
    while( 1 )
    {
        clear_SystemBuf( ) ;
        sendstring( AT_CPIN ) ;     //发送 AT 指令:查询 SIM 卡状态
        delay_ms( 5000 ) ;
        if( strsearch( "OK" , SystemBuf ) ! = 0 )   //检查 WISMO228 是否回送"OK"
            break ;
        delay_ms( 5000 ) ;
```

（3）SMS 消息收发程序设计

短消息的收发需要设置好短消息模式，根据响应的 AT 指令发送数据即可。发送短消息常用 Text 和 PDU（Protocol Data Unit，协议数据单元）模式。使用 Text 模式收发短信代码简单，实现容易，但最大的缺点是不能够收发中文短信；而 PDU 模式支持中文短信。

WISMO228 模块支持这两种编码模式，默认使用 PDU 模式。由于 PDU 模式发送消息需要经过一系列的比较复杂的编、解码，而本系统使用短消息只为发送命令和接收状态信息，中文的支持并不必须，因此采用 Text 方式收发消息。图 11-16 以短消息控制 4 路继电器定时为例，描述了消息数据处理流程。

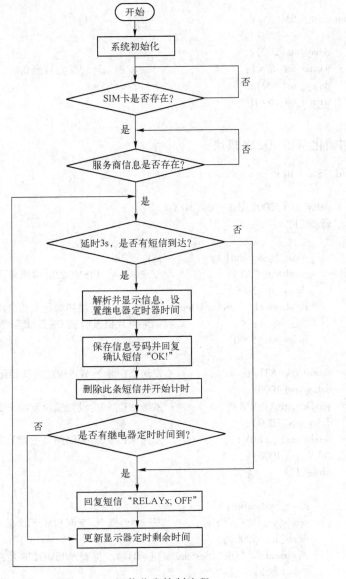

图 11-16　短信收发控制流程

266

该系统以其在智能家居控制方面的实际应用作为实例进行了实验，用1个现场控制器和5个无线控制节点构成一个家居环境中的局域无线网络，5个节点分别作为空调机、电视机、换气扇、照明灯及喷水器的电源插头，以手机短信发送控制命令，实现了远程对家电控制。例如：手机发送"####T31800"命令，可启动换气扇开机换气30 min；发送"####G50100"，可启动家庭喷水器以适当的开启度浇花等，并把现场工作状态发送给手机。

11.5　汽车动态参数测量系统

机动车行车状态的自动测试在驾驶培训、车载设备自动化水平的提高以及行车状态的监控等方面，都有着积极的意义。这里介绍一种单片机和多种技术结合，实现汽车动态参数测量的应用系统。

11.5.1　测量系统结构

1. 系统功能要求

用户要求对汽车动态参数测量系统能实现以下功能。

1）自动检测车门开、关状态。

2）自动检测驾驶人安全带状态。

3）自动检测脚刹、手刹位置。

4）自动检测远光灯、近光灯及远近交替灯的开、关状态。

5）自动检测离合器状态。

6）自动检测喇叭鸣响。

7）自动检测左、右转向灯。

8）自动检测行车灯、警示灯及测雾灯的开、关状态。

9）自动检测汽车发动机转速。

10）自动检测当前档位状态。

11）自动检测方向盘转向。

12）自动检测车速。

13）自动检测制动状态。

14）自动实现GPS有关数据获取，根据这些数据能够得到行车的地理位置、当时的车速、行车的时间等信息。

15）能实现和智能手机、平板电脑等智能终端的WiFi通信，并无线传输以上信号。

2. 系统结构

为实现用户提出的要求，确定系统基本结构如图11-17所示。

对系统结构说明如下。

1）单片机是测量系统的控制核心，选用单片机应能满足以下要求。

① 要能够满足26种行车操作信号的接收和处理，这些信号基本上是开关量信号（逻辑信号），接入单片机的I/O引脚即可。所以单片机应该有至少26个可供使用的I/O引脚。

② 能够获取和处理GPS信号，而GPS信号可以通过GPS模块获取，GPS模块一般用异

步串行通信传输数据。数据的传输，采用美国海洋电子协会为电子设备制定的 GPS 应用协议 NMEA0183，该协议定义了 12 种语言，采用 ASCII 字符，按照语言格式传送 GPS 数据。

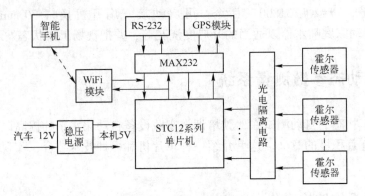

图 11-17　系统结构框图

③ 为了使用和编程方便，采用系统编程技术，STC 系列单片机具有串行通信下载功能。

④ 单片机和 WiFi 模块通信，一般采用串行接口。

综上所述，单片机不仅需要具备基本的中断系统、定时器、8KB 以上的程序存储器等功能，还必须注意它对 I/O 接口和串行通信接口的要求。因此，选择 STC12C5A60S2 单片机，具有 P0~P3 共 32 个 I/O 引脚，可以提供 26 个引脚接收开关量信号；具有 2 路异步串行通信接口，WiFi 模块用 1 路，GPS 模块和单片机下载编程共用 1 路（工作时 GPS 使用，不工作时可用于下载）。

2）WiFi 模块用来完成测量信号的传输，其和单片机进行串行通信，和无线通信终端进行 WiFi 通信。WiFi 模块可以选用市面上已有产品，主要考虑其传输速率、信号传输距离等参数。

3）车门开关、刹车、档位及各种灯开关等 20 多种信号，绝大部分都可以用开关量表示，主要是要考虑如何获取这些开关信号，如何把这些信号送至单片机的 I/O 引脚。考虑技术上的可能性和应用上的可靠性，初步考虑采用霍尔器件实现开关量采集，不仅可靠价廉，而且可以避免环境变化等造成的不可靠因素。此外，由于汽车上的电器都是采用 12 V 电压，而元器件大多是 5 V 供电，所以霍尔传感器送来的信号需要经过光电隔离再送给单片机，把 12 V 的信号电平转换为 TTL 的标准逻辑信号。

4）稳压电源是用来把汽车上的 12 V 电压转变为 5 V 电压，供测量系统的元器件使用。

11.5.2　测量系统硬件设计

系统硬件设计采用 EDA 工具 PROTEL 99SE，这是一款应用于 Windows 操作系统下的 EDA 设计软件，可以完成电路原理图设计，印制电路板设计等工作。本系统根据测量的实际情况，用 PROTEL 完成 2 张电路原理图设计和 2 张双层印制电路板设计，其中，1 张是测量主板电路，1 张是安装在测量点的传感器小板电路。

1. 传感器及其测量电路设计

采用什么传感器来检测驾驶信号至关重要，在比较各种感知距离的传感器之后，选用了霍尔传感器 A44E。其原理是，当磁铁和霍尔开关 A44E 移近到一定距离（设此距离为 r）时，A44E 芯片的 OUT 引脚有脉冲信号输出。当二者的距离大于 r 时，OUT 引脚没有脉冲信号输出，而 A44E 导通的距离 r 为 4~5 mm。如图 11-18 所示，以测量车轮转速为例，把传感器安装在车轮架边 4 mm 范围，在车轮架上安装小磁铁，当车轮转 1 圈，传感器发 1 个脉冲信号，单片机中断计 1 个数，同时启动定时器定时，当计数为 n 停止定时，就可以计算转速 $N = 3600$ ms/定时时间(ms)×n(转/min)。对于其他如刹车、换档及车灯控制等行车操作也可以采用类似的距离接近的方法来测量。

被测量的各种行车操作信号采用霍尔传感器 A44E 来获取，测量电路如图 11-19 所示。图中 2T1 是 PNP 晶体管，当霍尔传感器和磁铁（S 极）离开时，A44E 的 OUT 为高电平，2T1 截止 C 端输出高电平，反之，C 端输出低电平。磁铁随着行车操作而移动（接近或离开 A44E，只要正确安装传感器结点和磁铁，就可以感知不同的行车操作，给出逻辑"1"或"0"信号。

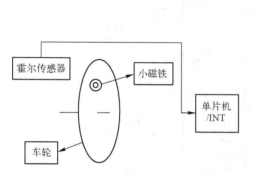

图 11-18　用霍尔传感器测量

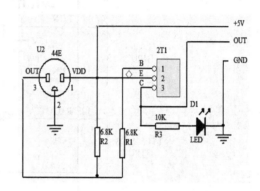

图 11-19　霍尔传感器测量电路

2. 测量主板电路设计

测量主板电路如附录中的图 A-2 所示。对其中主要部分做如下说明。

1）行车操作信号测量。如图中左边电路，有 23 个被测信号，目前除"加速度" 2 个信号没有用外，其他 21 个信号分别通过 TLP-512-4 光电隔离芯片接入单片机的 P0~P3 口引脚。每个 TLP-512-4 有 4 组光隔离器，用了 7 片 TLP-512-4，最多可以连接 28 路输入信号，多出部分可以用于系统扩展。

2）GPS 模块和单片机固件下载，通过图中右边的 J4 USB 插座接入，接入的信号实际上是 TXD 和 RXD 信号，用 USB 插座是为了连接和使用方便，也适合市场上的 GPS 模块大部分采用 UBS 插头的形式。这 2 路共用单片机串行通信接口 1，由于使用时间完全不冲突，所以使用同一个 USB 插座。

3）MAX232 是串行通信电平转换芯片，其内部电路如图 11-20 所示。在本系统中，用来实现微机串行口（进行程序下载）和 GPS 模块（传送 GPS 数据）串行口与单片机串行通信时的电平转换。由于单片机串行口数量的限制，程序下载和 GPS 数据传送共用一个串行口，平时工作时是 GPS 模块使用，只有在程序下载时才连接微机串行口，因此在电路中共用 MAX232 的一组转换功能。

4）WiFi 模块选用了 HLK-RM04 模块。HLK-RM04 是海凌科电子推出的低成本嵌入式

UART-ETH-WiFi（串口–以太网–无线网）模块，内置 TCP/IP 协议栈，能够实现用户串口、以太网、无线网（WiFi）3 个接口之间的转换。其默认工作模式如图 11-21 所示，符合本系统使用要求。单片机用串行通信接口 2 和 WiFi 模块进行串行通信。

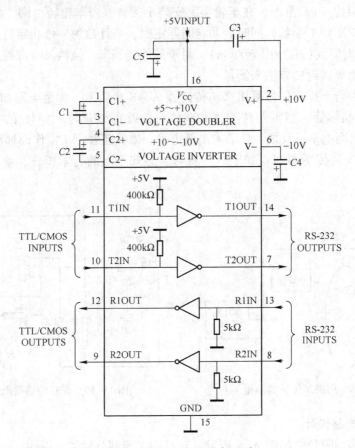

图 11-20　MAX232 内部电路

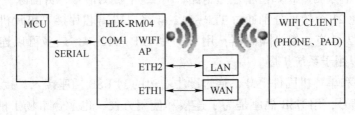

图 11-21　HLK-RM04 默认工作

5）以 CX8505 构成的电路，是电压转换及稳压电路，把车上 12 V 电压转换成 5 V 电压。

11.5.3　测量系统软件设计

1. 信息传输格式

测量系统和智能终端的连接是通过 WiFi 通信实现，所以双方通信必须遵照约定的数据格式。信息传输主要要处理两方面的问题，一是对 GPS 信号的提取；二是 WiFi 通信的信号格式。这两个问题不解决，就不可能实现系统的功能。

（1）GPS 信号的提取及 WiFi 传输格式

测量系统采集 GPS 信号并传送给智能手机或车载 PAD，格式完全按照国际标准 NMEA 0183 2.0 格式（ASCII 字符型）语句。本系统主要采用其中的 GPGGA 和 GPRMC 两种格式来传送 GPS 有关数据。

1）GPGGA：GPS 定位数据。

$GPGGA,hhmmss,XXXX. XXXX,N/S,XXXXX. XXXX,E/W,X,XX,XXX,
    1   2   3   4   5 6 7 8

0/XXXX,M,0/XXX,M,XXX,XXXX * hh<CR><LF>
  9 10 11 12 13 14 15

以上可见 GPGGA 以 $ 开头，有 15 段数据，各段之间用逗号分隔。各部分意义如下。

① 世界时（UTC）。hh：时 mm：分 ss：秒，北京时间（东八时区）= UTC+8（小时）。

② 纬度：以"度度分分 . 分分分分"方式表示。小数点后也以分为单位。

③ N：北纬，S：南纬。

④ 经度：以"度度度分分 . 分分分分"方式表示。小数点后也以分为单位。

⑤ E：东经，W：西经。

⑥ GPS 质量指示。0：未定位；1：GPS 定位；2：差分 GPS 定位。

⑦ 使用到的卫星数：0~12。

⑧ HDOP 值：水平方向的定位精度劣化程序系数。3 维定位时也会输出 HDOP 值。但在未定位时输出"099"。

⑨ 天线高度：-9999.9~9999.9 m，正数高于海平面，负数低于海平面。

⑩ 天线高度单位：m。

⑪ 地理高度：正数高于海平面，负数低于海平面。WGS84 测地系时输出，其他测地系输出"0000"。

⑫ 地理高度单位：m。

⑬ DGPS 修正经过的时间：差分数据时龄，单位 = 秒。

⑭ 差分基准站发播的 ID 编号。

⑮ 校验和。

2）GPRMC：推荐最小数据量的定位数据。

$ GPRMC, hhmmss,A/V,XXXX. XXX,N/S,XXXXX. XXX,E/W,XXX. X,XXX. X,
1 2   3 4   5   6 7   8

XXXXXX,, * hh<CR><LF>
9 10

① 世界时（UTC）。hh：时 mm：分 ss：秒。

② 定位状态。A：定位 V：未定位。

③ 纬度。

④ N：北纬，S：南纬。

⑤ 经度。

⑥ E：东经，W：西经。

⑦ 对地址速度：单位为节，1 节（knot）= 1852 m/h。

⑧ 方位角：正北方向为 0 度，顺时针方向计算，最大 359.9 度，四位输出。也称作航向角。

⑨ 日期：按日、月、年格式（年按两位）输出。

⑩ 校验和

根据用户要求，需要从这两种语言中提取：北京时间、纬度+N/S、经度+E/W、HDOP值、天线高度、UTC 日期、方位角、对地速度 km/h。这些参数的传输格式见表 11-2。

表 11-2　GPS 信号及传输格式

序号	信号名称	信号编码（8 位）	信号内容（12 字节长度，每个字节均 ASCII 码，以'/0'结束）
1	北京时间	10000000	hh：时 mm：分 ss：秒。北京时间（东八时区）= UTC+8（小时）
2	纬度+N/S	10000001	"度度分分．分分分分"方式表示。小数点后也以分为单位。N：北纬 S：南纬
3	经度+E/W	10000010	"度度度分分．分分分分"方式表示。小数点后也以分为单位。E：东经 W：西经
4	HDOP 值	10000011	XXX。水平方向的定位精度劣化程序系数。3 维定位时也会输出 HDOP 值。但在未定位时输出"099"
5	天线高度	10000100	0/XXXX。0：正数高于海平面；负数低于海平面
6	UTC 日期	10000101	$GPRMC 第 9 段处理 UTC 日期，ddmmyy（日月年）格式转换为 yy-mm-dd
7	方位角	10000110	$GPVTG 第 1 段，正北方向为 0 度，顺时针方向计算，最大 359.9 度，四位输出。也称作航向角
8	对地速度 km/h	10000111	$GPVTG 第 7 段，XXX．X（km/h）

（2）行车操作测量信号格式

测量信号格式见表 11-3。

表 11-3　测试信号格式

信 号 编 码	信号传输方向	信号传输情况	信 号 内 容
4 位二进制 $M_3M_2M_1M_0$	2 位二进制 D_1D_0	2 位二进制 F_1F_0	16 位二进制

1）信号编码：4 位二进制 $M_3M_2M_1M_0$，高位在前。（如有其他信号，还可以添加）

2）信号传输方向：2 位二进制 DD，DD = 00 为培训仪→PAD，DD = 11 为培训仪←PAD。

3）信号传输情况：2 位二进制 FF，FF = 0 为"认可"，FF = 11 为"不认可"。

4）信号内容：16 位二进制。

按照上述格式，对不同的传输信号的传送见表 11-4。

表 11-4　测量信号的传输

单片机端口	Xhbm（信号编码）$M_3M_2M_1M_0$ D_1D_0 F_1F_0	Xhnrg（信号内容高字节）	xhnrd （信号内容低字节，各 I/O 口引脚连接信号）							
			PX7	PX6	PX5	PX4	PX3	PX2	PX1	PX0
P0	00010000	00000000	脚刹	手刹	行车灯	左转	右转	雾灯	远光	近光

单片机端口	Xhbm（信号编码）$M_3M_2M_1M_0\ D_1D_0\ F_1F_0$	Xhnrg（信号内容高字节）	xhnrd （信号内容低字节，各 I/O 口引脚连接信号）							
			PX7	PX6	PX5	PX4	PX3	PX2	PX1	PX0
P1	00100000	00000000	五档	4 档	3 档	2 档	1 档	车门	加速度 2	加速度 1
P2	00110000	00000000	喇叭	安全带 2	倒档	方向盘	离合器			安全带 1
	01000000	转速（高字节）	转速（低字节）							

注：转速接/INT1，第一次中断触发定时器，第二次中断关闭定时器，根据定时时间计算转速（r/min），一般为 2000 转。

由表 11-2、表 11-4 可见，GPS 信号编码和行车操作信号的编码由编码的最高位区别，前者为"1"，后者为"0"。

2. 软件设计

系统软件设计包括单片机控制程序和 Android 应用程序。这里介绍单片机程序。

单片机控制包括以下函数：

```
void main (void);                   //主函数
void int_init (void);               //中断初始设置
void com_init (void);               //串行通信初始化设置
void cycl (void);                   //转速计算
void SendData(char dat);            //串行通信字节发送
void SendString(char * s);          //串行通信字符串发送
void p0_comm(void);                 //P0 口数据判断处理
void p1_comm(void);                 //P1 口数据判断处理
void p2_comm(void);                 //P2 口数据判断处理
void p3_comm(void);                 //P3 口数据(转速)处理
void wifi1(void);                   //串行口 2 转 WiFi 发送:传输传感器信息
void wifi2(void);                   //串行口 2 转 WiFi 发送:传输 GPS 信息
void GPGGA(unsigned char);          //GPGGA 数据处理
void GPRMC(unsigned char);          //GPRMC 数据处理
```

1）主程序。

主程序流程图如图 11-22 所示。在对有关特殊功能寄存器、设置变量等初始化后，进入 while 循环。循环中主要处理以下 3 类工作。

① 查询处理主控信号：主控信号是指智能手机送来的控制信号。

② 查询 P0-P3 口车驾操作信号：判断哪个端口有变化，就调用相应端口数据处理的子程序。

③ 串行通信中断处理：包括串行口 1（GPS 模块）和串行口 2（WiFi 模块）的中断处理。

2）P0~P2 口数据判断处理程序

P0~P2 端口信号处理方法类似，主要是对变化了的端口信号进行组装和发送。其流程如图 11-23 所示。

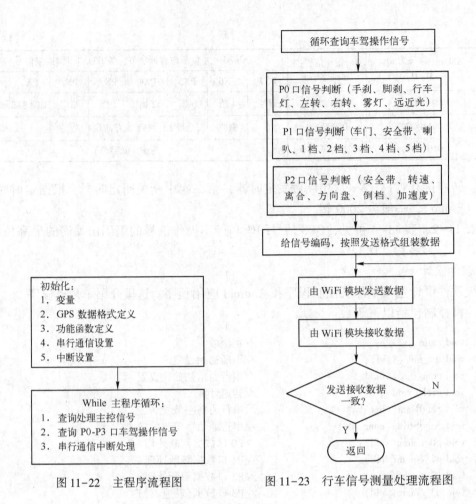

图 11-22　主程序流程图　　　　　图 11-23　行车信号测量处理流程图

3）GPS 中断处理及 GPGGA 数据处理。

处理过程如图 11-24 所示。GPS 每次送一个字符就产生串行口 1 的一次中断，该中断处理中主要是判断并标志语言类型、判断并标志语言中的字段值，读取 GPS 传送的字符、根据标志调用不同的语言信息处理程序，当所有需要的数据都读取和处理后，把它们组装为一帧数据，然后调用 WiFi 传输程序进行数据传送。语言数据处理程序主要是按照数据的段格式来安装各个需要字段的数据。

4）传感器信息 WiFi 发送程序。

完成传感器信息 WiFi 发送涉及 3 个子程序：void wifi1（）、void SendData（char dat）以及串行通信中断处理。

```
/*******************************************************/
//功能:传感器测试信号 WiFi 发送
//传感器信号传送:通过调用串行接口 2 进行
//信号:xhbm、xhnrg、xhnrd。
/*******************************************************/
void wifi1(void)
    {
    SendData(xhbm);            //发送信号编码
```

274

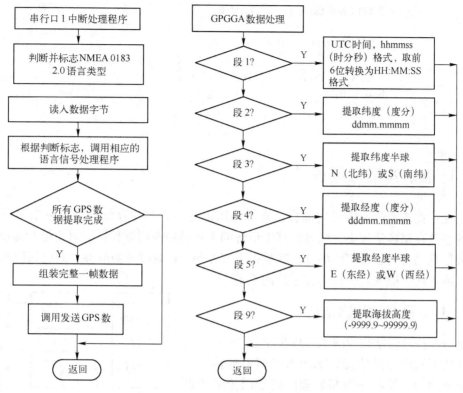

图 11-24 GPS 中断处理及 GPGGA 数据处理流程图

```
SendData(xhnrg);              //发送信号内容高字节
SendData(xhnrd);              //发送信号内容低字节
SendData('\r');               //传送帧结束符号
SendData('\n');
SendData('\0');
}
/* ─────────────────────────────
功能:发送 1 个字节到 S2BUF
入口参数:dat(发送的数据)
───────────────────────────── */
void SendData(char dat)
{
    busy = 1;
    S2BUF =dat;               //串行接口 2 发送数据
    while (busy);             //等待本次数据发送完成
}
//   串行通信 2 中断处理
void Uart2() interrupt 8
    {
        if (S2CON & 0x01)
        {
            a1 = S2BUF;
            if (a1 = = 0x5a) a1 = 1;  //判断 PAD 是否需要重发,如要重发则 a1"1"为重发标志。
```

```
                    S2CON &= 0xfe;        //RI 清 0
            }
            if (S2CON & 0x02)
            {
                    S2CON &= 0xfd;        //TI 清 0
                    busy = 0;
            }
    }
```

11. 6   U 盘语音播报器设计

过去在一些需要语音播报的场合，常常采用语音存储芯片存储语音信息来进行语音播放。语音芯片存储容量较小，而且对其中语音的更新需要专门编程器，对于语音播放信息较大、播放信息动态更新较多的场合，就显得不够方便。U 盘语音播放器，其电路简单，信息量大，更换方便，能较好弥补语音芯片的不足。

11. 6. 1   U 盘语音播放器结构

U 盘语音播放器结构如图 11-25 所示。

单片机通过串行通信接口和语音解码器通信，下达各种播放命令，接收并判断处理解码器回传的状态信息；单片机还通过 I/O 口线控制音频放大器工作。

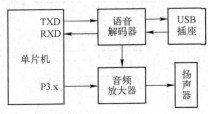

图 11-25   U 盘语音播放器结构

语音解码器一方面根据单片机的命令，对 U 盘上的语音文件进行定位读取、解码和播放，并把执行命令的结果传送给单片机；另一方面产生音频信号，传送给音频放大器进行信号放大。

音频放大器主要是对音频信号放大后送到扬声器播放。可以根据对播放音质效果的不同要求，选用不同的音频放大器。如双声道音频功放芯片 TPA3110D2、单声道音频功放芯片 LM4890 等。

11. 6. 2   U 盘语音播放器设计

1. 硬件电路设计

图 11-26 是 U 盘语音播放器电路原理图。电路中采用的语言解码芯片是 MX6100，音频放大芯片是 LM4890。

（1）语言解码芯片 MX6100

MX6100 是 MP3 芯片，集成了 MP3、WAV 的硬解码。通过简单的串口指令即可完成指定音乐的播放，以及如何播放音乐等功能，使用方便，稳定可靠是此款产品的最大特点。

1）MX6100 芯片功能如下。

① 支持采样率（kHz）：8/11. 025/12/16/22. 05/24/32/44. 1/48。

② 24 位 DAC 输出，内部采用 DSP 硬件解码，非 PWM 输出，动态范围支持 90 dB，信噪比支持 85 dB。

③ 完全支持 FAT16、FAT32 文件系统，最大支持 32G 的 TF 卡，最大支持 32GB 的 U 盘。

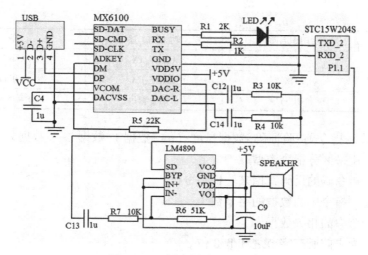

图 11-26 语音播放器原理图

④ 支持串口命令控制模式（TTL 电平，波特率 9600 B/s，1 位起始位，8 位数据位，1位停止位。），AD 按键控制模式（ADKEY）。

⑤ 支持多种播放功能：广播语插播、暂停播放、指定路径播放、组合播放、指定曲目播放。

⑥ 31 级音量可调，5 种 EQ 可调（NORMAL-- POP--ROCK--JAZZ--CLASSIC）。

⑦ 支持 USB（2.0 标准）声卡播放、支持 USB mass storage。

2）MX6100 引脚信号。MX6100 芯片是标准的 SOP16 封装，引脚名称及功能见表 11-5。图 11-26 中，MX6100 芯片是由单片机通过串行接口命令方式控制，用 U 盘提供语音文件，左、右声道混合后送音频放大芯片 LM4890，利用 BUSY 信号外接 1 个 LED 显示工作状态。

表 11-5　MX6100 引脚信号

引　脚	引 脚 名 称	功 能 描 述	备　注
1	SD-DAT	SD 卡数据	
2	SD-CMD	SD 卡命令	
3	SD-CLK	SD 卡时钟	
4	ADKEY	AD 按键	22 kΩ 上拉
5	DM	USB+	接 U 盘和电脑的 USB 口
6	DP	USB-	
7	VCOM	退耦	
8	DACVSS	音频地	
9	DAC_L	左声道	
10	DAC_R	右声道	
11	VDDIO	3V 输出	给 TF 卡、SPI 供电
12	VDD5V	5 V 输入	不可以超过 5.2 V
13	GND	接地	电源地

引　脚	引脚名称	功能描述	备　注
14	TX	UART_TX	串口发送
15	RX	UART_RX	串口接收
16	BUSY	忙信号输出	输出高电平

3）通信格式。指令码-验证码-数据长度（n)-数据1-数据2-…数据n-和检验（SM)。

① 指令码：用来区分指令类型。

② 验证码：指令码的反码，用来验证指令码。

③ 数据长度：指令中的数据的字节数。

④ 数据：指令中的相关数据。

⑤ 和检验：为之前所有字节之和低8位。

⑥ 数据：发送的数据或命令，高8位数据在前，低8位在后。

4）通信指令。控制MX6100播放的指令分为9类共48条，其中常用的串行通信控制指令见表11-6。

表11-6　MX6100常用的串行通信控制指令

指令	验证码	数据长度	命令字	命令数据	和校验	功能	举　　例
02 （播放控制指令）	FD	01 02	00	00（停止)/01（播放)/02（暂停)	00 SM	查询播放状态	02 FD 01 00 00 02 FD 02 00 01 02
		01 03	01 0E	曲目数高低字节	01 SM	播放	02 FD 01 01 01 02 FD 03 0E 曲目高 曲目低 SM
		01	02		02	暂停	02 FD 01 02 02
		01	03		03	停止	02 FD 01 03 03
		01 03	04 0E	曲目数高低字节	04 SM	上一曲	02 FD 01 04 04 02 FD 03 0E 曲目高 曲目低 SM
		01 03	05 0E	曲目数高低字节	05 SM	下一曲	02 FD 01 05 05 02 FD 03 0E 曲目高 曲目低 SM
		03	06 0E	曲目数高低字节 曲目数高低字节	SM SM	指定曲目	02 FD 03 06 曲目高 曲目低 SM 02 FD 03 0E 曲目高 曲目低 SM
		实际长度	07	路径（路径取模数据，歌名8个字符后用 * 代替	SM	当前盘指定路径播放	
		01	0A		0A	切换到U盘	02 FD 01 0A 0A
		01	0B		0B	切换到SD	02 FD 01 0B 0B
		01 03	0C 0D	曲目数高低字节 曲目数高低字节	0C SM	查询总曲目	02 FD 01 0C 0C 02 FD 03 0D 曲目高 曲目低 SM
		01	10		10	播放结束	02 FD 01 10 10
		01 03	12 12	曲目数高低字节	12 SM	查询当前文件夹总曲目	02 FD 01 12 12 02 FD 03 12 曲目高 曲目低 SM

指令	验证码	数据长度	命令字	命令数据	和校验	功能	举　　例
03 （音量控制）	FC	01 02	00 00	 VOL：0-30	00 SM	音量查询	03 FC 01 00 00 03 FC 02 00 14 15
		02	01	VOL	SM	音量设置	03 FC 02 01 14 16；设置音量20
		01	02		02	音量加	03 FC 01 02 02
		01	03		03	音量减	03 FC 01 03 03
07 （组合播放）	F8	实际长度	00				
		01	01				07 F8 01 01 01
08 （错误信息）	F7	01	00			串口接收错	08 F7 01 00 00
			01			串口忙	08 F7 01 01 01
			02			盘符找不到	08 F7 01 02 02
			03			无播放盘	08 F7 01 03 03
			04			文件播放错误	08 F7 01 04 04
09 （设备状态）	F6	01	00			U 盘插入	09 F6 01 00 00
			01			U 盘拨出	09 F6 01 01 01
			02			SD 卡插入	09 F6 01 02 02
			03			SD 卡拨出	09 F6 01 03 03

单片机通过串行通信向 MX6100 发送需要的指令，控制 MX6100 进行相关操作，并且根据 MX6100 返回的信息判断 MX6100 的工作状态。指令都以十六进制数据传送，在指令表中，有的指令有返回信息，有的没有返回信息，返回信息的指令和单片机发出的指令一致，命令数据、长度和和校验有所不同。在表中"举例"栏，一条指令的上一行为单片机发出的指令，下一行为 MX6100 返回的信息格式。

播放控制指令中"当前盘指定路径播放"功能，用来播放当前盘中的指定的 MP3 文件。例如：要播放当前盘中的"/周华健/难念的经 . MP3"文件，该路径取模（字符为其 ASCII码，汉字为其国标码）数据为

2FD6DCBBAABDA120202FC4D1C4EEB5C4BEAD4D5033

于是整个命令为

02FD16072FD6DCBBAABDA120202FC4D1C4EEB5C4BEAD4D50332A

如果最后的 MP3 文件名超过 4 个汉字，则第 4 个汉字之后用 * 代替，文件名或者文件夹名不足 8 个字符的时候请补上 '　' 空格符号，所有文件夹名字不要超过 8 个 ASCII 字符。

（2）音频放大芯片 LM4890

1）主要特点。

LM4890 是一款主要为移动电话和其他便携式通信设备中的应用而设计的音频功率放大器。在 5 V 直流供电下，它可以将 1 W 的功率连续平均功率输出到 8 Ω 的 BTL（Bridge-Tied-Load，桥接式负载）上，且总的谐波失真小于 1%。LM4890 不需要外部的耦合电容或

者自举电容，所以非常适用于移动电话和其他低压应用，这些应用中的主要要求是功耗尽可能小。

2）引脚及结构。

LM4890 的引脚及内部结构如图 11-27 所示。

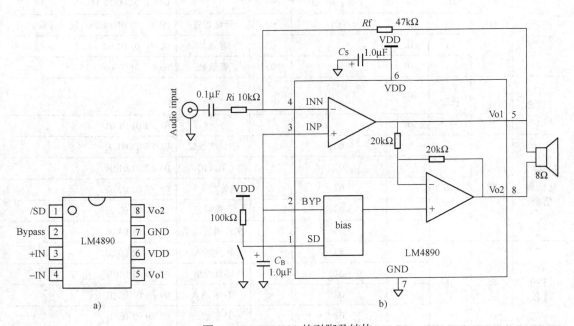

图 11-27　LM4890 的引脚及结构

LM4890 主要特征是关断模式下功耗低。当关断引脚/SD 的电平为低时即可进入关断模式。内部的热关断保护机制用来消除从开启到关断转换时产生的噪声。

LM4890 的单位增益是稳定的，音频信号由–IN（4 引脚）和+IN（3 引脚）输入到第一级运放，第一级运放可以通过设置外部的增益电阻 R_f、R_i 来配置；第二级运放由内部增益电阻确定。

通过 Vo1（5 引脚）和 Vo2（8 引脚）来差分驱动负载，这种结构叫作"桥式结构"。桥式结构的工作不同于经典的单端输出而另一端接地的放大器结构。和单端结构的放大器相比，桥式结构的设计有其独特的优点。它可以差动驱动负载，因此在工作电压一定的情况下输出电压的摆幅可以加倍。在相同的条件下，输出功率是单端结构的 4 倍。由于是差分输出，Vo1 和 Vo2 偏置在 1/2 的 VDD，因此在负载上没有直流电压。这样就不需要输出耦合电容。

（3）U 盘语言播放器电路工作原理

由图 11-26 可见，电路的工作原理主要包括以下方面。

1）单片机采用 SOP16 封装的 STC15W204S，具有 4 kB FLASH、256ZI 字节 RAM、2 个定时器、2 个异步串行口，片内高精度 R/C 时钟及高可靠复位，基本功能的使用和 51 系列单片机完全兼容。芯片只有 16 个引脚，多数引脚都有多功能特点，成本低、占位小，适合电路功能比较单一的应用。在图 11-26 电路中，通过串行通信连接控制 MX6100 语音解码，用 P1.1 引脚连接 LM4890 的 1 引脚控制音频放大器的关断信号。其他没有画出电路还包括 ISP 电路、人机交互电路与其他 MCU 通信电路等，均以插接件的形式引出，以便 U 盘语音播放器的不同应用。

2）语音解码器 MX6100 一方面根据单片机串行通信传送的命令，对 U 盘上的语音文件进行定位读取、解码，并把执行命令的结果传送给单片机；另一方面产生双声道的音频信号，传送给音频放大器 LM4890 进行信号放大。同时利用 BUSY 信号外接 LED，进行工作状态的显示，有利于及时发现故障。

3）音频放大器 LLM4890 主要是对音频信号放大后送到扬声器播放。其关断控制引脚 SD∗ 受到单片机 P1.1 脚控制，高电平时可以正常放大工作，对 MX6100 送来的语音信号经过桥式结构放大后传给扬声器；低电平时停止工作，可以大大降低播放器功耗。

2. 软件程序设计

这里列出了 U 盘语音播放器控制的有关函数，主函数 main（）根据应用的具体需要可以对这些函数调用。

（1）工程中定义的有关变量、函数

```
......
unsigned char data n=0,smr=0,len;    //smr 串行通信接收字节数据;n2 连续接收 0x10 二次标志
unsigned char data busy=0, ∗ s;       //串行发送忙标志 busy;字符串指针 ∗ s
unsigned char TX_Buff[10];            //串行口 2 输出缓存
......
/∗∗∗∗∗∗∗ 串行通信函数 ∗∗∗∗∗∗∗∗∗∗∗∗∗∗∗∗∗/
void com_init（void）;                //串行通信初始化设置
void SendData(char dat);             //串行通信字节发送
void SendString( char ∗ s,char len1）; //串行通信字符串发送
/∗ 语音播报控制函数声明 ∗/
void Music_Play（void）;              //播放子函数
void Music_Pause（void）;             //暂停子函数
void Music_Stop（void）;              //停止子程序
void Music_Sel_FileNum（unsigned char FN）;     //指定曲目播放子函数
void Music_Insert_FileNum（unsigned char FN）;  //指定曲目插播子函数
void SendMusicSelUSB（void）;         //指定 U 盘播放子函数
void Music_SetVol（unsigned char lvl）;  //播放音量控制函数
void Music_Next_File（void）          //播放下一曲函数
......
```

（2）串行通信中断处理

由于单片机 STC15W204S 是通过串行口 2 和 MX6100 通信，其中断号为 8。

1）串行口 2 中断处理函数。

```
/∗∗∗∗∗∗∗∗∗∗∗∗∗∗∗∗∗∗∗∗∗∗∗∗∗∗∗∗∗∗∗∗∗∗∗∗∗∗∗
   串行通信 2 中断处理:发送播报命令
   ∗∗∗∗∗∗∗∗∗∗∗∗∗∗∗∗∗∗∗∗∗∗∗∗∗∗∗∗∗∗∗∗∗∗∗∗∗∗∗/
void Uart2（）interrupt 8
{
    if（S2CON & 0x01）            //是否接收中断
    {
        smr=S2BUF;               //接收数据
        SBUF=smr;
```

```
            if ((smr==0x10) && ((n==1) || (n==0)))  n++;
                //播放结束返回指令:02 FD 01 10 10,后 2 个字节为 0x10,表示上一曲播放结束
            else n=0
            S2CON &= 0xfe;                  //清除接收中断标志
        }
        if (S2CON & 0x02)                    //是否发送中断
        {
            S2CON &= 0xfd;                  //清除发送中断标志
            busy = 0;                       //清除 busy 标志
        }
    }
```

2) 串行发送字节函数。

```
/* * * * * * * * * * * * * * * * * * * * * * * * * * *
功能:发送 1 个字节到 S2BUF
入口参数: dat (发送的数据)
* * * * * * * * * * * * * * * * * * * * * * * * * * * * */
void SendData( char dat)
{
    busy = 1;
    S2BUF = dat;                //发送数据到 UART2 数据缓冲区
    while (busy);                //等待数据发送完成
}
```

3) 串行发送字符串函数。

```
/* * * * * * * * * * * * * * * * * * * * * * * * * * * * * * * * * * * * *
功能:发送 1 个字符串到 S2BUF
入口参数: 字符串地址指针 * s;字符串长度 len1
* * * * * * * * * * * * * * * * * * * * * * * * * * * * * * * * * * * * */
void SendString( char * s,char len1)
{
    while (len1--)                 //是否传送完毕
    {
        SendData( * s);            //发送 1 个字符
        s++;
    }
}
```

(3) 发送指令的子函数

以下是一些常用的控制 MX6100 工作指令的子函数,主程序可根据需要调用。

1) 语音文件播放函数。

```
/* * * * * * * * * * * * * * * * * * * * * * * * * * * * * * * * * * * * * * * * * *
函 数 名 : Music_Play
功能描述 : 播放
* * * * * * * * * * * * * * * * * * * * * * * * * * * * * * * * * * * * * * * * * */
void Music_Play ( void )
{
```

```
    TX_Buff[0] = 0x02;                    //此处5字节指令放入缓存
    TX_Buff[1] = 0xfd;
    TX_Buff[2] = 0x01;
    TX_Buff[3] = 0x01;
    TX_Buff[4] = 0x01;
    len=5;                                 //指令字节数
    s1=TX_Buff;
    SendString(s1,len);                    //发送指令
}
```

2）暂停播放函数。

```
/ *********************************************
函 数 名 : Music_Pause
功能描述 : 暂停
********************************************* /
void Music_Pause ( void )
{
    TX_Buff[0] = 0x02;
    TX_Buff[1] = 0xfd;
    TX_Buff[2] = 0x01;
    TX_Buff[3] = 0x02;
    TX_Buff[4] = 0x02;
    len=5;
    s1=TX_Buff;
    SendString(s1,len);
}
```

3）停止播放函数。

```
/ *********************************************
函 数 名 : Music_Stop
功能描述 : 停止
输入参数 : void
********************************************* /
void Music_Stop ( void )
{
    TX_Buff[0] = 0x02;
    TX_Buff[1] = 0xfd;
    TX_Buff[2] = 0x01;
    TX_Buff[3] = 0x03;
    TX_Buff[4] = 0x03;
    len=5;
    s1=TX_Buff;
    SendString(s1,len);
}
```

4）指定曲目播放函数。

```
/ *********************************************
函 数 名 : Music_Sel_FileNum
```

功能描述：指定曲目播放

输入参数：FN：当前目录文件序号（设 0~255）

```
**********************************************************/
void Music_Sel_FileNum (unsigned char FN)
{
    TX_Buff[0] = 0x02;
    TX_Buff[1] = 0xfD;
    TX_Buff[2] = 0x03;
    TX_Buff[3] = 0x06;
    TX_Buff[4] = 0x00;
    TX_Buff[5] = FN;
    TX_Buff[6] = (8+FN);          //校验和
    len=7;
    s1=TX_Buff;
    SendString(s1,len);
}
```

5）指定 U 盘播放函数。

```
/***********************************************************
函 数 名：SendMusicSelUSB
功能描述：指定 U 盘播放
**********************************************************/
void SendMusicSelUSB ( void )
{
    TX_Buff[0] = 0x02;
    TX_Buff[1] = 0xfD;
    TX_Buff[2] = 0x01;
    TX_Buff[3] = 0x0A;
    TX_Buff[4] = 0x0A;
    len=5;
    s1=TX_Buff;
    SendString(s1,len);
}
```

6）播放音量控制函数。

```
/***********************************************************
函 数 名：Music_SetVol
功能描述：播放音量控制
输入参数：lvl：音量等级 0~30
**********************************************************/
void Music_SetVol ( unsigned char lvl)
{
    TX_Buff[0] = 0x03;
    TX_Buff[1] = 0xFC;
    TX_Buff[2] = 0x02;
    TX_Buff[3] = 0x01;
    TX_Buff[4] = lvl;
    TX_Buff[5] = 2+lvl;
```

```
        len=6;
        s1=TX_Buff;
        SendString(s1,len);
}
```

7) 播放下一曲函数。

```
/***************************************************
函 数 名 : Music_Next_File
功能描述 : 下一曲
***************************************************/
void Music_Next_File ( void )
{
    TX_Buff[0] = 0x02;
    TX_Buff[1] = 0xfd;
    TX_Buff[2] = 0x01;
    TX_Buff[3] = 0x05;
    TX_Buff[4] = 0x05;
    len=5;
    s1=TX_Buff;
    SendString(s1,len);
}
```

8) 指定曲目播放函数。

```
/***************************************************
函 数 名 : Music_Insert_FileNum
功能描述 : 指定曲目插播
输入参数 : u8 FileNum
***************************************************/
void Music_Insert_FileNum ( unsigned char FN)
{
    TX_Buff[0] = 0x04;
    TX_Buff[1] = 0xFB;
    TX_Buff[2] = 0x03;
    TX_Buff[3] = 0x00;
    TX_Buff[4] = 0x00;
    TX_Buff[5] = FN;
    TX_Buff[6] = (2+FN);
    len=7;
    s1=TX_Buff;
    SendString(s1,len);
}
```

11.6.3　U盘语音播放器应用

U盘语音播放器做成一种应用模块，可以应用在很多方面，如下所示。

1) 营业厅窗口服务语音提示。

2) 车载导航语音播报。

3）公路运输稽查、收费站语音提示。

4）车站、飞机场等场合安全检查语音提示。

5）车辆进、出通道验证语音提示。

6）公安边防检查通道语音提示。

7）多路语音告警或设备操作引导语音。

8）电动观光车安全行驶语音告示。

9）设备故障、消防安全及重要防范等场所的语音提示或自动报警。

10）U 盘音乐播放。

第 12 章　单片机课程实践指导

国内高等院校普遍开设的单片机原理及应用课程，是一门实践性很强的专业课程，必须重视课程的实践环节的教学。而实践环节主要体现在课程实验、课程设计和大学生的科技活动中。

12.1　课程实验

课程实验是课程实践的基本环节，一般的方法是在单片机实验设备或实验装置上完成单片机应用的硬件电路组建、分析，以及控制软件的设计、下载和运行调试。由于 PROTUES 软件仿真环境的出现，也可以在仿真环境下进行仿真实验。仿真实验可以作为实验的辅助方法，但是不能完全替代实际的实验过程。

MCS51 系列单片机实验设备和装置的生产厂家和产品类型有多种，且各具特点，但其基本原理都是一样的。以下提到的实验项目，可以说是单片机原理与应用课程开展的基本实验，可以根据教学或自学的要求进行选择。所有项目，都可以用不同厂家生产的实验设备和装置完成。这里提到的实验，有的可以在 PROTUES 软件仿真环境下完成，也都可以采用第 11 章介绍的"掌上型"单片机学习开发装置完成，由于其电路原理已经详细介绍，实验中涉及的相同部分，将直接引用，不再重复叙述。

12.1.1　STC 单片机实验环境构建

一、实验目的

在 PC 上安装、构建 STC 单片机学习、实验及开发环境，并初步掌握主要工具的使用。

二、实验内容

1. 安装和熟悉 Keil μVision 单片机 C51 集成开发环境。

1）安装 Keil μVision。

2）熟悉 Keil μVision 的窗口界面。

3）熟悉工程的建立过程。

2. 安装和熟悉虚拟仿真工具 PROTEUS。

1）安装虚拟仿真工具 PROTEUS。

2）熟悉虚拟仿真工具 PROTEUS ISIS 窗口界面。

3）了解常用的工具的使用。

3. 安装和熟悉实验设备或装置的驱动程序。

根据实验设备或装置的要求进行安装，并掌握设备或装置的驱动被正确安装的方法。

4. 安装和熟悉 STC 单片机 ISP 工具。

三、实验步骤及要求

1. 安装 Keil μVision 单片机 C51 集成开发环境，熟悉工程建立、程序编辑、环境设置及工程编译的基本方法。

2. 安装虚拟仿真工具 PROTEUS，熟悉 ISIS 窗口界面，了解原理图编辑窗口、预览窗口、对象选择窗口、主工具栏及工具箱的基本使用方法。

3. 安装实验设备或装置的驱动程序，检查驱动程序是否安装成功。

4. 熟悉 STC 单片机 ISP 工具：单片机选择、串行口选择及程序下载操作。

5. 完成实验报告。

12.1.2 LED 和数码管显示控制实验

一、实验目的

通过单片机对 I/O 口连接的显示器显示控制，掌握 I/O 口输出控制的原理和方法。

二、实验内容

1. 单片机编程实现 P0 口连接的 LED7~LED0 花样显示，可以设计以下多种显示形式。

1）左移、右移流水灯显示。

2）高、低 4 位交替显示。

3）双流水灯显示。

4）二进制加循环加 1 结果显示。

5）其他形式的显示。

2. 单片机编程实现 P0 口连接的 8 段数码管显示。

1）共阴极和共阳极数码管循环显示"0"~"F"控制程序设计及比较。

2）两个数码管静态显示控制。

3）两个数码管动态显示控制。

4）在数码管上编码显示："H""o""三""L"等字形。

三、实验电路

1. 实验电路：可以用 PROTUES 软件仿真环境自行绘制电路，也可以参考实验装置的相关电路。

2. LED 显示控制可参看附录中的图 A-1。由图可见，P0 口通过 8D 锁存器 74LS373 进行输出驱动，用 P2.6 控制 74LS373 的锁存端。图中，8 个 LED 和 8 段数码管都是采用共阴极连接，即由高电平输出驱动点亮。

3. 多个 8 段数码管显示控制电路，可参看图 6-6 动态显示电路，用 PROTUES 软件仿真实验。

四、实验步骤及要求

1. 连接实验装置或者用 PROTUES 虚拟仿真环境绘制电路图，分析硬件电路原理。

2. 在 Keil C51 开发环境下设计控制程序（可以用 C51，也可以用汇编语言），实现实验内容要求。

3. 通过串行接口下载程序或虚拟仿真装载程序。

4. 运行调试程序。

5. 完成实验报告。

12.1.3 键盘实验

一、实验目的

通过单片机对键盘操作的判断，掌握独立式键盘和矩阵式键盘的处理、判断方法。

二、实验内容

1. 独立式键盘。

1）独立式键盘的基本电路连接方法。

2）独立式键盘的查询判断：根据实验电路构建的独立式键盘，用查询方法判断哪个按键按下，用 LED 或数码管表示不同的显示。

2. 矩阵式键盘。

1）矩阵式键盘的基本电路连接方法。

2）矩阵式键盘的"中断+行扫描"判断：能正确判断按键并用 LED 或数码管进行相应显示。

3）矩阵式键盘的"中断+行反转"判断：能正确判断按键并用 LED 或数码管进行相应显示。

三、实验电路

用实验装置构建或者用 PROTUES 虚拟仿真环境绘制以下实验电路，分析电路工作原理。

电路图参看图 11-3b。由图可见，4×3 矩阵键盘用单片机 P1.0~P1.2 作为矩阵的列线、P1.4~P1.7 作为矩阵的行线，采用中断、中断+查询、查询等不同方式，可以进行按键判断和按键处理的各种操作，图中键值的定义可以自行定义。以这个电路为基础，考虑如何分别构建以下电路。

1）以 1 列键盘构建独立式键盘。

2）构建 3×3 矩阵式键盘，以便进行"行反转"按键判断。

四、实验步骤及要求

对独立式键盘和矩阵式键盘都分别按以下步骤进行实验。

1. 用实验装置构建或者用 PROTUES 虚拟仿真环境绘制实验电路，分析电路工作原理。

2. 在 Keil C51 开发环境下设计控制程序，实现实验内容要求。

3. 通过串行接口下载程序或虚拟仿真装载程序，实现实验内容要求。

4. 运行调试程序。

5. 完成实验报告。

12.1.4 外部中断处理实验

一、实验目的

熟悉单片机外部中断电路及其使用方法，掌握中断服务程序的编写。

二、实验内容

1. 外部中断电路的构建和分析。

2. 中断服务程序的编写。对图 7-9 所示电路，编程实现以下功能。

1）INT0 * 具有比 INT1 * 高的优先权。

2）INT * 中断 1 次高 4 位灯亮、2 次低 4 位灯亮、3 次灯全暗，如此循环往复。

3）在 INT0 * 中断 3 次到下一轮 1 次之间，允许 INT1 * 中断，其他时间不允许 INT1 * 中断。

4）在允许 INT1 * 中断时，LED 以二进制形式显示 INT1 * 中断次数。

三、实验电路

以图 7-9 作为实验的基本电路，可以用 PROTUES 软件仿真环境自行绘制电路，也可以参考附录中的图 A-1 所示电路。

四、实验步骤及要求

1. 用实验装置构建或者用 PROTUES 虚拟仿真环境绘制实验电路，分析电路工作原理。

2. 在 Keil C51 开发环境下设计控制程序，实现实验内容要求。

3. 通过串行接口下载程序或虚拟仿真装载程序。

4. 运行调试程序。

5. 完成实验报告。

12.1.5　定时器/计数器实验

一、实验目的

熟悉单片机 T0、T1 的应用电路及其使用方法，掌握定时器/计数器工作方式、工作原理及控制程序的编写。

二、实验内容

可以选择以下实验内容。

1. 定时控制 LED 显示实验：51 单片机 P1.0~P1.2 各连接 1 个 LED，分别闪亮的周期为 1 s、2 s、3 s。

2. 多路频率不同的方波信号输出控制实验：在 P1.0，P1.1，P1.2 分别产生周期为 400 ms，占空比为 4/5；周期 600 ms，占空比为 1/2；周期为 800 ms，占空比为 1/4 的方波。（f_{osc} = 12 MHz）

1）画出电路图。

2）编写 C51 程序用定时器实现要求的控制。

三、实验电路

用实验装置构建或者用 PROTUES 虚拟仿真环境绘制以下实验电路，分析电路工作原理。

1. 定时控制 LED 显示实验，可参考图 6-2。

2. 多路频率不同的方波信号输出控制实验，可参考图 8-9 三路脉冲波形输出电路。

四、实验步骤及要求

1. 连接实验装置或者用 PROTUES 虚拟仿真环境绘制电路图，分析电路工作原理（可以选择一个电路实验）。

2. 在 Keil C51 开发环境下设计控制程序，实现实验内容要求。

3. 通过串行接口下载程序或虚拟仿真装载程序。

4. 运行调试程序。

5. 完成实验报告

12.1.6 串行接口通信实验

一、实验目的

通过单片机异步串行通信接口的使用，掌握单片机异步串行通信的工作原理及应用方法。

二、实验内容

可以选择以下实验内容。

1. 单片机之间串行通信实验：可以采用两台实验装置通过 D9 插座进行三线连接或单片机"自发自收"来实现异步串行通信，并用外接 LED 显示验证传输信号的内容。

2. 单片机方式 0 串行通信实验：8 个按键状态并行转移位串行输入单片机，再由单片机串行移位输出转并行控制 8 个 LED 显示。

3. 单片机和 PC 串行通信实验：在 PC 上，利用 STC-ISP 软件的"串口助手"显示单片机发送或回传的数据或字符。

三、实验电路

用实验装置构建或者用 PROTUES 虚拟仿真环境绘制以下实验电路。

1. 两单片机之间串行通信或"自发自收"实验电路：可参考图 5-32a 或图 9-19 所示电路。

2. 单片机方式 0 串行通信实验电路：电路图可参考图 9-16。

3. 单片机和 PC 串行通信实验电路：可参考图 5-32a，通过 USB 转串行接口直接连接实现通信。

四、实验步骤及要求

对实验要求的串行通信电路都分别按以下步骤进行。

1. 用实验装置构建或者用 PROTUES 虚拟仿真环境绘制实验电路，分析电路工作原理。

2. 在 Keil C51 开发环境下设计控制程序，实现实验内容要求。

3. 通过串行接口下载程序或虚拟仿真装载程序，实现实验内容要求。

4. 运行调试程序。

5. 完成实验报告。

12.1.7 LED 点阵显示器显示控制实验

一、实验目的

通过单片机对 I/O 口连接的 LED 点阵显示器进行显示控制，掌握点阵显示器的控制原理和方法。

二、实验内容

利用单片机、译码器等元件，设计 16×16 LED 点阵显示屏控制电路，并编写程序，循环显示"创新精神"。

三、实验电路

参考图 6-9 所示 16×16 LED 点阵显示器控制电路。

四、实验步骤及要求

1. 用 PROTUES 虚拟仿真环境绘制电路图，分析硬件电路原理。

2. 在 Keil C51 开发环境下设计控制程序，实现实验内容要求。

3. 装载虚拟仿真程序。

4. 虚拟仿真运行调试程序。

5. 完成实验报告。

12.1.8 存储器扩展实验

一、实验目的

熟悉并掌握单片机并行扩展的基本原理和方法，通过 SRAM 的扩展，掌握扩展电路的设计和对扩展电路的程序控制技术。

二、实验内容

1. 存储器 SRAM6264 扩展电路的设计。

2. 编写对扩展的 SRAM 的读、写控制程序。

1）对扩展存储器 100 个地址的内容依次写入 0~100。

2）对这 100 个存储单元的内容复制到另外 100 个单元。

3）比较以上两个存储区数据是否一致，若一致则 8 个 LED 全发光，若不一致则显示第一个不一致单元计数值。

三、实验电路

参考电路图图 11-5 和图 11-6，实现一片 SRAM6264 的扩展和外部 LED 的显示。

四、实验步骤及要求

1. 用实验装置构建或者用 PROTUES 虚拟仿真环境绘制实验电路，分析扩展存储器的地址范围和接口电路工作原理。

2. 在 Keil C51 开发环境下设计控制程序，实现实验内容要求。

3. 通过串行接口下载程序或虚拟仿真装载程序，实现实验内容要求。

4. 运行调试程序。

5. 完成实验报告

12.1.9 A/D 转换实验

一、实验目的

通过单片机对 ADC0808/0809 的控制，掌握单片机和 ADC 元件的连接电路的原理和控制方法，掌握 A/D 转换控制的程序设计。

二、实验内容

1. 单片机控制 ADC0809 多路 A/D 的电路设计，可实现以下内容。

1）具有 8 路模拟输入信号。

2）能进行模拟通道选择和测量。

3）中断和查询方式的转换结果获取电路。

4）对转换结果用 LED 进行显示。

2. 编写控制程序，能实现以上各部分功能的控制。

三、实验电路

实验电路可参考图 10-40。

四、实验步骤及要求

1. 用 PROTUES 虚拟仿真环境绘制实验电路，分析电路各部分功能及工作原理。

2. 在 Keil C51 开发环境下设计控制程序，实现实验内容要求。

3. 通过 PROTUES 虚拟仿真环境给单片机装载程序，实现实验内容要求。

4. 运行调试程序。

5. 完成实验报告。

12.1.10 D/A 转换实验

一、实验目的

通过单片机对 DAC0832 的控制，掌握单片机和 DAC 元件的连接电路的原理和控制方法，掌握 D/A 转换控制的程序设计。

二、实验内容

1. 单片机控制 0832 进行 D/A 转换的电路设计，可实现以下内容。

1）具有双缓冲信号输出方式。

2）能用 8 个线性按键选择单片机数字量输出的大小：00~FFH。

3）能用虚拟电压表显示 0832 输出信号的强弱变化。

2. 编写控制程序，能实现以上各部分功能的控制。

三、实验电路

实验电路可参看"图 10-38 波形发生器仿真电路"。

四、实验步骤及要求

1. 用 PROTUES 虚拟仿真环境绘制实验电路，分析电路各部分功能及工作原理。

2. 在 Keil C51 开发环境下设计控制程序，实现实验内容要求。

3. 通过 PROTUES 虚拟仿真环境给单片机装载程序，实现实验内容要求。

4. 运行调试程序。

5. 完成实验报告。

12.1.11 继电控制实验

一、实验目的

通过单片机对继电器的控制，掌握单片机和继电器连接电路的原理和控制方法，掌握继电器控制电路的程序设计。

二、实验内容

1. 单片机控制两个电磁继电器电路的设计，可实现以下内容。

1）继电器线圈的连接和驱动。

2）两个继电器的常开触点连接用电器（实验可用 LED+限流电阻替代）。

2. 编写控制程序，能实现对两个继电器连接的 LED 不同的定时接通时间控制：1 个亮 3 s 暗 1 s；1 个亮 6 s 暗 2 s。

三、实验电路

实验电路可参考图 11-6 所示电路。

四、实验步骤及要求

1. 用实验装置构建或者用 PROTUES 虚拟仿真环境绘制实验电路，分析扩展继电器控制电路的工作原理。

2. 在 Keil C51 开发环境下设计控制程序，实现实验内容要求。

3. 通过串行接口下载程序或虚拟仿真装载程序，实现实验内容要求。

4. 运行调试程序。

5. 完成实验报告。

12.1.12 LCD 显示实验

一、实验目的

通过单片机对 LCD 显示器显示控制，了解和掌握 LCD 显示控制的原理和方法。

二、实验内容

1. 以一种 LCD 显示模块为例，构建单片机和 LCD 模块的连接，熟悉 LCD 模块的控制原理及接口技术。

2. 编程实现单片机对 LCD 显示的如下控制。

1）8×6 点阵字母、数字显示控制。

2）16×16 点阵汉字显示控制。

3）24×24 任意一张图形的显示控制。

4）简单动画的显示控制。

三、实验电路

1. 实验电路 1：可以用 PROTUES 软件仿真环境自行绘制电路，PROTUES ISIS 的元器件库中收集了多种 LCD 显示器可供选择如图 12-1 所示。

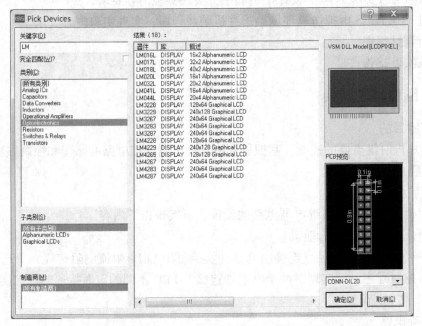

图 12-1　PROTUES ISIS 中的 LCD 显示器

2. 实验电路 2：使用实验装置的相关电路，如图 6-12 所示电路。

四、实验步骤及要求

1. 用实验装置构建或者用 PROTUES 虚拟仿真环境绘制实验电路，分析电路工作原理。

2. 在 Keil C51 开发环境下设计控制程序，实现实验内容要求。

3. 通过串行接口下载程序或虚拟仿真装载程序，实现实验内容要求。

4. 运行调试程序。

5. 完成实验报告。

12.1.13 扬声器音频控制实验

一、实验目的

通过单片机内部定时器产生不同频率的音频信号，控制实验装置上的扬声器发声，产生基本音调，了解和掌握单片机控制产生简单数字音响的原理及方法。

二、实验内容

1. 构建单片机控制扬声器的基本电路。

1）单片机对扬声器的驱动电路。

2）键盘电路进行基本音符的选择电路。

2. 编程实现功能。

1）音符按键判断。

2）音频控制。

3）音调输出，音调和单片机输出频率的关系可参考表 12-1。

表 12-1　单片机输出频率和音调对应表

音　　符	低音频率/Hz	中音频率/Hz	高音频率/Hz
1	262	523	1046
1#	277	554	1109
2	294	587	1175
2#	311	622	1245
3	330	659	1318
4	349	698	1397
4#	370	740	1480
5	492	784	1568
5#	415	831	1661
6	440	880	1760
6#	464	932	1865
7	494	988	1976

\#：升记号，表示把音在原来的基础上升高半音

三、实验电路

1. 实验电路：可以用 PROTUES 软件仿真环境自行绘制电路，也可以采用实验装置的相关电路进行构建。

2. 电路图参考附录中图 A-1 所示的 4×3 键盘部分和扬声器控制部分，按键和音符的对应关系可以自行定义。

四、实验步骤及要求

1. 用实验装置构建或者用 PROTUES 虚拟仿真环境绘制实验电路，分析电路工作原理。

2. 在 Keil C51 开发环境下设计控制程序，实现实验内容要求。

3. 通过串行接口下载程序或虚拟仿真装载程序，实现实验内容要求。

4. 运行调试程序。

5. 完成实验报告。

12.1.14 单片机内部 EEPROM 读写实验

一、实验目的

通过对单片机内部 EEPROM 的操作，掌握片内 EEPROM 的擦除、读、写的基本原理及控制方法。

二、实验内容

1. 参照表 12-2 命令格式，利用 STC-ISP 软件的"串口助手"，由 PC 向单片机传送相应命令。例如对于 STC89C52 单片机：FA2000，表示擦除 2000H 单元开始的一个扇区；FB2100112233445566，表示从 2100 单元开始写入 11、22、33、44、55、66 共 6 个字节数据；FC210020，表示从 2100 单元开始读取 20H 单元个数据。

表 12-2 EEPROM 操作命令

操 作 类 型	操作类型码	数据（以十六进制表示）
删除	FA	擦除扇区
字节写	FB	起始单元+写入数据可以连续多字节
字节读	FC	起始单元+读取的字节数

2. STC89 系列单片机编程实现以下内容。

1) 根据 PC 的命令完成对片内 EEPROM 的操作。

2) 对读取 EEPROM 的结果，以十六进制，从异步串行口传送给 PC，利用"串口助手"的接收缓冲区显示。

三、实验电路

实验电路：STC89 系列单片机实验装置和 PC 串行口连接即可。

四、实验步骤及要求

1. 将 STC89 系列单片机实验装置和 PC 串行口连接，检查连接是否正常。

2. 在 Keil C51 开发环境下设计控制程序，实现实验内容要求。

3. 在实验装置中下载程序。

4. 在 STC-ISP "串口助手"下，运行调试程序：按命令格式发送命令，查看运行结果。

5. 完成实验报告。

注意：在进行本实验要注意以下问题。

1. EEPROM 擦除操作是按扇区进行，擦除扇区的起始地址要根据单片机型号所定义的起始地址设定。擦除的扇区可以分多个存储区进行写、读操作。

2. 存储单元读的次数不受限制，但写一般只能写 1 次，第二次写又要重新擦除。EEP-ROM 能擦除的次数有限，所以在 1 次擦除以后，可以进行多次读、写的操作（只要单元的内容为 FFH 就可以写）。

12.2 课程设计

目前在一些高校，学习单片机原理及应用课程之后，集中安排一周或两周时间开设了该课程的课程设计，目的是通过这样的综合训练，使学生对单片机的综合运用和设计能力得到深化和提高。

要做好课程设计，就应该明确课程设计的目的与要求、具体设计内容和实施办法。

12.2.1 课程设计的目的与要求

单片机原理及应用课程设计的目的是，通过一个实际单片机应用电路的分析、安装、调试及其控制软件设计，使学生在"嵌入式系统""单片机原理及应用""C 语言程序设计"等课程中所学知识和所掌握的技能获得一次综合性训练，进一步熟悉单片机系统结构和软硬件之间的联系，培养学生软、硬件综合设计、调试和开发能力。

在课程设计中，要求学生完成一个具有中等难度的实际应用项目的设计和调试，包括硬件系统的安装或构建、系统控制程序的设计及系统软硬件综合调试，最后能展示完成的成品，并提交课程设计报告。

12.2.2 具体设计内容

课程设计的具体内容可以因地制宜，不必千篇一律。这里介绍的实例是以"掌上机"实验装置为基础进行课程设计。包括以下几方面内容。

1. 分析课程设计的套件电路原理，完成硬件电路焊接、安装、调试。

2. 查阅有关的资料，并对资料进行整理综合。

3. 从以下设计题中选择完成 4~5 个单片机控制软件的设计（每组必须选 1 个以上项目）。

（1）一组（基本功能项目）

1）键盘控制 LED 花样显示。

2）键盘 0~F 扫描处理及数码显示。

3）继电器定时控制器。

4）扩展存储器存取及结果判断。

5）自发自收的异步串行通信程序及结果判断。

6）单片机和微机进行串行通信。

（2）二组（综合功能项目）

1）LCD 字符/汉字显示。

2）LCD 图形/动画显示。

3）扬声器奏曲/电子琴。

（3）三组（综合应用项目）

1）游戏设计：贪吃蛇、俄罗斯方块、五子棋等。

2）实用程序设计：计数器、万年历、数字钟等。

（4）四组（创新项目）

必选：竞赛题（自选课题）。

4. 按工程化的原则完成课程设计的有关图样和相关说明书。

5. 进行设计展示和检查。

6. 按照文档符合设计规范的要求，完成课程设计报告。报告包括以下几方面内容。

1）设计目标、内容和设计要求。

2）硬件设计部分。包括电路原理分析、电路的安装与调试情况、被控电路的设计与连接、相关的工艺设计以及与设计图相关的文字论述和说明。

3）软件设计部分。包括控制程序的流程图及源程序，以及对程序功能、特点、实现方法的论述及说明。

4）用户使用说明：详细说明系统的功能、使用方法及操作步骤。

5）其他：收获、体会、意见及建议等。

12.2.3　组织实施

课程设计于课程学习结束后集中两周（32 学时）进行。

1. 分组：2~3 人为 1 组，便于锻炼协作和相互学习。

2. 教学过程：按照授课（提出课程设计要求）→消化资料→套件装配→硬件调试→软件设计→综合调试→成果展示→设计报告的过程进行。

3. 指导教师的职责：制定课程设计实施计划，向学生讲授设计目标、内容和设计要求，落实与课程设计相关的事项，指导设计全过程，评定课程设计成绩，进行课程设计总结。

4. 实验室辅助人员的职责：准备好课程设计所需要的实验设备、元器件及工具，并按时分组发放器件及工具，学生课程设计完成后收回、清点和维护工具及设备，优秀设计征收存档。

附 A—1 51系列单片机学习开发实验装置

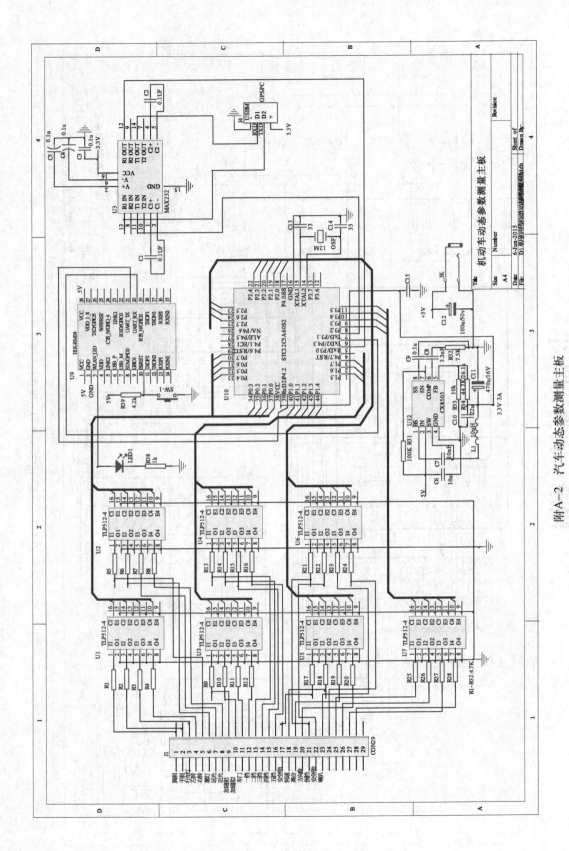

附 A-2 汽车动态参数测量主板

300

参 考 文 献

[1] 张毅刚. 单片机原理及接口技术（C51 编程）[M]. 北京：人民邮电出版社, 2016.

[2] 苏艳苹. 单片机原理与应用 [M]. 长沙：国防科技大学出版社, 2018.

[3] 徐爱钧. 单片机原理与应用——基于 C51 及 PROTEUS 仿真 [M]. 北京：清华大学出版社, 2015.

[4] 徐爱钧, 徐阳. Keil C51 单片机高级语言应用编程与实践 [M]. 北京：电子工业出版社, 2013.

[5] 张先庭. 单片机原理、接口与 C51 应用程序设计 [M]. 北京：国防工业出版社, 2011.

[6] 周润景. PROTEUS 入门实用教程 [M]. 2 版. 北京：机械工业出版社, 2011.

[7] 胡景春. 计算机大学生课程实践优秀作品选编 [M]. 南京：东南大学出版社, 2010.

[8] 胡景春, 叶水生, 张胜, 等. DSP 技术及应用系统设计 [M]. 北京：机械工业出版社, 2010.

[9] 谭筠梅, 李玉龙, 王履程. 基于 PROTEUS 的单片机虚拟仿真实验案例设计 [J]. 实验技术与管理, 2018, 35（05）：122-125.

[10] 莫莉, 喻洪平, 何欣. 单片机课程教学体系改革与实践 [J]. 教育与教学研究, 2016, 30（6）：105-110.

[11] 胡景春, 徐国荣, 赵学敏. 结合工程实际开展虚拟仪器课程实验教学 [J]. 实验室技术与管理, 2016, 33（12）：118-120, 124.

[12] 胡景春, 曾锡山, 刘红亮, 等. 一种异网组合的远程无线控制系统 [J]. 电子技术应用, 2015, 41（6）：73-76, 80.

[13] 赵月静, 陈继荣, 张永弟. 单片机原理及应用课程创新实践教学改革 [J]. 实验技术与管理, 2013, 30（1）, 176-179.

[14] 程磊, 胡景春, 孙国峰. 基于 Android 和 WISMO228 的远程控制系统 [J]. 计算机技术与发展 [J]. 2012（10）：233-235.

[15] 滕云龙, 师奕兵, 郑植. 恶劣环境下 GPS 接收机定位算法研究 [J]. 仪器仪表学报, 2011, 32（8）：1879-1884.

[16] 杨继生. 霍尔传感器 A44E 在车轮测速中的应用研究 [J]. 电子测量技术, 2009, 32（10）：100-102.

[17] 胡景春, 叶水生, 韩旭, 等. 计算机科学与技术专业硬件教学实践环节的综合研究与建设 [J]. 实验技术与管理, 2010, 27（3）：12-14.

[18] 赵志礼, 孟庆辉, 张松涛, 等, 基于单片机的 GPS 定位信息处理 [J]. 电子测试, 2009（10）：45-48.